ThinkPHP 5
框架开发从入门到实战

陈学平 陈冰倩 著

清华大学出版社
北京

内 容 简 介

ThinkPHP 是 Laravel 之外广泛使用的 PHP 框架，本书结合现代 Web 技术，系统地介绍了 ThinkPHP 5 的各项功能及其在实际开发中的应用，可帮助读者快速开发企业级项目。全书共 8 章，内容涵盖了 ThinkPHP 5 开发环境搭建、ThinkPHP 5 框架简介、ThinkPHP 5 配置、ThinkPHP 5 路由、ThinkPHP 5 控制器、ThinkPHP 5 模型、ThinkPHP 5 视图、ThinkPHP 5 开发实战等，每一章都有大量的实例以及详尽的注释，便于读者理解和掌握。

本书所有的实例都可以在 Web 开发中直接使用，便于读者快速掌握 Web 应用开发技巧，非常适合对于网络开发有兴趣的人员阅读，同时也适合高等院校和培训机构的师生参考。

本书封面贴有清华大学出版社防伪标签，无标签者不得销售。
版权所有，侵权必究。举报：010-62782989，beiqinquan@tup.tsinghua.edu.cn。

图书在版编目（CIP）数据

ThinkPHP 5 框架开发从入门到实战 / 陈学平，陈冰倩著.—北京：清华大学出版社，2021.6（2025.2 重印）
ISBN 978-7-302-58270-0

Ⅰ.①T… Ⅱ.①陈… ②陈… Ⅲ.①PHP 语言－程序设计 Ⅳ.①TP312.8

中国版本图书馆 CIP 数据核字（2021）第 105752 号

责任编辑：王金柱
封面设计：王　翔
责任校对：闫秀华
责任印制：沈　露

出版发行：清华大学出版社
　　　网　　址：https://www.tup.com.cn，https://www.wqxuetang.com
　　　地　　址：北京清华大学学研大厦 A 座　　邮　编：100084
　　　社 总 机：010-83470000　　邮　购：010-62786544
　　　投稿与读者服务：010-62776969，c-service@tup.tsinghua.edu.cn
　　　质 量 反 馈：010-62772015，zhiliang@tup.tsinghua.edu.cn

印 装 者：三河市君旺印务有限公司
经　　销：全国新华书店
开　　本：190mm×260mm　　印　张：22.75　　字　数：585 千字
版　　次：2021 年 8 月第 1 版　　印　次：2025 年 2 月第 5 次印刷
定　　价：99.00 元

产品编号：086029-01

前　　言

　　PHP 是一种免费而且开源的开发语言，具有开源、跨平台、易于使用、学习门槛低等优点，成为当前 Web 开发中的最佳编程语言。ThinkPHP 5 作为快速、简单的面向对象的轻量级 PHP 开发框架，已经成长为国内领先和最具影响力的 Web 应用开发框架，众多的典型案例都可以用于商业以及门户级的开发。

　　本书的全部知识点都以 ThinkPHP 5 版本为主，详细介绍 ThinkPHP 5 极其相关的 Web 技术，可以帮助读者熟悉并掌握实用的 ThinkPHP 5 技术，其中包括当前比较流行的控制器、模型、视图、路由等主流技术，本书的实战项目也是 MVC 的典型开发案例，实用性非常强。本书所涉及的案例全部在服务器上调试成功，读者可以在学习和工作中直接使用。

本书主要内容

　　本书分 8 个章节，作为学习 ThinkPHP 的 8 个阶段，从 ThinkPHP 5 入门到可以独立完成一个标准 Web 开发为止。

　　第 1 章介绍 ThinkPHP 5 开发环境的搭建。
　　第 2 章介绍 ThinkPHP 5 的简介，包括入口文件、生命周期、命名目录规范等。
　　第 3 章介绍 ThinkPHP 5 的配置，包括默认配置、模块配置、场景配置等。
　　第 4 章介绍 ThinkPHP 5 的路由，包括路由模式、路由地址、路由注册、路由规则、路由参数、变量规则、路由分组等。
　　第 5 章介绍 ThinkPHP 5 的控制器，包括控制器的基础知识、公共操作与公共类、前置操作、页面跳转与重定向、请求对象与参数绑定、属性与依赖注入等。
　　第 6 章介绍 ThinkPHP 5 的模型，主要介绍连接数据库操作、查询、更新、删除、添加数据，以及模型读取器与修改器等。
　　第 7 章介绍 ThinkPHP 5 的视图，主要介绍模板的渲染与输出，模板的布局、继承、循环比较条件标签等。
　　第 8 章介绍 ThinkPHP 5 的开发实战，主要是一个网站房产信息系统的开发实例，以 MVC 模式开发房屋管理后台，涉及登录、增删改查以及用户管理、管理员管理、用户密码找回（使用类发送邮件找回密码）、模型文件的使用等。

　　本书所有内容都是当前 Web 开发中常用而且重要的技术，全书基于模块化的思想设计编写，可以帮助读者深刻理解 ThinkPHP 5 框架。

开发环境

phpStudy 集成开发环境，代码编辑器是 sunlime Text3，ThinkPHP 5 版本是 5.0.24。

教学视频、源码与 PPT 课件下载

为方便读者高效使用本书，本书还为读者提供了源代码、教学视频与 PPT 课件，读者扫描下述二维码即可下载使用：

如果学习本书的过程中发现问题，请联系 booksaga@126.com，邮件主题为"ThinkPHP5 框架开发从入门到实战"。

本书读者对象

- 使用 PHP+MySQL 的 Web 网站开发人员
- ThinkPHP MVC 架构初学者
- 高等院校以及培训机构相关专业的师生
- 已经掌握 PHP 基础知识想深入学习的 Web 应用开发人员

本书在写作过程中参考了许多网络上的资源，在此对这些资源的作者表示感谢，这里要特别感谢 PHP 中文网的 peter zhu 讲师、清华大学出版社王金柱老师及其他工作人员，同时还要感谢笔者的学生和笔者的家人。

陈学平

2021 年 1 月

目 录

第1章 ThinkPHP 基础知识 1
1.1 开发框架简介 1
1.2 开发环境 2
1.3 创建虚拟主机 2
1.4 命名规范与目录结构 6
1.4.1 命名规范 6
1.4.2 目录结构 7

第2章 ThinkPHP 5 框架 10
2.1 ThinkPHP 5 框架概述 10
2.2 ThinkPHP 5 框架常用术语 12
2.2.1 入口文件（index.php） 12
2.2.2 应用（application） 13
2.2.3 模块（module） 13
2.2.4 控制器（controller） 14
2.2.5 操作（action） 15
2.2.6 模型（model） 15
2.2.7 视图（view） 16
2.3 ThinkPHP 5 框架的生命周期 17
2.4 ThinkPHP 5 入口文件的内容与功能 20
2.5 URL 访问 22
2.5.1 建立 user 模块 22
2.5.2 ThinkPHP 支持的 URL 模式 23
2.5.3 URL 大小写问题 24

第3章 ThinkPHP 5 的配置 25
3.1 ThinkPHP 5 框架配置目录的种类与设置技巧：默认/自定义/扩展配置 25
3.1.1 配置的种类 25
3.1.2 默认配置目录 26
3.1.3 自定义配置目录 27
3.1.4 扩展配置目录 29
3.2 ThinkPHP 5 框架的场景配置 31

3.2.1 场景配置简介 ... 31
3.2.2 场景配置操作 ... 32
3.3 ThinkPHP 5 框架中的模块配置 ... 35
3.3.1 模块配置的要点 ... 35
3.3.2 模块配置的操作 ... 35

第 4 章 ThinkPHP 5 路由 ... 39

4.1 ThinkPHP 5 路由简介 ... 39
4.1.1 什么是路由 ... 39
4.1.2 路由的作用 ... 40
4.1.3 路由规则的书写位置 ... 40
4.1.4 路由使用实例 ... 40
4.2 ThinkPHP 5 路由三大模式 ... 44
4.2.1 自定义配置目录和建立配置文件 ... 44
4.2.2 PATH_INFO 模式 ... 45
4.2.3 混合模式 ... 45
4.2.4 强制模式 ... 47
4.3 ThinkPHP 5 中的路由注册方法 ... 49
4.3.1 路由注册方法的种类 ... 49
4.3.2 动态路由注册 ... 49
4.3.3 使用配置文件进行路由注册 ... 52
4.4 ThinkPHP 5 中路由规则的创建 ... 53
4.4.1 路由规则简介 ... 53
4.4.2 路由规则实例 ... 54
4.5 ThinkPHP 5 常用的路由地址类型 ... 56
4.5.1 路由地址简介 ... 56
4.5.2 路由到模块、控制器和操作 ... 56
4.5.3 直接路由到操作方法 ... 59
4.5.4 直接路由到类的方法 ... 61
4.5.5 直接路由到一个闭包函数 ... 63
4.5.6 直接路由到重定向的地址 ... 64
4.6 ThinkPHP 5 路由参数 ... 65
4.6.1 路由参数简介 ... 65
4.6.2 请求类型 ... 66
4.6.3 URL 后缀/扩展名 ... 68
4.6.4 用回调函数来验证路由规则 ... 70
4.6.5 域名检验 ... 72
4.7 ThinkPHP 5 路由规则中变量规则的设置技巧 ... 73
4.7.1 正则表达式简介 ... 73

####### 4.7.2 变量规则简介 73
####### 4.7.3 变量规则实例 74
####### 4.7.4 全局变量规则 76
4.8 ThinkPHP 5 路由分组技术 78
####### 4.8.1 路由分组技术简介 78
####### 4.8.2 路由分组操作准备 79
####### 4.8.3 使用动态方法和配置数组进行路由分组 81
####### 4.8.4 闭包分组和虚拟分组 83

第 5 章 控制器 86
5.1 控制器类初体验 86
####### 5.1.1 控制器简介 86
####### 5.1.2 操作及可访问操作 88
####### 5.1.3 命名空间 90
####### 5.1.4 控制器的命名规范及访问控制器的方法 92
5.2 ThinkPHP 5 控制器的进阶介绍 93
####### 5.2.1 创建多级控制器 93
####### 5.2.2 创建空操作和空控制器 95
####### 5.2.3 单一模块及使用 98
5.3 ThinkPHP 5 公共控制器与公共操作 102
####### 5.3.1 公共操作 102
####### 5.3.2 公共控制器 106
5.4 ThinkPHP 5 前置操作 109
####### 5.4.1 前置操作简介 109
####### 5.4.2 前置操作给一个固定值 109
####### 5.4.3 前置操作的参数 112
####### 5.4.4 前置操作只对部分方法有效 113
5.5 ThinkPHP 5 页面跳转与重定向 117
####### 5.5.1 页面跳转简介 117
####### 5.5.2 跳转到当前控制器 117
####### 5.5.3 跨控制器跳转 120
####### 5.5.4 跨模块调用 122
####### 5.5.5 直接跳转到外部链接 124
####### 5.5.6 使用路由生成跳转地址 124
####### 5.5.7 使用助手函数简化 125
####### 5.5.8 URL 的重定向 126
5.6 请求对象与参数绑定：按名称和顺序访问变量 127
####### 5.6.1 请求对象 127
####### 5.6.2 请求信息 132

5.6.3　参数绑定 137
5.7　请求对象的属性注入与方法注入 138
　　　5.7.1　请求对象的属性注入和方法注入简介 138
　　　5.7.2　跨操作数据共享 139
　　　5.7.3　跨控制器和模块实现数据共享 142
5.8　请求对象的依赖注入 146
　　　5.8.1　请求对象的依赖注入简介 146
　　　5.8.2　不使用依赖注入 147
　　　5.8.3　依赖注入 150

第6章　数据库及模型 153

6.1　连接数据库 153
　　　6.1.1　静态连接 154
　　　6.1.2　动态配置 156
6.2　ThinkPHP 5 查询构造器与链式操作 159
　　　6.2.1　查询构造器的工作原理 159
　　　6.2.2　查询构造器的文件及位置 160
　　　6.2.3　链式操作简介 160
6.3　ThinkPHP 5 查询格式 161
　　　6.3.1　查询方法和格式简介 161
　　　6.3.2　使用表达式查询 162
　　　6.3.3　使用数组查询多个条件 163
6.4　ThinkPHP 5 数据库的新增与更新操作 164
　　　6.4.1　数据库的增删改查操作 164
　　　6.4.2　新增操作 165
　　　6.4.3　更新操作 167
　　　6.4.4　查询操作 171
　　　6.4.5　删除操作 173
6.5　ThinkPHP 5 模型的基本概念与基类 Model 介绍 175
6.6　ThinkPHP 5 模型的创建与使用 177
　　　6.6.1　模型和数据表简介 177
　　　6.6.2　模型创建和调用简介 177
　　　6.6.3　实例化调用模型 178
　　　6.6.4　静态创建模型对象 181
6.7　用模型向数据表中添加数据 183
　　　6.7.1　模型 CURD 简介 183
　　　6.7.2　用模型向数据表添加数据 184
6.8　ThinkPHP 5 用模型来更新数据表中的数据 188
　　　6.8.1　更新操作简介 188

| 6.8.2 模型根据主键进行更新 188

| 6.8.3 使用 update 更新数据 192

| 6.9 ThinkPHP 5 模型的查询操作 194

| 6.9.1 ORM 模型简介 194

| 6.9.2 利用 find 和 get 方法读取数据 195

| 6.9.3 利用 select 和 all 方法读取数据 198

| 6.10 ThinkPHP 5 模型的删除操作 202

第 7 章 ThinkPHP 5 视图 205

| 7.1 ThinkPHP 5 视图实例化方法 205

| 7.1.1 直接实例化视图类简介 206

| 7.1.2 动态创建和静态创建视图类 206

| 7.1.3 继承控制器 controller 基类创建视图对象 209

| 7.2 ThinkPHP 5 模板变量赋值方法 212

| 7.2.1 assign()方法 213

| 7.2.2 通过 fetch()或者 display()方法传参给模板赋值 214

| 7.2.3 用助手函数 view 给模板赋值 216

| 7.3 ThinkPHP 5 模板的渲染方法 217

| 7.3.1 视图渲染简介 217

| 7.3.2 不带参数访问模板视图文件 219

| 7.4 ThinkPHP 5 模板内容替换 220

| 7.4.1 模板替换简介 220

| 7.4.2 简单替换和批量替换 221

| 7.5 ThinkPHP 5 模板中的系统变量输出 225

| 7.5.1 系统变量输出简介 225

| 7.5.2 获取$_SERVER 225

| 7.5.3 输出 http_host 的内容 226

| 7.5.4 设置 cookie 227

| 7.5.5 输出系统常量和配置项 227

| 7.6 ThinkPHP 5 模板布局 228

| 7.6.1 公共模板 228

| 7.6.2 全局配置 230

| 7.6.3 模板配置 232

| 7.6.4 在控制器里的配置模板 233

| 7.7 ThinkPHP 5 模板继承 236

| 7.7.1 模板继承简介 236

| 7.7.2 模板继承操作 237

| 7.8 利用 ThinkPHP 5 循环标签输出大量数据 240

| 7.8.1 循环标签简介 240

	7.8.2	volist 循环	241
	7.8.3	foreach 循环	246
7.9	ThinkPHP 5 比较标签		248
	7.9.1	比较标签简介	248
	7.9.2	比较标签操作	249
7.10	ThinkPHP 5 条件判断标签		254
	7.10.1	条件判断标签简介	254
	7.10.2	条件判断标签操作准备	256
	7.10.3	范围条件判断	258
	7.10.4	使用 switch 实现用户级别判断	260
	7.10.5	用 if 判断籍贯	261

第 8 章 网站房产信息系统开发实例 ... 264

8.1	ThinkPHP 5 开发环境简介		264
	8.1.1	ThinkPHP 5 房产信息管理开发环境搭建	264
	8.1.2	ThinkPHP 5 默认的目录结构	267
8.2	网站数据库建立及数据库连接		268
	8.2.1	网站需要的数据库设计	268
	8.2.2	建立数据库的连接	273
8.3	房产信息系统后台管理员登录功能的实现		274
	8.3.1	建立 admin 后台管理模块	274
	8.3.2	建立登录控制器文件 Login.php	274
	8.3.3	建立模型、验证器和模板文件	275
	8.3.4	建立静态资源文件	275
	8.3.5	建立模板文件 index.html	276
	8.3.6	管理员登录后台 Index.html 模板文件代码	280
	8.3.7	在控制器文件 Login.php 中继续编写代码	281
	8.3.8	编写验证器代码	283
	8.3.9	编写模型文件	284
	8.3.10	完善模型 Admin.php 文件中的代码	285
	8.3.11	在公共函数文件中编写代码	286
	8.3.12	建立基础控制器 BaseController.php 文件	287
	8.3.13	建立 admin 模块的控制器和视图文件	288
	8.3.14	在 Index.php 控制器中建立一个 main 方法	289
	8.3.15	编写 Index.html 中的代码	290
	8.3.16	控制器 Index.php 中的部分代码	290
	8.3.17	Main.html 页面的设计	291
	8.3.18	在 Login.php 文件中编写退出登录代码	292
	8.3.19	刷新验证码	293

8.4 后台管理员权限管理的实现 293
8.4.1 Index.html 模板文件修改 293
8.4.2 建立 AdminOath.php 控制器文件 294
8.4.3 建立模型文件 AdminOath.php 295
8.4.4 在后台首页控制器 Index.php 的 index 操作中增加代码 295
8.4.5 基础控制器和后台控制器代码 296
8.4.6 建立一个 view\base\bread.html 的公共模板文件 296
8.4.7 建立权限管理的模板文件 Admin_oath\index.html 297
8.4.8 为 AdminOath.php 控制器编写代码 299
8.4.9 在 AdminOath.php 模型文件中编写代码 301
8.4.10 创建 set.html 模板文件 302
8.4.11 完善 admin_oath 下面的模板文件 view 304
8.4.12 测试权限管理 305

8.5 后台管理员的管理 308
8.5.1 后台管理员管理的文件结构 308
8.5.2 后台管理员控制器 309
8.5.3 后台管理员模型文件 310
8.5.4 后台首页的模板文件 311
8.5.5 后台管理员的模板文件 312
8.5.6 管理员列表页的搜索功能 315
8.5.7 管理员列表页的添加功能 316
8.5.8 管理员列表编辑功能 322
8.5.9 管理员列表删除功能 325

8.6 中介用户注册功能 327

8.7 用户管理功能的实现 335
8.7.1 控制器文件 335
8.7.2 模型文件 336
8.7.3 用户管理模板文件 337
8.7.4 控制器文件管理员登录、更新数据 342
8.7.5 管理员登录后对中介或普通用户的删除处理 345

8.8 找回密码 346
8.8.1 文件结构 346
8.8.2 视图文件 347
8.8.3 控制器文件 348
8.8.4 模型文件和验证文件 350
8.8.5 公共函数文件 351

第 1 章

ThinkPHP 基础知识

本章技术要点：
- 开发框架简介
- 开发环境
- 创建虚拟主机
- 命名规范与目录结构

1.1 开发框架简介

1. 开发框架的概念

开发框架指的是为规范开发流程、降低开发难度、提高开发效率而制定的一整套供大家使用的功能模块及编程约定。

2. 选择框架开发的原因

（1）代码更加规范，易于维护。
（2）开发效率更高，节省时间。
（3）项目更加健壮，安全可靠。

3. 选择 ThinkPHP 框架的原因

（1）ThinkPHP 框架非常流行，是众多商业项目开发的最佳选择。
（2）完全开源、免费，适合个人或商业项目开发。
（3）中文文档齐全，社区活跃，开发资料丰富。

1.2 开发环境

Web 项目的开发环境目前主要有两大类：一类是在 Windows 系统上开发，一类是在 Mac 系统下开发。PHP 是一个跨平台的服务器端脚本语言。无论是哪种操作系统都可以进行 ThinkPHP 项目的开发和学习。开发工具主要包括三个部分。

1. 集成开发工具

PHP 集成开发环境是一个非常不错的选择。这类工具都内置了 PHP、MySQL 以及对应的管理工具包，允许用户自己切换 PHP 版本。在 Mac 系统上可以使用集成环境 MAMP PRO，版本是 PHP 7.0，Windows 系统可以选择 WAMPserver 或者 phpStudy。推荐使用 phpStudy 集成成环境。

2. 代码编辑器

代码编辑器主要是纯文本编辑器和集成编辑器两大类，推荐使用 sublime Text3、Atom 试用版。

3. 选择浏览器

可以选择谷歌浏览器，因为它的 V8 内核非常优秀，市场上有很多浏览器其实都是采用谷歌内核的。另外，火狐浏览器也是不错的选择，其他浏览器也可以使用。

1.3 创建虚拟主机

配置 ThinkPHP 框架访问的虚拟主机，它可以模拟网站域名访问站点。
下面介绍使用 phpStudy 创建本地虚拟主机。

> **注 意**
>
> 在使用 PHP 开发网站的时候，每次测试自己的网站时都是用 localhost/dirname（目录名）/filename.php（文件名）来访问自己所写的程序。
> 有时候需要模拟真实的场景，如通过域名访问，此时可以通过在本地创建一个虚拟主机为虚拟的主机绑定一个域名，然后将这个域名指向的 IP 地址改为 127.0.0.1。这个域名原本的 IP 可能是 X.X.X.X（域名对应的真实 IP），然后访问这个域名的时候就会自动访问 127.0.0.1，而不是真实的 IP。

可以通过域名访问在本地的程序，即用 www.tp5.com/index.php 代替 localhost/index.php。这里不是 Internet 中的那个主机。只是让运行在本地的 DNS 服务器将设置的域名对应的 IP 指向 127.0.0.1，而不是指向远端的 X.X.X.X（假设的该域名对应的真实 IP）。

具体的步骤如下：

步骤 01 打开 phpStudy 软件，在软件的右下角单击"其他选项菜单"命令，弹出"站点域名设置"对话框，如图 1-1 所示。

第 1 章 ThinkPHP 基础知识

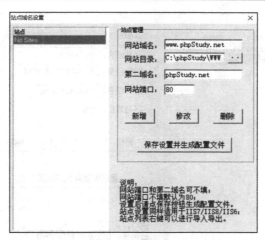

图 1-1 "站点域名设置"对话框

步骤 02 初始状态，站点为空。这里有一个默认的域名，单击"新增"按钮，然后可以在网站域名里填上域名，网站根目录为项目的根目录，也可以设置第二域名，网站端口可以自己设置，通常为 80。设置完毕后，单击"新增"按钮，左侧就会出现所添加的域名。然后单击"保存设置并生成配置文件"按钮。

这里添加的内容如下：

- 网站域名：tp5.com
- 网站目录：C:\phpStudy\WWW\tp5\public
- 第二域名：www.tp5.com
- 网站端口：80

步骤 03 选择网站目录的路径，如图 1-2 所示。

图 1-2 选择网站目录

步骤 04 单击"新增"按钮后的对话框如图 1-3 所示。

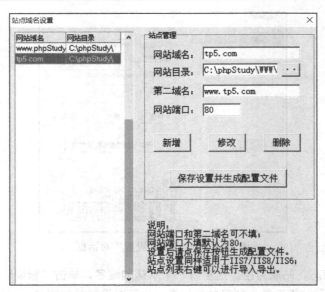

图 1-3　新增的域名

步骤 05　单击"保存设置并生成配置文件"按钮，phpStudy 会自动重启。

步骤 06　域名设置完成后，还需要修改 hosts 文件，单击"其他选项菜单"|"打开 hosts"命令，会看到下面的内容。

```
# localhost name resolution is handled within DNS itself.
#    127.0.0.1          localhost
#    ::1                localhost
```

这些内容是地址解析。

步骤 07　在末尾添加一行，内容为"127.0.0.1 设置的域名"，注意前面的#号代表注释，所以不要加#。本例中添加的内容如图 1-4 所示。

```
# localhost name resolution is handled within DNS itself.
#       127.0.0.1          localhost
#       ::1                localhost
127.0.0.1   tp5.com
127.0.0.1   www.tp5.com
```

图 1-4　添加域名解析

步骤 08　单击保存。如果这个文件不能保存，就将其保存在桌面，然后去掉.TXT 后缀名称，再复制粘贴到 C:\Windows\System32\drivers\etc 文件夹中，然后将 hosts 这个同名文件进行替换。

配置虚拟主机需要启用辅助配置 httpd_vhosts.conf。

> **注　意**
>
> 如果是 wamp 用作 PHP 的服务器环境，就要配置虚拟主机。

步骤 09　选择"打开其他选项菜单"|"打开配置文件"|"httpd-conf"命令，然后将 Apache 主配置文件 httpd.conf 中"#Include conf/extra/httpd-vhosts.conf"前面的注释"#"去掉，之后在

httpd-vhosts.conf 中增加如下代码：

```
<VirtualHost *:80>
DocumentRoot "C:/phpstudy/www/tp5/public"
ServerName tp5.com,WWW.TP5.COM
</VirtualHost>
```

步骤⑩ 测试访问效果，通过浏览器访问 www.tp5.com，如图 1-5 所示。

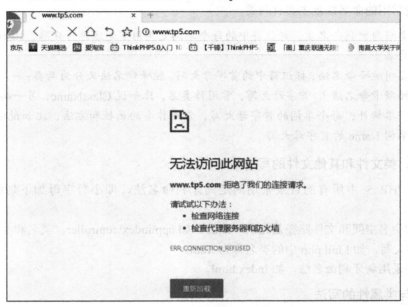

图 1-5　域名访问没有生效

步骤⑪ 检查原因，发现是 hosts 文件中增加的域名解析没有成功保存。
步骤⑫ 重新保存成功后，访问 www.tp5.com，如图 1-6 所示。
步骤⑬ 访问 tp5.com 的结果如图 1-7 所示。

图 1-6　访问效果

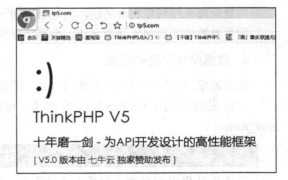

图 1-7　访问效果

1.4 命名规范与目录结构

1.4.1 命名规范

现在比较常用的命名规范主要有两类：

- 第一类叫匈牙利命名法，标识符中的每个单词之间用下划线进行分隔，比如 user_name 表示用户名。
- 第二类叫驼峰命名法，标识符中的首字母大写。驼峰命名法又分为两类：一类是大驼峰（又称作帕斯卡命名法），首字母大写，常用作类名，比如说 ClassName；另一类是小驼峰，除第一个单词外，每个单词的首字母大写，常用作类的属性和方法，比如说$userName，第二个单词 Name 的首字母大写。

1. 目录、类文件和其他文件的写法

在 ThinkPHP 5 中所有的目录采用的是匈牙利命名法，即小写字母加下划线的方式，如 user/user_type。

类文件的命名空间和文件路径是完全一致的，如 app\index\controller。类名和文件名须保持一致，首字母要大写，如 Mail.php 中的类名称为 Mail。

其他文件采用匈牙利命名法，如 index.html。

2. 函数与类属性的写法

函数采用匈牙利命名法，如 get_user_type()。

在类中的属性和方法采用驼峰命名法，首字母要小写，如类的方法 getName()，类的属性 userType，魔术方法采用双下划线开头加驼峰命名法，如 __set()。

3. 常量与参数的配置写法

常量全部采用匈牙利命名法，大写字母加下划线的方式，如 APP_PATH。

配置参数也采用匈牙利命名法，小写字母加下划线的方式，如 URL_route_on。

4. 数据库与字段的写法

数据表采用小写字母加下划线的方式，前缀通常是数据库的名称，如 tp5_user。

字段采用小写字母加下划线的方式，前缀采用表名，是一种典型的匈牙利命名法，如 user_name。

> **注意**
>
> 不要使用 PHP 的保留关键字当作常量名、类名、方法名或者命名空间等，否则会引起系统错误。

1.4.2 目录结构

1. ThinkPHP 5 的目录结构

ThinkPHP 5 的目录结构如下：

|-application 应用目录（几乎整个项目的内容都写在这里）

  |-index（这里的文件夹 index 叫作模块——一般是前台模块，也可以根据需要需求修改成其他（例如 home），需要修改配置文件、默认模块、控制器、操作）

  注意：ThinkPHP 5 默认只有一个 index 文件（模块）和一个控制层（controller），在写代码的时候会自己新建一个 model 和 view，这样就组成了 index 模块的 MVC（controller，控制层；model，模型层；view，视图层），如需后台（一般来说都需要），则需要新建一个后台模块（admin）

    |-controller（控制层）
    |-model（模型层）
    |-view（视图层）
  |-admin（后台模块）
    |-controller（控制层）
    |-model（模型层）
    |-view（视图层）

  |- command.php（控制台的配置文件，用命令行执行 ThinkPHP 时会读取 command.php 的配置）

  |- common.php（项目的公共文件，当编写一些通用函数的时候，比如写一个函数，想要在所有的模块中都能调用，就可以把函数写在该文件中）

  |- config.php（应用的配置文件，整个应用都读取这个配置，也就是说 admin 和 index 模块通用）

  |- database.php（数据库配置文件，如果需要连接数据库，那么只需要修改 database.php 的配置就可以了）

  |- route.php（路由文件，当想对 URL 进行美化时，就可以修改此文件，对其增加一些路由配置）

  |- tags.php（应用行为扩展文件，在 ThinkPHP 中，它为我们埋下了很多钩子，可以对框架进行扩展，而不需要修改框架本身的源码，需要在某一个钩子上注册某些函数，或者注册某些行为，通过行为来改变框架的执行流程）

  |-extend（这个目录是下载第三方库时使用的，当然不是通过 composer 来下载的。比如说有一个第三方库，用着比较好，但是它没有 composer 包，就可以将类库下载到 extend 目录，之后修改一下命名空间，就可以直接在应用中使用）

  |-public（网站的根目录，也就是说网站根目录下所有的文件都是允许访问的）

    |-static（主要用来放静态文件，比如说 CSS、JS、图片等）

    |-index.php（整个网站或整个应用的入口文件，所有的请求都会经过 index.php 之后再去转发）

|-router.php（框架快速启动的测试文件，比如本地没有安装 Apache，只安装了 PHP，那么可以通过 PHP 内置的 workserver 来启动）

　　|-runtime（网站运行中的缓存文件，包括日志、缓存和编译文件等）

　　|-thinkphp（框架文件,ThinkPHP 5 的框架都在里边）

　　　　|-lang（语言包）

　　　　|-library（框架的核心，里边有 think（整个框架的核心文件）和 traits（类库的扩展）两个目录）

　　　　　　|-think（Think 类库包目录）

　　　　　　|-traits（系统 Traits 目录）

　　　　|-tpl（框架默认的一些模板（了解知识））

　　　　　　|-default_index.tpl（自动生成的控制器模板文件）

　　　　　　|-dispatch_jump.tpl（网站发出成功或失败的中间跳转文件）

　　　　　　|-page_trace.tpl（调试时显示的模板文件）

　　　　　　|-think_exception.tpl（抛出异常时页面展示的文件）

　　　　|-base.php（定义一些常量）

　　　　|-console.php（控制台的入口文件）

　　　　|-convention.php（框架惯例配置文件）

　　　　|-help.php（助手函数）

　　　　|-start.php（框架启动文件）

　　|-vendor（composer 安装过程中生成的目录，通过 composer 安装的所有类库都在这个目录中）

2. 框架的目录结构

步骤 01 从框架安装好的目录结构可以看出每个目录都是采用的小写字母，不过类名必须是大写字母开头的。例如，打开控制器里面的类文件 Index.php，查看一下路径和内容，如图 1-8 所示。

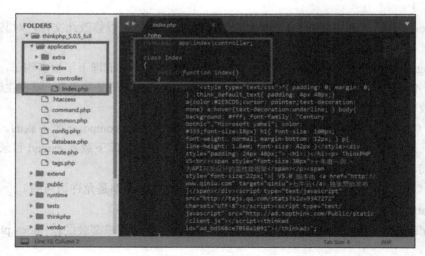

图 1-8　文件的路径

步骤02 查看类文件的源代码，发现这个类文件的命名空间（app\ index 下的 controller）和真实路径是一致的。其中，app 指的就是 application，是应用的根路径，并且类文件名 Index 和类名 Index 是完全一致的。

步骤03 查看框架文件。框架文件在 ThinkPHP\library\think 目录，如图 1-9 所示。

步骤04 打开一个类文件 Config.php，可以看到里面每一个属性采用的都是小写字母，如图 1-10 所示。

图 1-9　框架文件

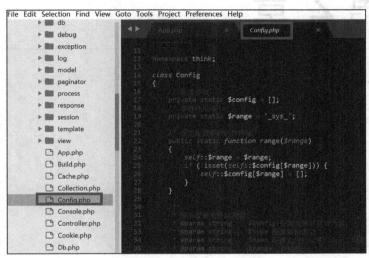

图 1-10　小写的文件名称

第 2 章

ThinkPHP 5 框架

本章技术要点：

- ThinkPHP 5 框架概述
- ThinkPHP 5 框架常用术语
- ThinkPHP 5 框架的生命周期
- ThinkPHP 5 入口文件的内容与功能
- URL 访问

2.1 ThinkPHP 5 框架概述

1. MVC 简介

ThinkPHP 5 是基于 MVC 方式来组织的。MVC 指的就是模型（Model）、视图（View）和控制器（Controller），示意图如图 2-1 所示。

图 2-1　MVC 示意图

模型是请求中需要用到的数据，而视图负责将这些数据展示给用户。如果不采用 MVC 方式，模型和视图是写到一起的，也就是说数据是嵌入到视图中的。采用 MVC 模式以后，可以将视图与模型分开，通过控制器进行统一调度：控制器先从模型中获取数据，再选择合适的视图进行输出。

模型与视图是用控制器强制分离的。数据请求与展示由控制器统一调配。

2. URL 默认采用 PATH_INFO 方式

在 ThinkPHP 5 中 URL 访问默认采用 PATH_INFO 方式。

PATH_INFO 就是将 URL 的访问地址用分割符分为几个相对独立的部分，URL 的开始通常是协议 http 或者 https，后面是域名，域名后面就是项目的入口地址，然后是模块、控制器和操作。PATH_INFO 方式如下：

```
http://域名/入口文件 /模块/控制器/操作
```

说明：

- 入口文件：应用的入口，如 index.php，位于 public 下面。
- 模块：应用单元，如 index 对应一个目录、admin 对应一个目录。
- 控制器：模块下面的控制单元，如 Index、User，一般为类文件，首字母大写。
- 操作：执行单元，如 add()、hello()、login()方法。

下面给出一个典型的 PATH_INFO 方式的 URL 结构示例：

http://tp5.com/index.php/index/user/list/id/10/name/yy

其中，id/10/name/yy 是参数列表。

说明：http 后面是域名 tp5.com，域名后面 index.php 就是入口文件，入口文件后面的 index 指的是 index 模块，user 指的是 user 控制器，list 指的是 user 控制器下的 list 方法，后面的 ID、10 和 name、 yy 实际上是一组参数列表。

默认的控制器文件实例如图 2-2 所示。

图 2-2 默认的 Index.php 类文件

application 实际上就是默认的应用路径。在 application 下面有一个目录叫 index，对应的就是 index 模块。在 index 模块下有一个 controller 目录，它里面都是控制器的类文件。有一个默认的类文件叫 Index.php，它里面的内容实际上就是输入域名之后访问的内容。

可以通过 http://tp5.com/ 访问，效果如图 2-3 所示。实际上的 URL 为 http://tp5.com/index.php/index/Index/index，或者 http://tp5.com/index.php/index/index/index，即控制器名称的 URL 可以小写。

其中，tp5.com 后面的 index.php 是入口文件，然后是 index 模块下面的 Index 控制器下面的 index

方法。打开的页面效果如图 2-4 所示。

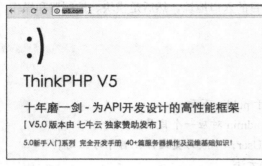

图 2-3　默认的笑脸　　　　　　　　　图 2-4　默认的笑脸

2.2　ThinkPHP 5 框架常用术语

本节讲述 ThinkPHP 5 的常用术语。

2.2.1　入口文件（index.php）

（1）入口文件是整个 Web 应用的起点。
（2）入口文件最常用的是 index.php。
（3）入口文件并不唯一，例如可在后台单独设置入口 admin.php。
（4）入口文件可以通过 URL 重写功能隐藏。例如，在这个案例中将 index.php 文件删掉，仍然可以正常访问，也就是说 index.php 文件可以通过 apache 的重写机制将其隐藏。

隐藏的方法就是在公共目录 public 下面有一个.htaccess 文件，这个文件可以实现将默认的入口文件隐藏。例如，http://tp5.com/index.php/index/Index/index 可以不写入口文件，即 http://tp5.com/index/Index/index。

注意，还需要在 public/.htaccess 的 RewriteRule ^(.*)$ index.php/$1 [QSA,PT,L]index.php 后面添加英文的"?s="，即 RewriteRule ^(.*)$ index.php?s=$1 [QSA,PT,L]。执行后的显示效果如图 2-5 所示。

如果不改.htaccess 会有如图 2-6 所示的提示。

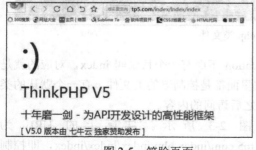

图 2-5　笑脸页面　　　　　　　　　图 2-6　显示错误

2.2.2 应用（application）

（1）应用是 URL 请求到完成的（生命周期）处理对象，由 \think\App 类处理。
（2）应用必须在入口文件（如 index.php）中调用并执行。
（3）可为不同的应用创建多个入口文件，如后台入口 admin.php。
（4）应用有自己独立的配置文件（config.php）和公共的函数文件（common.php）。

应用必须在入口文件中调用并执行。可以为不同的应用创建多个入口文件，比如说前面提过可以为后台专门创建一个入口文件 admin.php。另外，应用有自己独立的配置文件 config.php 和公共函数文件 common.php，如图 2-7 所示。

图 2-7　应用配置和公共函数文件

2.2.3 模块（module）

（1）一个应用下有多个模块，对应着应用的不同部分，如前台、后台。
（2）每个模块都可以有完整的 MVC 类库，创建和管理这些类库是最主要的工作。在 application 下面有一个文件夹 index，这是默认的模块。在 index 模块下面有一个 controller 控制器目录，还可以在 index 模块建立两个目录：一个是 model，一个是 view。现在 index 模块下 MVC 的三部分就完整了，所以说每个模块下面都可以有完整的 MVC 类库。
（3）每个模块都可以有独立的配置文件（config.php）和公共的函数文件（common.php）。
（4）如果应用简单，可使用单模块模式，'app_mutil_module' => false。这个参数在系统的惯例配置文件中，如图 2-8 所示。惯例配置文件在 ThinkPHP 目录下面，文件名是 convention.php。

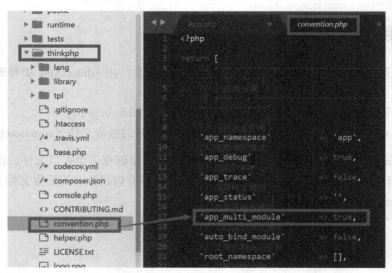

图 2-8　模式方式设置

目前它的值是支持多模块的。如果说将它改成 false，那么它就是一个单模块应用，就不再支持多模块了。

2.2.4　控制器（controller）

（1）每个模块下可以有多个控制器负责响应 URL 请求。
（2）每个控制器对应一个控制类，如 User.php。
（3）控制器管理着模型与视图，是系统资源的调度与分配中心。
（4）ThinkPHP 5 的控制器不需要继承任何基类就可以工作。

每个模块下面可以有多个控制器负责响应 URL 请求，每一个控制器都对应着一个控制器的类，比如说前面介绍的默认控制器 Index.php。控制器管理着模型和视图，是系统资源的调度和分配中心。ThinkPHP 5 的控制器不需要继承任何基类就可以工作，以前版本中的控制器必须要继承 controller 的类才可以进行工作。

打开默认的控制器 Index，可以看到它没有继承任何父类。如果需要使用框架中 Controller 类的某些方法或者属性，就需要继承框架中的 Controller 类。

以下为默认控制器不继承的代码：

```php
<?php
namespace app\index\controller;
class Index
{
    public function index()
    {
        return '111';
    }
}
```

如需继承系统的 Controller 类可以这样写（use think 下面的 Controller）：

```php
<?php
namespace app\index\controller;
use think\Controller;
class Index extends Controller
{
    public function index()
    {
        return '111';
    }
}
```

2.2.5 操作（action）

（1）操作对应着控制类中的方法，是 URL 请求的最小单元。
（2）任何 URL 请求最终都是由控制器中的操作方法来完成的。
（3）操作是整个应用的最终执行单元，是 URL 路由的核心与目标。
（4）在默认的控制器中编写代码。网站目录为\WWW\tp5\application\index\controller\Index.php：

```php
<?php
namespace app\index\controller;
use think\Controller;
class Index extends Controller
{
    public function index()
    {
        return '111';
    }
    public function hello()
    {
        return "重庆电子工程职业学院";
    }
}
```

（5）执行测试。输入"http://www.tp5.com/index/index/hello"，运行效果如图 2-9 所示。

图 2-9　访问 hello 方法

2.2.6 模型（model）

（1）模型通常对应整个应用，因此通常在应用（application）目录下创建。
（2）尽管模型主要是针对数据库进行 CURD 操作，但也可以不操作数据库。

(3)模型通常完成实际的业务逻辑和数据封装,并返回和格式无关的数据。
(4)模型返回的数据通常是数组(array)或者字符串(string)。
(5)模型支持分层操作,例如将模型层分为逻辑层/服务层/事件层。

2.2.7 视图(view)

(1)控制器调用模型返回的数据,是通过视图转换成不同格式输出的。
(2)视图根据请求,调用模板引擎确定是直接输出还是模板解析后再输出。
(3)视图由大量模板文件组成,这些文件对应着不同控制器中的操作方法。
(4)模板目录可以动态设置。
(5)视图最直观的理解就是由一系列的 HTML 文件组成的。
(6)创建 hello.html,如图 2-10 所示。

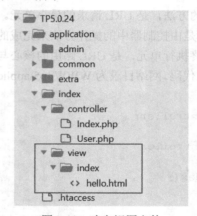

图 2-10 建立视图文件

(7)编写代码:

```
<!doctype html>
<html lang="en">
<head>
    <meta charset="UTF-8">
    <title>Document</title>
</head>
<body>
    <h2>我是 index 模块下的 Index 控制器中的 hello 方法对应的模板文件</h2>
</body>
</html>
```

D:\phpStudy\WWW\tp5\application\index\controller\Index.php:

```php
<?php
namespace app\index\controller;
use think\Controller;
class Index extends Controller
{
    public function hello()
```

```
{
    return $this->fetch();
}
}
```

（8）执行测试，输入"http://www.tp5.com/index/index/hello"，效果如图 2-11 所示。

图 2-11　输出模板文件的内容

2.3　ThinkPHP 5 框架的生命周期

URL 请求有一个从出现到消失的过程，即生命周期。首先用户通过客户端的浏览器地址栏将请求以 URL 方式发送到服务器，然后服务器端接收到请求之后返回客户请求的数据，这就是一个典型的 URL 请求过程。

ThinkPHP 5 的生命周期从入口文件开始，然后由入口文件启动框架的引导文件，在引导文件中进行内容注册，自动加载注册错误和异常处理机制，再进行应用的初始化。接着进行 URL 访问的检测。如果定义了路由，就进行路由检测，并将用户请求进行分发，分发到指定的控制器和指定的方法，最后进行响应输出，应用也就结束了，即 URL 请求的生命周期结束了。

1．入口文件

入口文件的文件名是 index.php，位置在 public 目录下面，如图 2-12 所示。

图 2-12　入口文件

用户通过入口文件发起服务请求，作为整个应用的入口与起点。入口文件主要有两个任务：第一个是定义常量，第二个是加载引导文件。注意，不要放任何的业务处理代码。系统默认的入口文件中只有两行代码：第一行定义应用的路径，是与 public 同级的 application 目录；第二行是加载框架的引导文件，就是入口文件的源码。

2．引导文件

引导文件的文件名是 start.php，位于 ThinkPHP 目录下面，如图 2-13 所示。它执行的工作主要有加载常量，加载环境变量，注册自动加载，注册错误与异常，加载惯例配置，转入应用的执行。

这个文件只有两行代码：第一行加载 base.php 文件，里面定义了大量的常量；第二行执行 app 类中的 run()方法，返回一个对象，然后执行该对象中的 send()方法。

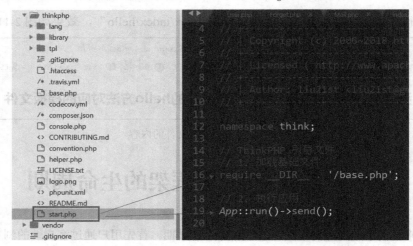

图 2-13　引导文件

3．注册自动加载

注册自动加载使用的是 loader 类中的 register()方法，作用是将所有符合规范的类库（包括 Composer 加载的第三方类库）自动加载。执行流程是：

首先注册自动加载方法，即 think/loader 下面的 autoload 方法；然后注册系统的命名空间，加载类库映射文件，注册 Composer 自动加载的类库；最后检测，如果存在 extend 扩展目录，就将扩展目录进行注册。

4．注册错误和异常机制

注册错误和异常机制执行的是 Error 类中的 register()方法，用来完成注册错误和异常处理机制。这部分操作主要由以下三部分组成：

- 应用的关闭方法，执行的是 Error 类的 appShutdown 方法。
- 错误处理方法，执行的是 Error 类中的 appError 方法。
- 异常处理方法，执行的是 Error 类中的 appException 方法。

5．应用初始化

从严格意义上讲，前面的内容都可以算作初始化的部分。应用初始化主要包括加载公共配置、加载公共的扩展配置（公共的扩展配置自 5.0.4 版本以后是以扩展目录的方式存在的、加载应用状态配置、加载别名定义、加载行为定义、加载公共的函数文件、注册应用的命名空间、加载扩展的函数文件、设置默认时区和加载系统的语言包。

6．URL 访问检测

URL 必须使用 PATH_INFO 方式才允许访问。说明如下：

（1）PATH_INFO 标准格式

PATH_INFO 的标准格式是：从一个协议（HTTP 或 HTTPS）开始，然后是域名，后面是入口文件，入口文件后面依次为模块名、控制器名、操作名，最后是参数键值对。例如，在 http://TP5.com 中，入口文件是 index.php，模块是 index，后面的 user 控制器下面的 add 方法参数是 id（等于 10）和 name（等于 yy）。

（2）PATH_INFO 兼容格式

如果系统不支持 PATH_INFO 格式，那么可以使用 PATH_INFO 兼容格式（入口文件后面用问号，然后跟一个查询字符串，其中起始字符 S 是可以自定义的）。

例如：

http://tp5.com/index.php?s=index/user/add&id=15（参数以传统方式传入，用&连接）

http://tp5.com/index.php?s=index/user/add/id/15（参数以 PATH_INFO 方式传入，?后的 s 是查询字符）

http://tp5.com/index.php?s=user/manger/add/n/20/m/50（PATH_INFO 方式传参）

http://tp5.com/index.php?s=user/manger/add&n=200&m=500（典型兼容模式）

7．路由检测

如果开启了路由模式，就先进行路由检测，一旦检测到匹配的路由，就会根据该路由的规则注册到相应的 URL 调度。

ThinkPHP 5 支持的路由规则主要有以下五种：

- 路由到模块、控制器和操作，是默认的路由模式。如果关闭路由或者路由检测无效，就将直接执行默认的路由。
- 路由到外部一个全新的地址。
- 直接路由到控制器的方法。
- 路由到一个闭包函数。
- 路由到类的方法。

8．分发请求

将用户请求分发到对应的路由地址，完成应用的业务逻辑，并返回数据。统一使用 return 返回数据，不要使用 echo 直接输出。一般不使用 exit 或者 die 中断应用的执行。

分发请求支持 ThinkPHP 5 的五种路由模式：路由到模块、控制器和操作，路由到外部地址，跳过模块直接路由到控制器的方法，路由到一个闭包函数，以及路由到一个其他类的方法。

9．响应输出

控制器正常返回的数据通常是字符串或者数组，统一使用 return 返回数据，而不是直接输出，这样可以自动调用 Response::send()方法，将最终的返回数据输出到页面或者客户端，并自动转换为 default_return_type 参数要求的格式（XML 格式或者 JSON 格式等）。

10．响应结束

响应输出完成以后，应用生命周期就结束了。

2.4　ThinkPHP 5 入口文件的内容与功能

本节介绍一下入口文件的相关知识。

1. 入口文件的定义

入口文件主要用来定义框架路径或者项目路径。另外，它还可以定义一些系统相关的常量，最后是载入框架的入口文件（这是必需的）。

入口文件默认的内容非常简单，只有两行代码：

```
// [ 应用入口文件 ]
// 定义应用目录
define('APP_PATH', __DIR__ . '/../application/');
// 加载框架引导文件
require __DIR__ . '/../thinkphp/start.php';
```

第一条语句定义应用目录 APP_PATH，将应用目录设置为与 public 目录同级的 application 目录。

第二条语句加载框架的引导文件，就是一条 require 语句。该引导文件位于框架目录 think php 下面的 start.php 文件下。

应用的入口文件默认是在 public 下面的 index.php，这和之前版本是不同的。

入口文件主要有两类语句：定义系统常量语句和加载框架引导文件语句。

下面定义一个系统常量，比如配置目录 CONF_PATH，并把自定义的配置文件放到与应用同级的 config 目录下面，如图 2-14 所示。

图 2-14　自定义配置

（1）在项目的根目录下创建目录 config，与 application 目录同级，然后在 config 中创建一个文件 config.php，如图 2-15 所示。

（2）这个文件对应的是整个应用的配置文件。在应用配置文件里写一个配置项，比如自定义 site_name，值是"重庆欢迎你"，如图 2-16 所示。

第 2 章 ThinkPHP 5 框架 | 21

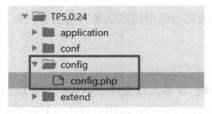

图 2-15 创建 config.php

图 2-16 config.php 中的代码

（3）在默认控制器中使用助手函数访问。

在默认的控制器中将刚创建的配置项用助手函数 config() 打印出来，如图 2-17 所示。

```
//代码目录：WWW\tp5\application\index\controller\Index.php
<?php
namespace app\index\controller;
use think\Controller;
class Index extends Controller
{
    public function index()
    {
        //使用助手函数访问设置的配置项
        return  config('site_name');
    }
}
```

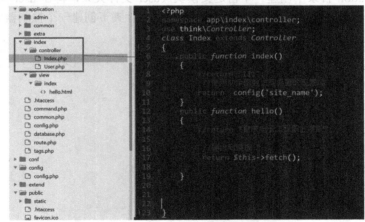

图 2-17 助手函数访问

（4）执行访问，如图 2-18 所示。

图 2-18 显示自定义的内容

这个自定义的内容就是在入口文件中创建了一个自定义的配置目录，然后将应用配置放在该目录下，再在应用配置中创建一个配置项，在默认的控制器中用默认的方法进行访问，最后显示这个结果。

2. 多入口文件

一个应用通常只有一个入口文件，不过也可以创建多入口文件。例如，为后台创建单独的入口文件，但是它的 admin.php 与 admin 模块进行了绑定（可以在应用设置中进行配置）。多入口文件可以使项目层次更加清晰，管理也更加灵活，比如说用 index.php 作为网站的前台入口、用 admin.php 作为网站的管理后台入口。

> **注 意**
>
> 入口文件中不能放置业务处理内容（放到控制器中），只放置一些常量定义和框架的启动文件。

2.5 URL 访问

2.5.1 建立 user 模块

首先在 application 目录下创建一个自定义模块（user 文件夹），再在 user 文件夹下创建一个 controller 文件夹（用来存放控制器），最后在 controller 文件夹下创建一个控制器文件 Manger.php，如图 2-19 所示。

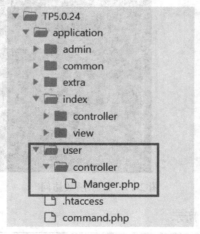

图 2-19　建立文件

Manger.php 的代码如下：

```php
<?php
//写上命名空间，控制器的命名空间和绝对路径一致
namespace app\user\controller;
//类名与控制器的文件名必须一致
class Manger
```

```
{
    public function add($n=0, $m=0)
    {
        return '$n + $m ='. ($n+$m);
    }
}
```

2.5.2 ThinkPHP 支持的 URL 模式

1. 传统模式

http://tp5.com/index.php?m=index&c=User&a=del&id=15 就是传统模式的一个例子。

入口文件的参数从问号(?)后开始：

- m：代表模块（module）。
- c：代表控制器（controller）。
- a：代表方法（action），后面是所需的参数。

例如，在浏览器中输入地址"http://tp5.com/index.php?m=user&c=manger&a=add&n=10&m=30)"，显示的结果如图 2-20 所示。

图 2-20　测试结果

这并不是我们想要的结果，因为从 ThinkPHP 5 开始传统模式不再支持。那么怎么才能访问所写的文件呢？

其中，user 代表当前模块 user；该模块下有一个控制器 manger；然后访问 manger 下的 add 方法：第一个参数是 n，设置为 20，第二个参数是 m，设置为 50。

2. PATH_INFO 访问

在浏览器中输入地址"tp5.com/index.php/user/manger/add/n/20/m/50"，效果如图 2-21 所示。

图 2-21　PATH_INFO 访问

这种方式叫 PATH_INFO，推荐使用。

3. 兼容模式

如果系统不兼容 PATH_INFO，那么可以用兼容模式（根据传参分为两种）：

（1）兼容模式一：http://tp5.com/index.php?s=user/manger/add/m/20/n/30
参数以传统方式传入，用&连接，如图 2-22 所示。

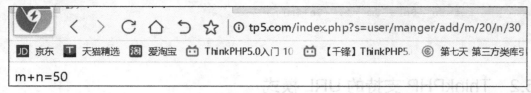

图 2-22　测试效果

（2）兼容模式二：http://tp5.com/index.php?s=user/manger/add&m=20&n=90
参数以 PATH_INFO 方式传入，?后的 s 是查询字符，如图 2-23 所示。

图 2-23　测试效果

2.5.3　URL 大小写问题

- 默认情况下，URL 是不区分大小写的。
- URL 里面的模块/控制器/操作名会自动转换为小写。
- 控制器在最后调用的时候会转换为驼峰法处理。

URL 默认都会转为小写，如通过 URL:http://tp5.com/index.php?s=USER/Manger/ADd&m=200&n=90 进行访问，如图 2-24 所示。

图 2-24　测试效果

第 3 章

ThinkPHP 5 的配置

本章技术要点：
- ThinkPHP 5 框架配置目录的种类与设置技巧
- ThinkPHP 5 框架配置文件的格式
- ThinkPHP 5 框架的场景配置
- ThinkPHP 5 框架加载任意位置多类型的配置文件

3.1 ThinkPHP 5 框架配置目录的种类与设置技巧：默认/自定义/扩展配置

3.1.1 配置的种类

ThinkPHP 5 中的框架目录主要分为以下三类：

第一类是框架默认的配置目录，主要包括应用的配置目录（application），也就是说配置文件是放在应用目录下面的。另外，如果模块也有自己的配置文件，就需要放在 application 目录下面的模块目录下面。

第二类是自定义的配置目录，也是推荐使用的目录。要启用自定义的配置目录，首先需要在入口文件中添加 CONF_PATH 系统常量，然后按照系统常量的约定创建对应的配置目录即可。

第三类是扩展配置目录。从 ThinkPHP 5.0.1 开始，可以直接在应用或者模块目录下面创建 extra 目录，然后在这个目录下面直接创建一个 PHP 文件（文件名是扩展配置项的名称，内容是用 return 返回的一个数组，里面的值就是文件名配置项所对应的值）。

3.1.2 默认配置目录

1. 应用配置

默认的配置目录指的是 application 目录，当前 application 应用目录下面已经有了一个配置文件 config.php。如果没有任何修改，那么当前的应用配置文件和框架惯例的配置文件应该是一样的。

惯例配置文件在 thinkPHP 目录下面有一个 convention.php 文件，文件路径是 D:\phpStudy\WWW\tp5\thinkphp\convention.php。这个文件是框架的惯例配置文件，也就是默认的配置文件。通常建议大家不要直接修改这个惯例配置文件。

2. 模块配置

ThinkPHP 5 中的模块也可以有自己的配置文件，比如说在 index 模块下面可以创建一个配置文件 config.php，这个文件就是 index 模块所对应的配置文件，如图 3-1 所示。

图 3-1　index 模块所对应的配置文件

如何查看配置文件的内容？可以使用默认模块的默认控制器来进行检测。打开默认模块 index 下面的 controller 目录，然后打开 controller 目录下面的默认 Index 控制器，在默认的控制器编写代码。

查看当前应用的配置可以使用 dump() 系统函数，该函数可以格式化地输出一个数组类型的值，查看配置使用的是 Config 类中的 get 方法，config 类的命名空间是 think，如果不给 get 方法传入任何参数，就会输出所有的配置，如图 3-2 所示。当前一共有 66 个配置项，如图 3-3 所示。

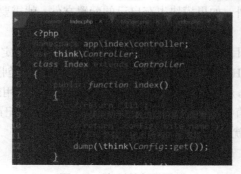

图 3-2　输出所有配置项

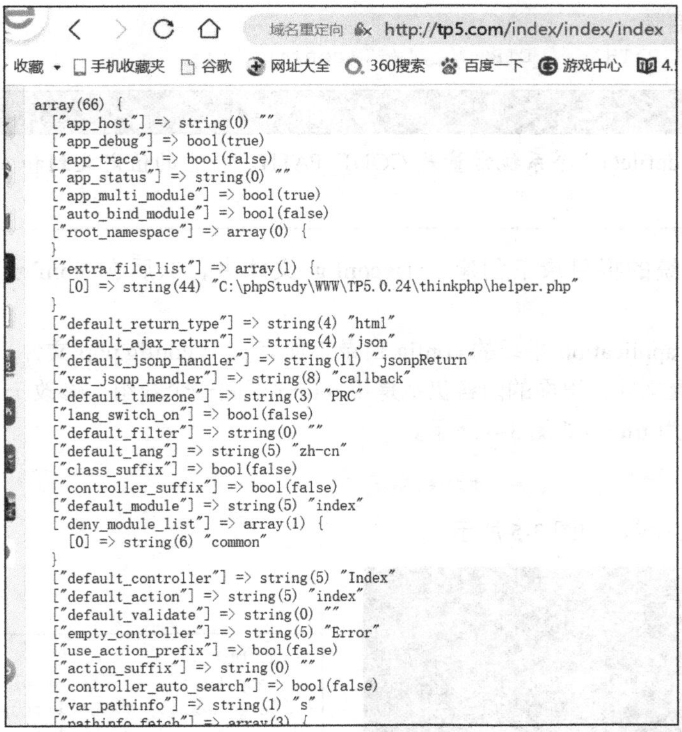

图 3-3 默认的配置项

在浏览器中看到的这 66 个配置项就是 application 目录下面 config 文件里面的所有内容。

这就是框架的默认配置目录，它的默认配置主要包括应用和模块两部分，使用的是框架默认的 application 目录。

3.1.3 自定义配置目录

要自定义配置目录，可以按照以下步骤操作。

步骤 01 首先需要修改一下入口文件（D:\phpStudy\WWW\tp5\public\index.php）。打开 public 目录下面的 index 文件，添加一个系统常量。

该入口文件的代码如下：

```php
<?php
// [ 应用入口文件 ]
// 定义应用目录
define('APP_PATH', __DIR__ . '/../application/');
// 自定义配置目录
define('CONF_PATH', __DIR__ . '/../config/');
// 加载框架引导文件
require __DIR__ . '/../thinkphp/start.php';
```

添加的代码是：

```
// 自定义配置目录
define('CONF_PATH', __DIR__ . '/../config/');
```

> **说　明**
>
> 定义配置目录 defile()这个系统常量是 CONF_PATH。将它的值定义到和 application 同级的目录 config。

步骤 02 在系统的根目录下创建一个 config 文件夹，然后在 config 文件夹下创建一个 config.php 文件。

步骤 03 在和 application 平级的 config 目录下面有一个 config.php 文件，这个 config 文件就是自定义的应用配置文件，里面的内容仍然是用 return 返回一个数组。修改一下应用中的配置项，将 app_trace 的值改为 true，如图 3-4 所示。

```
'app_trace'                => true,
```

步骤 04 测试效果，如图 3-5 所示。

```
<?php
return
[

    'site_name' =>'重庆欢迎你',
    // 应用调试模式
    'app_debug'                => true,
    // 应用Trace
    'app_trace'                => true,

];
```

图 3-4　修改配置项

```
array(66) {
  ["app_host"] => string(0) ""
  ["app_debug"] => bool(true)
  ["app_trace"] => bool(true)
  ["app_status"] => string(0) ""
  ["app_multi_module"] => bool(true)
  ["auto_bind_module"] => bool(false)
  ["root_namespace"] => array(0) {
  }
```

图 3-5　修改的配置项

这个 true 是在自定义的应用配置文件中进行修改的。

步骤 05 创建新的配置项。

①创建一个 site_name 配置项，将它的值设置为：

```
'site_name' =>'TP5 网站',
```

②刷新，可以看到现在自定义的配置 site_name，它的值就是“TP5 网站”，如图 3-6 所示。

```
  }
  ["site_name"] => string(9) "TP5网站"
}
```

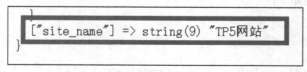

图 3-6　新的配置项

步骤 06 创建模块的配置文件。

在自定义的配置目录 config 下面针对模块创建配置文件的方法如下：

①在 config 目录下面再创建一个 index 目录，将其和应用中的 index 模块进行绑定。

②在 index 目录下面再创建一个 config 文件，也就是 index 模块所对应的配置文件。现在的目录结构如图 3-7 所示。

③进行一些设置，添加一个配置项“'site_domain' =>'www.thinkphp.cn',”，如图 3-8 所示。

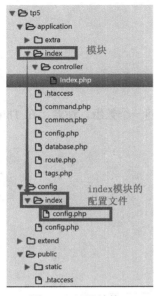

图 3-7 目录结构

```
<?php
return [
    'site_domain' =>'www.thinkphp.cn',
];
```

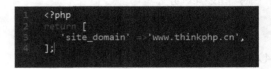

图 3-8 模块下的配置文件的配置项

④保存并测试，配置项在最后面，如图 3-9 所示。

```
  }
  ["site_name"] => string(9) "TP5网站"
  ["site_domain"] => string(15) "www.thinkphp.cn"
}
```

图 3-9 增加的模块配置项

可以看到又增加了配置项 site_domain，它的值为“'www.thinkphp.cn”。

⑤此时增加的配置项不是来自应用的配置，而是来自于 index 模块下面的配置文件。

3.1.4 扩展配置目录

下面再介绍一下扩展配置目录，还是以自定义的配置目录为例。

（1）在自定义的配置目录 config 下面创建一个文件夹，叫 extra。在这个目录下面的配置项就是扩展配置。

（2）在 extra 文件夹下面继续创建一个文件，名称就是要创建的配置项的名称，比如 my_base.php，目录结构如图 3-10 所示。

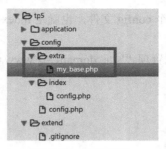

图 3-10　目录结构

（3）在刚创建的文件页面里面写一些 PHP 代码，可以返回一个数组。注意，在 ThinkPHP 5 中所有的配置项返回的值都是一个数组。

```
<?php
return [
    'my_name'=>"mengmianren",
    'my_age'=>88,
    'my_sex'=>"男",

];
```

（4）保存并测试，如图 3-11 所示。

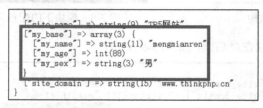

图 3-11　扩展配置项

可以看到 my_base，即刚才添加的配置项。它这里面有三个值：第一个是 my_name，第二个是 my_age，第三个是 my_sex，这就是扩展配置。

以上就是扩展配置目录的知识，当前的扩展配置是创建在自定义的 config 目录下面的。

（5）设置模块下的自定义配置项。

可以在 index 模块下面创建一个目录 extra，然后给这个模块创建一个扩展配置 test.php。同样，它也是以数组的方式返回配置，输出一下网站的名称（163 网站）。

```
<?php
return [
  'site_name'=>'163 网站',
];
```

（6）目录结构如图 3-12 所示。

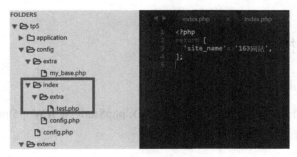

图 3-12　目录结构

（7）测试效果如图 3-13 所示。

```
["test"] => array(1) {
  ["site_name"] => string(9) "163网站"
}
```

图 3-13　测试效果

说　明
模块下面的自定义扩展配置项就是 test（模块 index 下面 extra 目录中的 test.php 文件的文件名），内容是 site_name，值是 "163 网站"。

ThinkPHP 5 的配置目录主要分为三类：默认配置目录、自定义配置目录和扩展配置目录。注意，无论采用哪一种配置目录，最终都会与应用配置文件合并后输出。

3.2　ThinkPHP 5 框架的场景配置

3.2.1　场景配置简介

1. 场景配置的必要性

在不同的环境下使用不同的配置，比如我们在家和在公司中使用的数据库是不同的，就可以为这两个不同的环境创建不同的数据库连接。

2. 场景配置的实现步骤

场景配置主要有以下两步：

第一步，修改一下应用或者模块配置文件中的 app_status 参数，将该值设置为场景的名称，比如说 home 或者 office。

第二步，在与该配置文件同级的目录下创建一个和场景名称同名的配置文件。比如说当前的场景名称是 home，那么当前的场景配置文件就是 home.php。

再次执行一下，框架将会自动根据当前的场景配置文件更新当前应用的配置文件。

3.2.2 场景配置操作

下面我们用实例来演示一下。

（1）自定义配置目录。在入口文件（地址为 D:\phpStudy\WWW\tp5\public\index.php）中增加自定义配置目录的代码：

```php
<?php
// [ 应用入口文件 ]
// 定义应用目录
define('APP_PATH', __DIR__ . '/../application/');
//自定义配置目录
define('CONF_PATH', __DIR__ . '/../config/');
// 加载框架引导文件
require __DIR__ . '/../thinkphp/start.php';
```

（2）建立一个自定义配置文件（地址为 D:\phpStudy\WWW\tp5\config\config.php），然后编写代码：

```php
<?php
return [
    'app_status'=>'home',
];
```

（3）访问 http://tp5.com/index.php/index/index/index，效果如图 3-14 所示。
（4）创建场景配置文件 home.php，如图 3-15 所示。

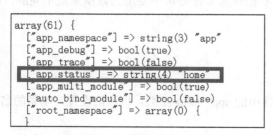

图 3-14 显示效果

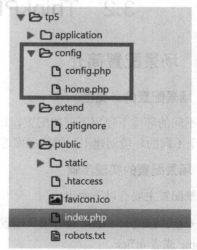

图 3-15 创建场景配置文件

（5）复制数据库配置代码（D:\phpStudy\WWW\tp5\application\database.php）到 home.php 中并修改数据库信息：

```php
<?php
```

```
return [
    // 数据库类型
    'type'          => 'mysql',
    // 服务器地址
    'hostname'      => 'localhost',
    // 数据库名
    'database'      => 'home',
    // 用户名
    'username'      => 'root_home',
    // 密码
'password'          => 'root_home',
];
```

（6）访问 http://tp5.com/index.php/index/index/index，效果如图 3-16 所示。

```
["database"] => string(4) "home"
["paginate"] => array(3) {
  ["type"] => string(9) "bootstrap"
  ["var_page"] => string(4) "page"
  ["list_rows"] => int(15)
}
["type"] => string(5) "mysql"
["hostname"] => string(9) "localhost"
["username"] => string(9) "root_home"
["password"] => string(9) "root_home"
}
```

图 3-16　显示效果

（7）还可以在模块的配置文件中创建配置文件。在当前的自定义配置目录 config 中创建一个目录 index（对应的是 index 模块）。在 index 模块下，继续创建一个 config.php 文件（对应的是模块的配置文件），如图 3-17 所示。

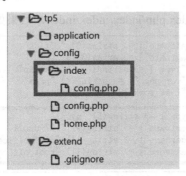

图 3-17　创建模块的配置文件

（8）在 index 模块的配置文件 config.php 中编写代码。

```
<?php
return [
    'app_status'=>'office',
];
```

（9）访问 http://tp5.com/index.php/index/index/index，效果如图 3-18 所示。

（10）创建 office.php，如图 3-19 所示。

```
array(65) {
  ["app_namespace"] => string(3) "app"
  ["app_debug"] => bool(true)
  ["app_trace"] => bool(false)
  ["app_status"] => string(6) "office"
  ["app_multi_module"] => bool(true)
  ["auto_bind_module"] => bool(false)
  ["root_namespace"] => array(0) {
}
```

图 3-18 显示效果

图 3-19 创建 office.php

核心代码：

```php
<?php
return [
    // 数据库类型
    'type'     => 'mysql',
    // 服务器地址
    'hostname' => '127.0.0.1',
    // 数据库名
    'database' => 'office',
    // 用户名
    'username' => 'root_office',
    // 密码
    'password' => 'root_office',
];
```

（11）访问 http://tp5.com/index.php/index/index/index，效果如图 3-20 所示。

```
["database"] => string(6) "office"
["paginate"] => array(3) {
  ["type"] => string(9) "bootstrap"
  ["var_page"] => string(4) "page"
  ["list_rows"] => int(15)
}
["type"] => string(5) "mysql"
["hostname"] => string(9) "127.0.0.1"
["username"] => string(11) "root_office"
["password"] => string(11) "root_office"
```

图 3-20 显示效果

可以看到当前数据库的配置已经发生了变化。当前的数据库名称是 office，服务器名是 127.0.0.1，用户名和密码都是 route_office，和当前模块场景配置文件 office.php 中的值是一样的。场景配置可以看作是文件级的一种动态位置，给框架的使用者提供了一种在特殊环境下的简便解决方案。

3.3 ThinkPHP 5 框架中的模块配置

3.3.1 模块配置的要点

在模块配置中，有以下几个基本要点：

（1）模块可以有自己的配置文件，包括独立配置文件和场景配置文件。
（2）模块配置的优先级是高于应用配置的，相同配置项会覆盖掉应用中同名的配置项。
（3）模块默认的配置文件名和应用是一样的，都是 config.php。
（4）模块默认的独立配置文件有两个，应用是一样的：第一个是 database.php，对应的是数据库的配置项；第二个是 validate.php，主要是配置验证规则。
（5）模块也支持场景配置文件，它的配置文件名是根据模块配置文件 config.php 中的 app_status 参数值来确定的。

3.3.2 模块配置的操作

1. 模块默认的配置文件 config.php

（1）application 目录下的默认模块是 index，它的配置文件也是 config.php，如图 3-21 所示。

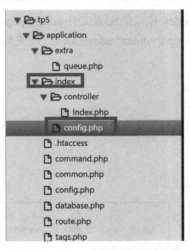

图 3-21　index 模块下的配置文件

（2）在 index 模块下修改配置项：

```
<?php
return [
    'app_debug'=>false,
];
```

（3）访问 http://tp5.com/index.php/index/index/index，如图 3-22 所示。

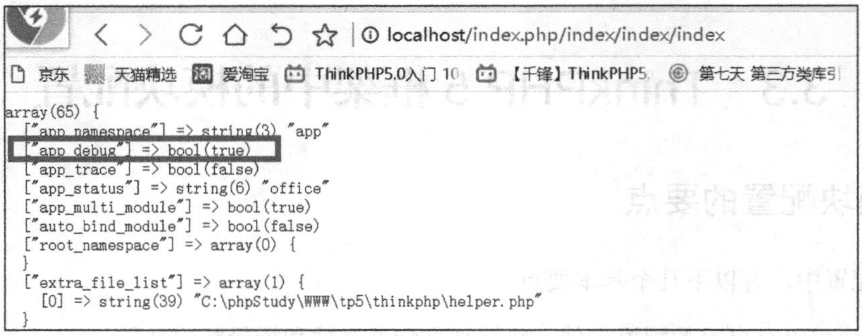

图 3-22 显示效果

> **说 明**
>
> app_debug 并没有改变,因为在入口文件(地址为 D:\phpStudy\WWW\tp5\public\index.php)中定义了配置文件的目录是 config。

```php
<?php
// [ 应用入口文件 ]
// 定义应用目录
define('APP_PATH', __DIR__ . '/../application/');
//自定义配置目录
define('CONF_PATH', __DIR__ . '/../config/');
// 加载框架引导文件
require __DIR__ . '/../thinkphp/start.php';
```

(4) 在 config 目录下创建 index 模块的配置文件 config.php,如图 3-23 所示。

(5) 访问 http://tp5.com/index.php/index/index/index,效果如图 3-24 所示。

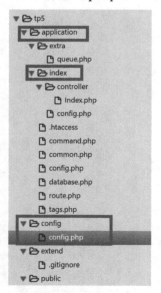

图 3-23 创建模块配置文件

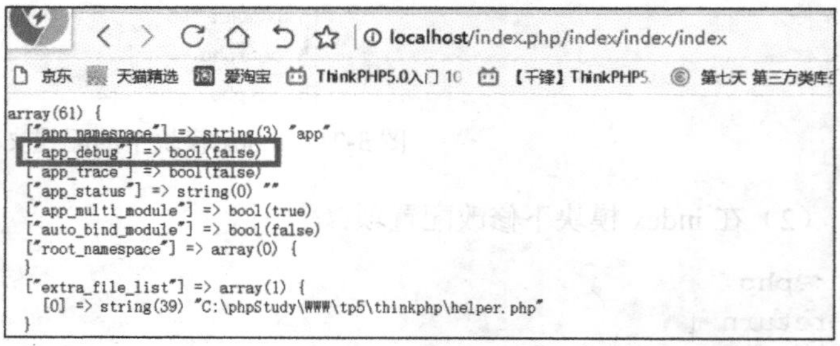

图 3-24 显示效果

> **注　意**
>
> 配置文件生效了。只要在入口文件中定义了配置文件的目录为 config，后续对配置文件的修改就要在 config 目录下进行。

2. 模块默认的场景配置文件

（1）定义模块的配置文件之前，首先要建立模块的配置文件，如图 3-25 所示。

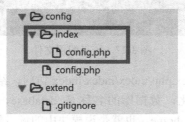

图 3-25　建立模块配置文件

（2）在模块的配置文件中修改一下 app_status 配置项的值，把它改为场景名称，比如 my_home，保存一下。

```php
<?php
return [
    'app_debug'=>false,
    'app_status'=>'my_home',
];
```

（3）执行 http://tp5.com/index.php/index/index/index 访问，结果如图 3-26 所示。

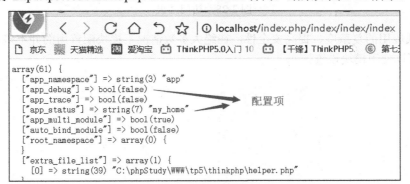

图 3-26　访问结果

（4）创建场景配置文件 my_home.php（见图 3-27），并进行数据库配置。核心代码如下：

```php
<?php
return [
    // 数据库类型
    'type'            => 'mysql',
    // 服务器地址
    'hostname'        => 'localhost',
    // 数据库名
    'database'        => 'my_home',
```

```
        // 用户名
        'username'          => 'my_home',
        // 密码
    'password'              => 'my_home',
];
```

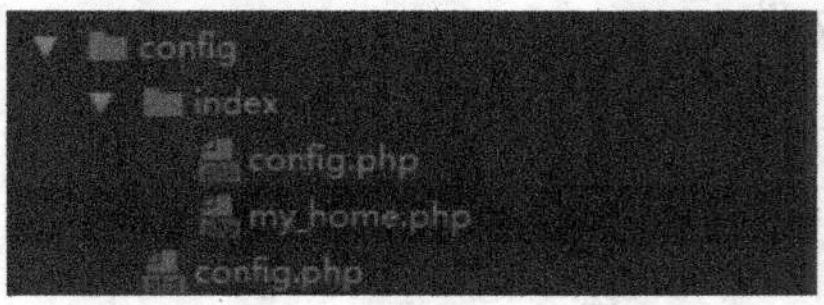

图 3-27　场景配置文件

（5）执行 http://tp5.com/index.php/index/index/index 访问，结果如图 3-28 所示。

数据库的配置项发生了变化，数据库的名称是 database，值是 my_home，服务器名称是 localhost，用户名和密码都是 my_home，也就是说模块中的场景配置文件生效了。

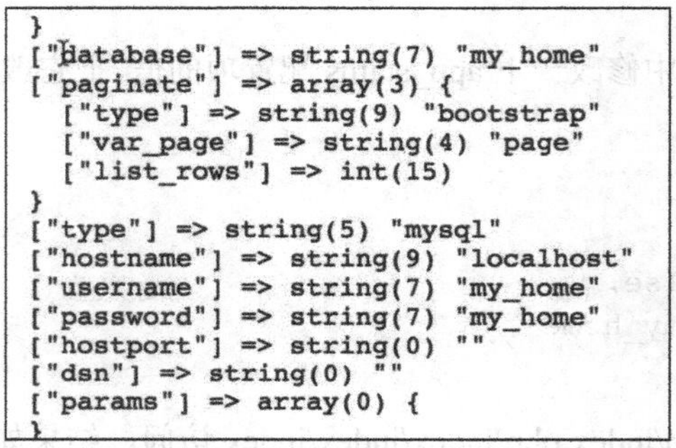

```
}
["database"] => string(7) "my_home"
["paginate"] => array(3) {
  ["type"] => string(9) "bootstrap"
  ["var_page"] => string(4) "page"
  ["list_rows"] => int(15)
}
["type"] => string(5) "mysql"
["hostname"] => string(9) "localhost"
["username"] => string(7) "my_home"
["password"] => string(7) "my_home"
["hostport"] => string(0) ""
["dsn"] => string(0) ""
["params"] => array(0) {
}
```

图 3-28　访问结果

为了降低应用的复杂度、提高安全性，在绝大多数情况下模块配置用的并不多。如果有个性化需求，则可以使用模块设置。

第 4 章

ThinkPHP 5 路由

本章技术要点：
- ThinkPHP 5 路由简介
- ThinkPHP 5 路由三大模式
- ThinkPHP 5 中的路由注册方法
- ThinkPHP 5 中路由规则的创建
- ThinkPHP 5 常用的路由地址类型
- ThinkPHP 5 路由参数
- ThinkPHP 5 路由规则中变量规则的设置技巧
- ThinkPHP 5 路由分组技术
- ThinkPHP 5 路由绑定到模块/控制器/操作/命名空间/类

4.1 ThinkPHP 5 路由简介

本节介绍什么是路由以及路由的用处。

4.1.1 什么是路由

　　一个有效的 URL 请求先由用户发出请求，如果定义了路由规则，那么用户的请求会被路由规则截获，然后进行解析。如果该路由规则是有效的，并且解析通过，就会将路由规则匹配到相应的路由地址上，然后根据 URL 地址中的模块、控制器和操作的顺序来执行操作，最后将操作的结果以视图的方式展示给用户。

　　路由就像一个总调度，把用户不同的请求分发到对应的 URL 地址上。

4.1.2 路由的作用

路由的作用如下:

第一,它可以根据事先定义的路由规则检验 URL 请求,确定是执行 URL 请求还是拒绝。
第二,路由规则是可以自定义的,它隐藏了原来的 URL 地址,更加简短,使访问更加安全。

下面给出两个例子。第一个地址是一个典型的 PATH_INFO,除了 tp5.com 这个域名以外,后面依次为模块、控制器和操作,也就是 edu 模块、test 控制器和 demo1 操作。第二个 URL 只有一个域名 tp5.com,后面是一个字符串 demo1。对比这两个 URL 地址,第二个地址更为简洁,也更安全。

http://tp5.com/edu/test/demo1
http://tp5.com/demo1

4.1.3 路由规则的书写位置

路由规则应该写在与应用配置同级的 route.php 文件中,主要是使用路由类 route 里面的 rule 方法进行注册。

4.1.4 路由使用实例

下面以一个实际案例说明一下。先在与应用同级的目录上创建一个自定义的配置目录 config,在该目录下创建一个 config.php 文件。

(1)自定义配置目录。在入口文件(地址为 D:\phpStudy\WWW\tp5\public\index.php)中写代码:

```
// 自定义配置目录
define('CONF_PATH', __DIR__ . '/../config/');
如下所示。
<?php
// [ 应用入口文件 ]
// 定义应用目录
define('APP_PATH', __DIR__ . '/../application/');
// 自定义配置目录
define('CONF_PATH', __DIR__ . '/../config/');
// 加载框架引导文件
require __DIR__ . '/../thinkphp/start.php';
```

(2)在与应用同级的目录上创建 config,再在下面创建 config.php,如图 4-1 所示。

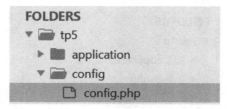

图 4-1 创建 config.php

(3) 打开惯例配置文件 D:\phpStudy\WWW\tp5\thinkphp\convention.php，复制：

```
// 是否开启路由
    'URL_route_on'=> true,
```

然后在 config.php 中粘贴，在 config.php 下开启路由：

```
<?php
return [
    // 是否开启路由
    'URL_route_on'=> true,
];
```

(4) 创建 edu 模块，在 edu 模块下创建 Test 控制器，如图 4-2 所示。执行 tp5.com/edu/test/demo1（典型的 PATH_INFO 模式，这种方式不安全）访问，效果如图 4-3 所示。

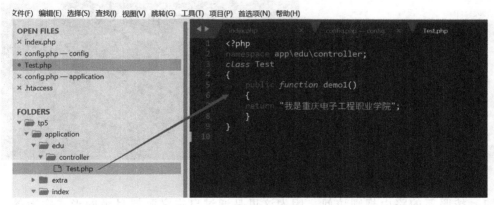

图 4-2 建立 Test 控制器

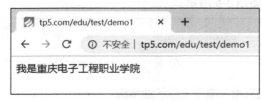

图 4-3 测试效果

下面使用路由隐藏真实的地址。

(5) 在 config 目录下新建一个路由文件，如图 4-4 所示。

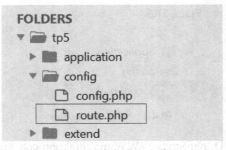

图 4-4　建立路由文件

（6）新建 route.php，创建路由规则。route.php 使用了路由类 Route（位于 D:\phpStudy\WWW\tp5\thinkphp\library\think\Route.php）。

```
<?php
//Route 类是全局有效的，所以不需要在前面加\
//不过如果代码前面使用了命名空间 namespace，则必须使用\
```

在 route.php 中书写代码：

```
think\Route::rule('demo1','edu/test/demo1');
```

效果如图 4-5 所示。

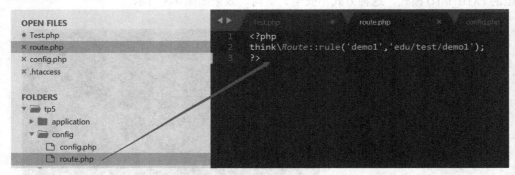

图 4-5　写路由规则

（7）按照新的路由规则访问，因为这里是通过自定义配置目录的形式实现的。执行 http://tp5.com/demo1，效果如图 4-6 所示。

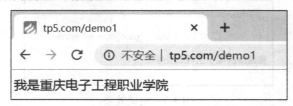

图 4-6　路由测试效果

（8）现在已经不能用 PATH_INFO 方式访问了，如图 4-7 所示。

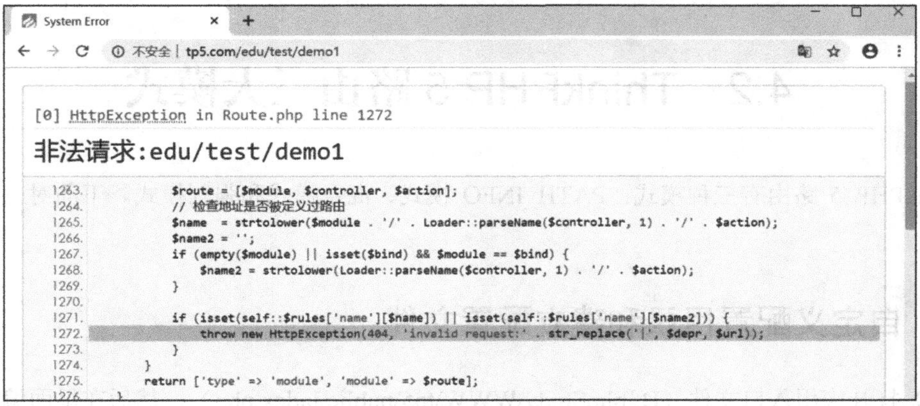

图 4-7　不能访问了

因为现在已经为 edu 模块下面 Test 控制器中的 demo1 方法创建了一个路由规则，所以必须要按照该路由规则来进行访问。

（9）要使用默认的 PATH_INFO 方式访问，可以采用下面的两种方法。

第一种方法是将前面注册的路由规则关闭，即将 route.php 的规则代码注释掉，如图 4-8 所示。测试后发现可以正常访问。

图 4-8　注释掉路由

第二种方法就是将应用的路由关闭,将这里的参数'URL_route_on'的值 true 改为 false，如图 4-9 所示。保存一下，再次刷新，发现又可以访问了。

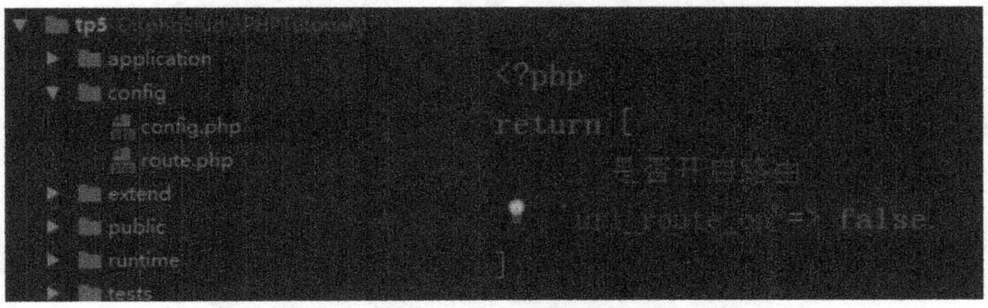

图 4-9　关闭路由

> **注　意**
>
> 不使用自定义配置目录 config 的话，还可以在应用目录 application 下的 config.php 和 route.php 下注册路由规则。

通过这种方式，同样可以实现路由访问。

4.2 ThinkPHP 5 路由三大模式

ThinkPHP 5 路由有三种模式：PATH_INFO 模式、混合模式和强制模式。下面对三种模式进行介绍。

4.2.1 自定义配置目录和建立配置文件

（1）打开应用入口文件（D:\phpStudy\WWW\tp5\public\index.php），然后在里面编写代码，自定义配置目录。

```php
<?php
// [ 应用入口文件 ]
// 定义应用目录
define('APP_PATH', __DIR__ . '/../application/');
//自定义配置目录
define('CONF_PATH', __DIR__ . '/../config/');
// 加载框架引导文件
require __DIR__ . '/../thinkphp/start.php';
```

（2）创建配置一个文件 config.php，如图 4-10 所示。

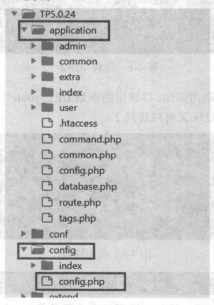

图 4-10　创建配置文件

（3）打开惯例配置文件，复制路由配置代码。

```
D:\phpStudy\WWW\tp5\thinkphp\convention.php
// 是否开启路由
```

```
    'URL_route_on'=> false,
    // 是否强制使用路由
    'URL_route_must'=> false,
```

4.2.2 PATH_INFO 模式

（1）编写配置文件（地址为 D:\phpStudy\WWW\tp5\config\config.php）代码。注意代码中加粗部分的代码，这两处表示是否开启路由、是否强制使用路由模式，这里都是 false，说明都为假。在这种情况下，可以使用 PATH_INFO 模式来访问。

```
:
<?php
return [
    // 是否开启路由
    'URL_route_on'=> false,
    // 是否强制使用路由
    'URL_route_must'=> false,
];
```

（2）在默认的控制器文件（地址为 D:\phpStudy\WWW\tp5\application\index\controller\Index.php）中编写代码：

```
<?php
namespace app\index\controller;
use think\Config;
class Index
{
    public function demo()
    {
        return "我是重庆电子工程职业学院";//这个内容可以自定义
    }
}
```

（3）访问 tp5.com/index/index/demo，如图 4-11 所示。

图 4-11　显示效果

4.2.3 混合模式

（1）编写配置文件（地址为 D:\phpStudy\WWW\tp5\config\config.php）代码：

```
<?php
return [
```

```
    // 是否开启路由
    'URL_route_on'=> true,
    // 是否强制使用路由
    'URL_route_must'=> false,
];
```

加粗的代码提示开启路由，但是不使用强制路由模式。

（2）注册路由规则。在 config 目录下建立一个 route.php 文件，如图 4-12 所示。

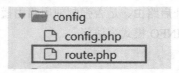

图 4-12　建立 route.php

```
<?php
//需要使用 think 下的 Route 类，因为该类全局有效，所以不需要加\
think\Route::rule('demo','index/index/demo');
```

此时通过 PATH_INFO 访问会报错，如图 4-13 所示。

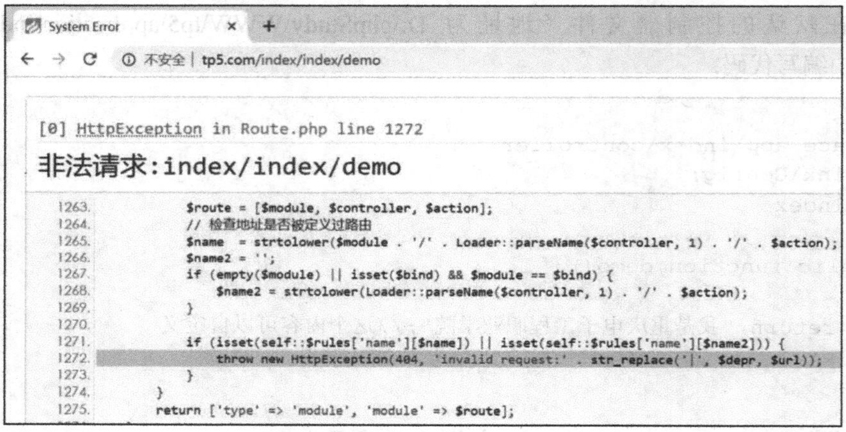

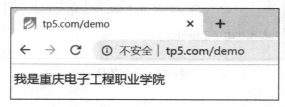

图 4-13　测试效果

（3）必须通过注册的路由规则访问，如图 4-14 所示。

图 4-14　显示效果

（4）修改控制器 Index，地址为 D:\phpStudy\WWW\tp5\application\index\controller\Index.php。

```
<?php
namespace app\index\controller;
use think\Config;
```

```
class Index
{
    public function index()
    {
        return "www.cqcet.edu.cn";
    }
    public function demo()
    {
        return "我是重庆电子工程职业学院";
    }
}
```

（5）此时 index 方法仍然能够通过 PATH_INFO 方式访问，如图 4-15 所示。

图 4-15　正常显示

上面的实例说明，在混合模式下没有定义路由规则的方法可以通过 PATH_INFO 方式访问。

4.2.4　强制模式

与混合模式相比，强制模式只在自定义的配置文件中，是否使用强制路由的值由 false 更改为 true。

（1）编写配置文件代码：

```
D:\phpStudy\WWW\tp5\config\config.php:
<?php
return [
    // 是否开启路由
    'URL_route_on'=> true,
    // 是否强制使用路由
    'URL_route_must'=> true,
];
```

（2）在路由文件（route.php）中进行规则注册，编写代码：

```
<?php
//需要使用think下的Route类，因为该类全局有效，所以不需要加\
think\Route::rule('demo','index/index/demo');
```

（3）在默认控制器中编写代码，地址为 D:\phpStudy\WWW\tp5\application\index\controller\Index.php。

```
<?php
namespace app\index\controller;
use think\Config;
```

```
class Index
{
    public function index()
    {
        return "www.cqcet.edu.cn";
    }
    public function demo()
    {
        return "我是重庆电子工程职业学院";
    }
}
```

（4）执行代码，此时没有定义路由规则的 index()方法不能通过 PATH_INFO 的方式访问，如图 4-16 所示。

图 4-16　不能以 PATH_INFO 的方式访问

（5）由于采用强制路由模式，因此必须为 index()创建路由规则。

```
<?php
//需要使用 think 下的 Route 类，因为该类全局有效，所以不需要加\
think\Route::rule('demo','index/index/demo');
think\Route::rule('index','index/index/index');//增加一条路由规则
```

（6）执行访问操作，如图 4-17 所示。

图 4-17　路由正常访问

注意，路由规则的名称可以写成其他名称，如 index 的规则名也可以写成 php。

```
think\Route::rule('index','index/index/index');
```

不一定非要写成上方的形式，还可以写作：

```
<?php
//需要使用 think 下的 Route 类，因为该类全局有效，所以不需要加\
think\Route::rule('demo','index/index/demo');
```

```
think\Route::rule('php','index/index/index');
```

（7）执行访问操作，如图 4-18 所示。

图 4-18　测试效果

4.3　ThinkPHP 5 中的路由注册方法

4.3.1　路由注册方法的种类

在 ThinkPHP 5 中，路由注册方法有两种：动态方法与配置文件。
动态方法的格式如下：

```
Route::rule('路由规则','路由地址','请求类型',[路由参数],[变量规则]);
```

配置文件的方法格式如下：

```
return
[
'路由规则'=>'路由地址',
'路由规则'=>['路由地址',[路由参数],[变量规则]]

];
```

4.3.2　动态路由注册

1．将路由改为混合模式

将是否强制使用路由的值由 true 更改为 false，如图 4-19 所示。

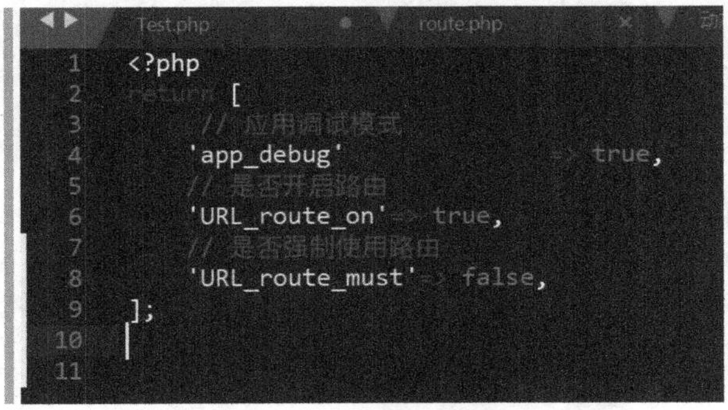

图 4-19　使用混合模式路由

2. 创建路由规则

在自定义的路由文件 route.php 中创建路由规则。编写如下代码：

```
<?php
//需要使用 think 下的 Route 类，因为该类全局有效，所以不需要加\
think\Route::rule('demo/:lesson','index/index/demo',
    'GET',['ext'=>'shtml'],['lesson'=>'\w{1,10}']);
//路由解释：demo 规则需要传递一个参数 lesson，请求类型为 get，后缀是 shtml
//参数 lesson 必须符合正则规则，即必须是字符，且长度在 1-10
```

3. 在默认控制器中编写代码

（1）找到默认控制器（位于 D:\phpStudy\WWW\tp5\application\index\controller\Index.php，本地路径），如图 4-20 所示。

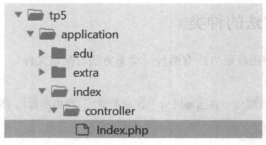

图 4-20　默认控制器

（2）编写代码：

```
<?php
namespace app\index\controller;
use think\Config;
class Index
{
    public function index()
    {
        return "www.cqcet.edu.cn";
    }
    public function demo($lesson)
    {
        return "我在学习".$lesson;
    }
}
```

（3）直接执行 http://tp5.com/demo 访问，如图 4-21 所示。

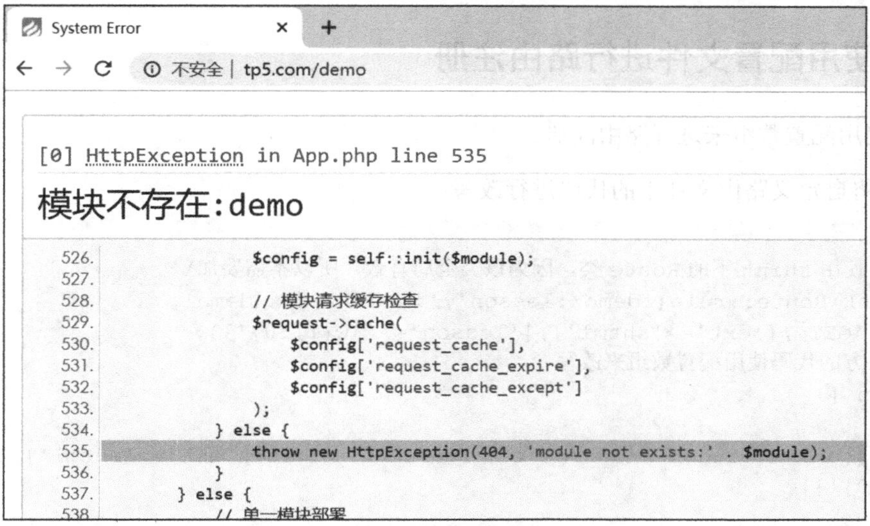

图 4-21　测试效果

提示会报错，因为没有传入参数。

（4）直接传参也不行，因为后缀不是 shtml，如图 4-22 所示。

图 4-22　直接传参

（5）正确调用的方式是传参，后缀是 shtml，且参数为字符、长度为 1~10，如图 4-23 所示。

图 4-23　正确访问

说　明
当有变量 lesson 时是动态配置，没有变量时为静态配置。

4.3.3 使用配置文件进行路由注册

下面使用配置数组来进行路由注册。

(1) 将自定义路由文件中的代码进行改写：

```
<?php
//需要使用 think 下的 Route 类，因为该类全局有效，所以不需要加\
//think\Route::rule('demo/:lesson','index/index/demo',
//    'GET',['ext'=>'shtml'],['lesson'=>'\w{1,10}']);
//将上方的代码使用配置数组来改写
return [
'demo/:lesson'=>['index/index/demo',['method'=>'get','ext'=>'shtml'],['lesson'=>'\w{1,10}']]
];
```

(2) 执行 http://tp5.com/demo/java.shtml 访问，如图 4-24 所示。

图 4-24 访问结果

> **注 意**
>
> 如果路由规则简单，则不需要使用数组。

(3) 在默认控制器（地址为 D:\phpStudy\WWW\tp5\application\index\controller\Index.php）中创建一个 test 方法，编写代码：

```
<?php
namespace app\index\controller;
use think\Config;
class Index
{
    public function index()
    {
        return "www.cqcet.edu.cn";
    }
    public function demo($lesson)
    {
        return "我在学习".$lesson;
    }
    public function test()
    {
        return "我是 index 模块下的 Index 控制器下的 test 方法";
    }
}
```

（4）在自定义的路由文件中修改路由规则，如图4-25所示。

```
<?php
//需要使用think下的Route类，因为该类全局有效，所以不需要加\
//think\Route::rule('demo/:lesson','index/index/demo',
//   'GET',['ext'=>'shtml'],['lesson'=>'\w{1,10}']);
//将上方的代码使用配置数组来改写
return [
'demo/:lesson'=>['index/index/demo',['method'=>'get','ext'=>'shtml'],['lesson'=>'\w{1,10}']],
    'test'=>'index/index/test'
];
```

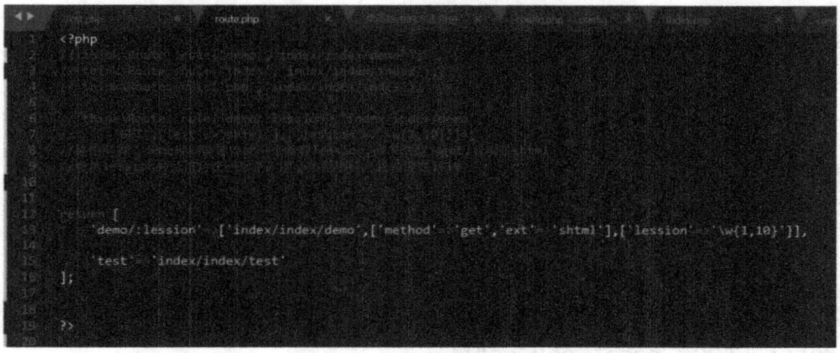

图4-25　修改路由规则

（5）执行tp5.com/test访问，如图4-26所示。

图4-26　测试效果

4.4　ThinkPHP 5 中路由规则的创建

4.4.1　路由规则简介

1．什么是路由规则

路由规则就是用户最终用来访问的URL地址，注意它并非原始的URL地址，原始的URL地址是路由地址。

2．路由规则组成

路由规则主要有两部分组成，如图4-27所示。第一部分叫作路由标识符，是静态部分。第二部分是由各类变量组成的，是动态部分。其中，静态部分的路由标识符是必须要有的，动态部分根据操作而定，如果当前操作需要传输变量，就必须要传入变量。其中传入的变量主要有两类：一类是必选的，一类是可选的。如果变量有默认值，那么这个变量应该是可选变量，同时注意可选变量必须要放在动态部分，变量名列表的后面，如果放在中间或者前面，就会导致后面的变量无效。

图4-27 路由规则组成

4.4.2 路由规则实例

（1）找到默认的控制器（地址为 D:\phpStudy\WWW\tp5\application\index\controller\Index.php），编写代码：

```
<?php
namespace app\index\controller;
use think\Config;
class Index
{
    public function index()
    {
        return "www.cqcet.edu.cn";
    }
    public function demo($name,$lesson)
    {
        return "我是".$name."我在学习".$lesson;
    }
}
```

（2）找到自定义的路由文件 route.php，编写路由规则。

```
<?php
//需要使用 think 下的 Route 类，因为该类全局有效，所以不需要加\
think\Route::rule('demo/:name/:lesson','index/index/demo',
    'GET',['ext'=>'shtml'],['name'=>'\w{3,8}','lesson'=>'\w{1,10}']);
//路由解释：需要传入两个参数，请求方式为 get，后缀为 shtml。name 参数是字符，长度为 3~8；
//lesson 参数为字符，长度为 1~10
```

（3）执行访问 tp5.com/demo/cxp/tp5.shtml，如图4-28所示。

图4-28 测试效果

name 参数的长度为 3~8，超出即不符合路由规则，会报错，如图4-29所示。

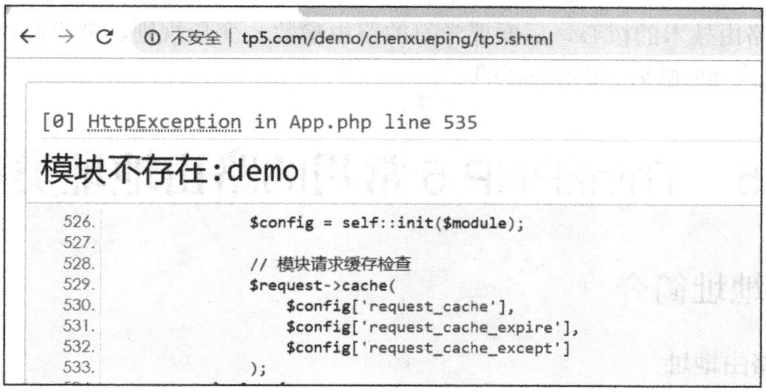

图 4-29　超出 name 长度

（4）设置 lesson 默认值为 php（地址为 D:\phpStudy\WWW\tp5\application\index\controller\Index.php）。

```
<?php
namespace app\index\controller;
use think\Config;
class Index
{
    public function index()
    {
        return "www.cqcet.edu.cn";
    }
    public function demo($name,$lesson="php")
    {
        return "我是".$name."我在学习".$lesson;
    }
}
```

（5）在路由规则（地址为 D:\phpStudy\WWW\tp5\config\route.php）中通过[:lesson]设置 lesson 参数为可选参数：

```
<?php
//需要使用 think 下的 Route 类，因为该类全局有效，所以不需要加\
think\Route::rule('demo/:name/[:lesson]','index/index/demo',
    'GET',['ext'=>'shtml'],['name'=>'\w{3,8}','lesson'=>'\w{1,10}']);
//路由解释：需要传入两个参数[lesson 参数为可选参数，可以不传参]，
//请求方式为 get，后缀为 shtml，
//name 参数是字符，长度为 3~8；lesson 参数为字符长度为 1~10
```

（6）执行 tp5.com/demo/cxp.shtml，如图 4-30 所示。当传入 lesson 参数时，会将 lesson 的默认参数 php 替换，如图 4-31 所示。

图 4-30　测试效果

图 4-31　传入 lesson 参数的测试效果

路由规则是路由技术的核心，后面要学习的路由参数、变量规则、分组路由、别名路由等都是围绕着如何简化、创建路由规则进行的。

4.5　ThinkPHP 5 常用的路由地址类型

4.5.1　路由地址简介

1．什么是路由地址

路由地址就是用户用路由规则访问页面时真实跳转到的地址，也就是路由规则的目标地址。

2．路由地址的种类

路由地址有下面五种。

（1）将路由规则跳转到模块、控制器和操作，这是最常见、最简单的一种，和没有开启路由采用 PATH_INFO 方式访问是一样的。

（2）路由规则跳过模块和控制器，直接执行控制器里面的操作方法。

（3）路由到任何地方的一个类的方法，包括静态的方法和动态的方法，这个类不一定是控制器类。

（4）路由到一个重定向的地址（如 301）。

（5）路由到一个闭包函数。

4.5.2　路由到模块、控制器和操作

这是最简单的路由，基本语法如下：

```
Route::rule('路由规则', '模块/控制器/操作');
```

使用 route 类中的 rule 方法或者 get 方法都可以。第一个参数是路由规则。第二个参数是它的路由目标，也就是路由地址，该路由地址采用的是模块、控制器和操作这种方式。后面还有参数，省略了。

对于这种路由规则，重点要掌握以下几点：

（1）可访问控制器的知识，在应用的配置文件中有一个配置项 URL_controller_layer，字面意思就是 URL 控制器层，默认值是 controller（可以改变）。

（2）路由地址从右到左开始解析，按照操作→控制器→模块这个顺序进行解析。

（3）它还支持额外参数。额外参数实际上就是在路由地址中通过查询字符串传入的参数。

操作如下：

（1）打开惯例配置文件（地址为 D:\phpStudy\WWW\tp5\thinkphp\convention.php），将访问控制器层 controller 改为 api，如图 4-32 所示。

图 4-32　改为 api

（2）将 index 模块下的 controller 改为 api，如图 4-33 所示。

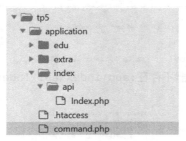

图 4-33　改为 api

（3）将 Index 控制器的命名空间改为 api：

```php
<?php
namespace app\index\api;
use think\Config;
class Index
{
    public function index()
    {
        return "www.cqcet.edu.cn";
    }
    public function demo($name,$lesson="php")
    {
        return "我是".$name."我在学习".$lesson;
    }
}
```

（4）执行访问，如图 4-34 所示。

图 4-34　正常显示

(5) 如果 Index 控制器没有更改，仍然是 controller，则会提示如图 4-35 所示的错误。

```php
<?php
namespace app\index\controller;
use think\Config;
class Index
{
    public function index()
    {
        return "www.cqcet.edu.cn";
    }
    public function demo($name,$lesson="php")
    {
        return "我是".$name."我在学习".$lesson;
    }
}
```

图 4-35　提示出错

(6) 将前面修改的访问控制器层由 api 改回 controller，如图 4-36 所示。

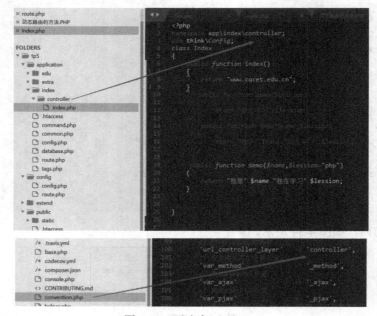

图 4-36　更改为 controller

（7）执行 tp5.com/index/index/index，测试效果如图 4-37 所示。

图 4-37　测试效果

（8）回到默认的 index 模块下面的控制器（地址为 D:\phpStudy\WWW\tp5\application\index\controller\Index.php）编写代码（可以接前面内容继续使用）。

```php
<?php
namespace app\index\controller;
use think\Config;
class Index
{
    public function index()
    {
        return "www.cqcet.edu.cn";
    }
    public function demo($name,$lesson="php")
    {
        return "我是".$name."我在学习".$lesson;
    }
}
```

（9）在路由文件（地址为 D:\phpStudy\WWW\tp5\config\route.php）中增加额外参数：

```php
<?php
//需要使用 think 下的 Route 类，因为该类全局有效，所以不需要加\
think\Route::get('demo/:name','index/index/demo?lesson=thinkPHP 5');
//代码解释：将可选参数 lesson 作为额外参数写到 demo 方法中：?lesson=thinkPHP 5
```

（10）执行 tp5.com/demo/chenxp 访问，效果如图 4-38 所示。

图 4-38　测试效果

4.5.3　直接路由到操作方法

1. 基本语法

基本语法如下：

```
Route::rule('路由规则', '@模块/控制器/操作');
```

它的语法和第一种路由地址几乎是一样的，只是在模块前面多了一个@。这种路由地址要掌

握以下两点:

- 它跳过了模块初始化,直接执行控制器中的方法。模块初始化工作主要有加载配置文件和公共文件,那么此时模块初始化工作失效。
- 如果该方法需要调用视图,那么必须设置完整的模板文件的路径,因为它跳过了模块初始化,无法自动加载模板文件。

2. 实例操作

(1) 在自定义的路由文件 route.php 中写路由规则:

```php
<?php
//需要使用 think 下的 Route 类,因为该类全局有效,所以不需要加\
think\Route::get('demo/:name','index/index/demo?lesson=thinkPHP 5');
//代码解释:将可选参数 lesson 作为额外参数写到 demo 方法中:?lesson=thinkPHP 5
```

(2) 创建 index 模块的配置文件 config.php。在自定义目录 config 下面创建一个 index 目录,然后建立一个 config.php 文件,如图 4-39 所示。然后编写代码。

```php
<?php
return [
    'site_domain'=>'www.cqcet.edu.cn'
];
```

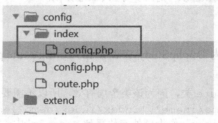

图 4-39 建立 config.php 文件

(3) 在默认控制器(地址为 D:\phpStudy\WWW\tp5\application\index\controller\Index.php)中编写代码:

```php
<?php
namespace app\index\controller;
use think\Config;
class Index
{
    public function index()
    {
        return "www.cqcet.edu.cn";
    }
    public function demo($name,$lesson="php")
    {
        $domain=\think\Config::get('site_domain');
        return "我是".$name."我在学习".$lesson.'网址:'.$domain;
    }
}
```

（4）执行 tp5.com/demo/cxp 访问，如图 4-40 所示。

图 4-40　能够获得网址

（5）给路由规则添加@：

```
D:\phpStudy\WWW\tp5\config\route.php
<?php
//需要使用 think 下的 Route 类，因为该类全局有效，所以不需要加\
think\Route::get('demo/:name','@index/index/demo?lesson=thinkPHP 5');
//代码解释：将可选参数 lesson 作为额外参数写到 demo 方法中：?lesson=thinkPHP 5
```

（6）执行 tp5.com/demo/cxp 访问，如图 4-41 所示。

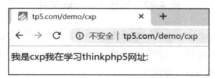

图 4-41　访问效果

可以看到网址消失了，这是因为使用@跳过了模块的初始化直接执行方法，所以针对 index 模块进行的配置也就失效了。

4.5.4　直接路由到类的方法

1．基本语法

```
Route::rule('路由规则', '\完整命名空间\类名@动态操作');
Route::rule('路由规则', '\完整命名空间\类名::静态操作');
```

第一个参数仍然是路由规则，但是后面发生了变化，后面的类名和操作名之间用一个@进行连接，并且类名必须由一个完整的命名空间进行限定，也叫完全限定的类名。

重点理解以下内容：

（1）这个类必须创建在应用目录或者子目录中，因为所有的操作都是在应用中进行的，所以类也必须放在应用中。

（2）静态方法是支持外部动态访问的，不过建议从语法上进行分开。

（3）为了项目规范，除非不得已，否则尽可能少用，还是采用规范的用法，按照模块、控制器、类的方式来进行调用。

2．操作实例

（1）在 application 目录下创建一个文件 Test.php（类文件），如图 4-42 所示。

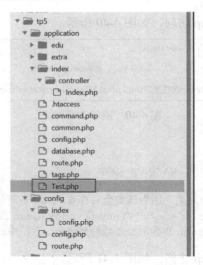

图 4-42 创建 Test.php 文件

（2）编写代码。命名空间 namespace 在 application 目录下，所以它的命名空间是 namespace app。Class 后面是类名，类名和文件名是一样的，都叫 Test。写一个方法 test，不传入参数，只返回一个字符串"我是自定义类 Test 的 test 方法"。

```
<?php
namespace app;
class Test
{
    public function test()
    {
        return "我是自定义类Test的test()方法";
    }
}
```

（3）写路由规则（地址为 D:\phpStudy\WWW\tp5\config\route.php）：

```
<?php
//需要使用think下的Route类，因为该类全局有效，所以不需要加\
//think\Route::get('demo/:name','@index/index/demo?lesson=thinkPHP 5');
think\Route::get('test','\app\Test@test');
```

（4）执行 tp5.com/test 访问，如图 4-43 所示。

图 4-43 访问效果

> **说　明**
>
> 这个例子说明并不是所有的方法都必须写到控制器类中，也可以写到其他类，然后通过自定义路由的方式来进行访问。

4.5.5 直接路由到一个闭包函数

1. 基本语法

```
Route::rule('路由规则', function([参数]){
    //闭包函数代码
});
```

第一个参数依然是路由规则；第二个参数不再是一个路由地址，而是一个匿名函数。

对于直接路由的闭包函数，要重点了解以下几点：

（1）闭包就是函数中的函数或者方法中的方法，可以理解为函数的嵌套。

（2）闭包函数可以接受通过路由规则传过来的参数，也就是路由变量。

（3）如果直接路由到了闭包函数，就不再执行任何操作，相当于把这个操作方法直接写到了参数中。

2. 实例操作

（1）写路由规则（地址为 D:\phpStudy\WWW\tp5\config\route.php）。注释前面的路由规则，写一个闭包路由 myfunc，然后写一个匿名函数 function，返回一个字符串"我是跳转的闭包函数的内容"。

```
<?php
//需要使用think下的Route类，因为该类全局有效，所以不需要加\
//think\Route::get('demo/:name','@index/index/demo?lesson=thinkPHP 5');
//think\Route::get('test','\app\Test@test');
think\Route::get('myfunc',function(){
    return "我是跳转的闭包函数的内容";
});
```

（2）执行 tp5.com/myfunc 访问，如图 4-44 所示。

图 4-44　访问效果

（3）路由到一个闭包函数，可以用于网站更新提示。

```
<?php
//需要使用think下的Route类，因为该类全局有效，所以不需要加\
//think\Route::get('demo/:name','@index/index/demo?lesson=thinkPHP 5');
//think\Route::get('test','\app\Test@test');
think\Route::get('myfunc',function(){
    return "网站更新中。。。";
});
```

执行 tp5.com/myfunc 访问，如图 4-45 所示。

图 4-45　访问效果

（4）利用闭包函数接收参数。修改路由规则：

```
<?php
//需要使用 think 下的 Route 类，因为该类全局有效，所以不需要加\
//think\Route::get('demo/:name','@index/index/demo?lesson=thinkPHP 5');
//think\Route::get('test','\app\Test@test');
think\Route::get('myfunc/:lesson',function($lesson){
    return "我在学习".$lesson;
});
```

执行 tp5.com/myfunc/html5 访问，如图 4-46 所示。

图 4-46　测试效果

4.5.6　直接路由到重定向的地址

1．基本语法

```
Route::rule('路由规则','重定向地址');
```

第一个参数依然是路由规则，第二个参数是一个重定向的地址。注意理解以下几点：

（1）重定向的地址可以是根地址或者是用协议开头的一个纯外部地址。

（2）如果是根地址，它是相对于当前可访问的 Web 目录 public。

（3）外部地址是 301 跳转，比较适合于网站迁移。

2．实例操作

（1）首先演示一下站内跳转。

在当前可访问的 Web 目录 public 下面创建一个文件 demo.php，用于输出一个字符串（见图 4-47），代码如下：

```
<?php
echo "<h1>欢迎来到重庆电子工程职业学院，我是 cxp</h1>";
```

图 4-47　创建文件

写路由规则（地址为 D:\phpStudy\WWW\tp5\config\route.php）：

```
<?php
think\Route::rule('myjump','/demo.php');
```

执行 tp5.com/demo.php 访问，如图 4-48 所示。

图 4-48　访问效果

（2）接着演示一下站外跳转。

写路由规则：

```
<?php
think\Route::rule('myjump','http://www.baidu.com');
```

执行 http://tp5.com/myjump 将跳转到百度，如图 4-49 所示。

图 4-49　访问效果

路由地址是用户最终要访问的 URL，也是路由规则的目标地址，它不像路由规则，可以通过路由参数和变量规则进行校验，所以用户一定要确保路由地址的有效性。

4.6　ThinkPHP 5 路由参数

4.6.1　路由参数简介

1．什么是路由参数

路由参数是用来校验当前的路由规则是否有效的依据。

2．路由参数的类型

路由的参数有很多，并且在不断的更新中，这里主要选一些比较常用的进行介绍。

第一个是请求类型：

```
['method'=>'get|post'];
```

它的键名是 method，请求类型可以有 get 或者 post 等，如果允许多个请求类型，就在中间用一个竖线进行分隔。

第二个是 URL 的后缀：

```
['ext'=>'html|shtml']/['deny_ext'=>'php'];
```

它的键名是 EXT，如果有多个后缀，中间用一个竖线进行分隔，跟它相对应的一个参数是 deny_ext，意思是禁止 URL 后缀。当前这个例子禁止路由规则的后缀是 php。

第三个是回调函数：

```
['callback'=>'回调函数名称'];
```

第四个是域名检测：

```
['domain'=>'tp5.com'];
```

可以用来设置一些白名单。

后面还有很多参数，比如说绑定模块合并额外参数等。这些比较简单，可以查阅一下官方手册。

4.6.2 请求类型

1．请求类型简介

常用的请求类型是 get 和 post，其他（delete、put）了解即可。

（1）如果注册方法已经声明了类型，就不用设置了。比如：

```
Route::get()/post();
```

调用 route 类中的 get 方法或者 post 方法，这个方法名已经标示了请求类型，所以不用在配置参数中再次声明请求类型。

（2）如果采用 rule 方法或者 any 方法，需要在路由参数中的 method 中声明一下请求类型，例如：

```
Route::rule()/any():['method'=>'get|post'];
```

（3）当然还可以使用路由配置文件中的数组定义：

```
['method'=>'get|post'];
```

2．具体操作

先看一下路由参数中的请求类型是如何定义的，还是以访问 Index 控制器中的 demo 方法来进行演示。

（1）在默认模块（地址为 D:\phpStudy\WWW\tp5\application\index\controller\Index.php）的控制器中编写代码：

```
<?php
namespace app\index\controller;
use think\Config;
class Index
{
```

```
    public function index()
    {
        return "www.cqcet.edu.cn";
    }
    public function demo()
    {
        return "重庆电子工程职业学院";
    }
}
```

（2）写路由规则。打开自定义的路由文件，采用动态注册路由的方式来进行演示。Think::route。
①用 rule 方法来进行说明。

第一个参数是路由规则，第二个参数是路由地址，第三个是请求类型 GET（必须大写），后面的两个[ ]可以为空，说明参考代码注解。

```
<?php
think\Route::rule('demo','index/index/demo','GET',[],[]);
//第一个[]:路由参数,第二个[]:变量规则
```

执行 tp5.com/demo 访问，如图 4-50 所示。

图 4-50　显示效果

②直接使用路由的 get 方法。
先写路由规则：

```
<?php
//直接使用get方法
think\Route::get('demo','index/index/demo',[],[]);
```

用 get 方法来做，这时后面的 get 就不要了。
执行 tp5.com/demo 访问，如图 4-51 所示。

图 4-51　显示效果

③使用配置文件方式定义。
先定义路由，地址为 D:\phpStudy\WWW\tp5\config\route.php。

```
<?php
return [
    'demo'=>['index/index/demo',['method'=>'get'],[]]
    //参数意义：路由地址　请求方式　　[]:变量规则
];
```

> **说 明**
>
> 路由规则当作键名，然后在箭头后面用一个数组，数组中的第一个元素是路由地址，第二个元素是路由参数，这里路由参数必须要指明请求类型。method 的请求类型是 get。这里 get 可以用小写字母。后面还有一个变量规则，留空。

执行 tp5.com/demo 访问，效果一样。

4.6.3 URL 后缀/扩展名

1．URL 后缀/扩展名简介

第二个路由参数是限定 URL 的后缀，也就是它的扩展名，默认是 html。允许的后缀用的参数是 ext：

```
['ext'=>'html|shtml'];
```

如果要禁止某个 URL 后缀，使用的是 deny_ext 参数：

```
['deny_ext'=>'jpg|png'];
```

当参数值为空时，它有特殊意义，比如 ext 参数值为空字符串，就是允许 URL 后缀为空：

```
['ext'=>''];
```

如果 deny_ext 参数的值是空，就是禁止 URL 后缀为空，这两个参数必须是 5.07 以上版本才可以使用的：

```
['deny_ext'=>''];
```

2．实例操作

（1）增加 URL 后缀后

①设置扩展名。回到路由规则中，修改一下扩展名。ext 扩展名等于 shtml，限定了当前访问的 URL 后缀必须是 shtml。再加一个"｜html"，可以选择两种后缀。

```
D:\phpStudy\WWW\tp5\config\route.php
<?php
return [
    'demo'=>['index/index/demo',['method'=>'get','ext'=>'shtml|html'],[]]
    //参数意义：路由地址  请求方式    []:变量规则
];
```

②执行访问时只允许扩展名为 shtml 或者 html，没有扩展名会报错，如图 4-52、图 4-53、图 4-54 所示。

图 4-52　加上 shtml 后缀

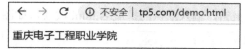

图 4-53　加上 html 后缀

图 4-54　不加后缀

（2）扩展名为空

①删除 URL 后缀：

```
<?php
return [
    'demo'=>['index/index/demo',['method'=>'get','ext'=>''],[]]
    // 参数意义：路由地址　请求方式　　[]:变量规则
];
```

②执行访问，有扩展名报错，没有扩展名成功（需要版本为 5.0.7 以上才行），如图 4-55、图 4-56 所示。

图 4-55　没有扩展名显示正常

图 4-56　加上后缀不正常

（3）不允许扩展名为空

修改规则：

```
<?php
return [
    'demo'=>['index/index/demo',['method'=>'get','deny_ext'=>''],[]]
    //参数意义：路由地址　请求方式　　[]:变量规则
];
```

执行访问,没有扩展名报错,输入默认的扩展名.html 成功,如图 4-57、图 4-58 所示。

图 4-57　没有拓展名报错

图 4-58　输入默认的扩展名成功

> **注　意**
>
> 默认的扩展名可以在 D:\phpStudy\WWW\tp5\thinkphp\convention.php 中。

在惯例配置文件中查看,如图 4-59 所示。

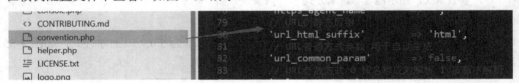

图 4-59　默认的扩展名

4.6.4　用回调函数来验证路由规则

1. 回调函数简介

当回调函数返回 true 的时候,路由规则是有效的,否则无效。

这个回调函数要写在应用的公共方法中,文件名是 common.php。语法如下:

```
['callback'=>' 回调函数名称'];
```

callback 参数的值是回调函数的名称,比如用回调来检测是否存在某个应用配置项,决定是否执行路由规则。

2. 操作实例

(1) 打开自定义的应用配置文件(见图 4-60),自定义一个配置项 site_domain,值为 www.cqcet.edu.cn,然后保存。

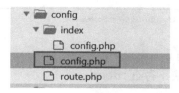

图 4-60　自定义配置文件

```
<?php
return [
    'site_domain'=>'www.cqcet.edu.cn'
];
```

（2）在公共文件 common.php 中创建公共函数 my_check()，在这个函数中首先获取一下刚才设置的配置项值，保存到变量 domain 中，然后进行判断。如果获取到了，就返回一个 true，否则就返回 false，保存。

（3）路由配置（地址为 D:\phpStudy\WWW\tp5\config\route.php）。打开路由文件，在这个路由文件中创建一个回调规则 callback，它的值就是刚才创建的回调函数 my_check。

```
<?php
return [
    'demo'=>['index/index/demo',['method'=>'get','callback'
=>'my_check'],[]]
    //参数意义：路由地址   请求方式    []:变量规则
    //'callback'=>'my_check'：当函数 my_check 返回 true 时，才会跳转到默认控制器下的 demo 方法
];
```

（4）执行 tp5.com/demo 访问，如图 4-61 所示。

图 4-61　显示效果

> **说　明**
>
> 显示取决于回调的结果。如果当前的回调函数返回的是 true，就会显示这个内容；如果返回 false，就不会显示这个内容。

（5）注释配置文件中的 site_domain：

```
<?php
return [
//    'site_domain'=>'www.cqcet.edu.cn'
];
```

执行 tp5.com/demo 访问，如图 4-62 所示。

图 4-62　显示出错

> **说　明**
>
> 这时返回的是一个 false，不会跳转到这个地址，而是会提示模块不存在。

4.6.5　域名检验

域名检验就是检测调用当前路由规则的域名是不是参数所指定的域名，它的语法格式就是参数 domain 等于域名，并且支持子域名。

语法如下：

```
['domain'=>'域名'];
['domain'=>'子域名'];
```

实例演示如下：

（1）将回调检验删除，域名为 domain，值等于 tp5.com。修改规则，只允许域名为 tp5.com，地址为 D:\phpStudy\WWW\tp5\config\route.php。

```php
<?php
return [
    'demo'=>['index/index/demo',['method'=>'get','domain'=>'tp5.com'],[]]
    //参数意义：路由地址　请求方式　[]:变量规则
    //'callback'=>'my_check'：当函数 my_check 返回 true 时才会跳转到默认控制器下的 demo 方法
];
```

（2）执行 tp5.com/demo 访问，如图 4-63 所示。

图 4-63　正常显示

（3）改为其他域名：

```php
<?php
return [
    'demo'=>['index/index/demo',['method'=>'get','domain'=>'tp555.com'],[]]
    //参数意义：路由地址　请求方式　[]:变量规则
    //'callback'=>'my_check'：函数 my_check 返回 true 时才会跳转到默认控制器下的 demo
```

方法
    ];

执行 tp5.com/demo 访问，如图 4-64 所示。

图 4-64　显示不正常

说　明
指定 tp5.com 来访问是正常的、其他域名不能访问，是因为 tp555 并没有配置虚拟主机，没有解析，不能访问。

路由参数是用来检验路由地址的，准确地讲是用来校验除了路由变量之外的所有内容的，路由变量的校验工作将在变量规则中学习。

4.7　ThinkPHP 5 路由规则中变量规则的设置技巧

4.7.1　正则表达式简介

变量规则要用到一些正则表达式的常识，下面对正则表达式进行简单介绍。

1. 什么是正则表达式

正则表达式是用来描述字符串匹配模式的，主要用于字符串的查找替换分割。

2. 正则表达式的组成

正则表达式主要是由定界符、原子、元字符、修正符四个部分组成的。

- 定界符：通常是#、~~或者/，只要不是原子或者元字符号反斜杠\就可以用来做定界符。
- 原子：正则模式需要匹配的字符，是由可见的、不可见的以及自定义的这些字符组成。
- 元字符：用来限定或者修饰原子，不可以单独使用。换句话说，一个正则表达式的模式中至少要有一个原子。
- 修正符：用来限定或者修饰整个正则表达式，跟元字符不一样（元字符是用来限定或者修饰单个或多个原子的）。

4.7.2　变量规则简介

1. 什么是路由变量规则

路由的变量规则是用来对动态路由规则中的变量部分进行数据校验的依据。

2. 变量规则的作用域

变量规则根据它的有效范围分为两类：

- 第一类是局部变量规则，仅对当前的路由规则有效。
- 第二类是全局变量规则，对已经注册到框架中的全部路由规则都是有效的。

这里以 rule 方法为例，给出创建局部变量规则的一个语法说明。这个语法规则在前面已经介绍过。这里学习最后一个参数，即变量规则。

语法如下：

```
Route::rule('路由规则','路由地址','请求类型',[路由参数],[变量规则]);
```

变量规则部分是：

```
['变量名1'=>'正则表达式1','变量名2'=>'正则表达式2'];
```

变量规则是由一个一维数组组成的，键名是变量名，也就是路由规则中的动态变量部分，键值是由正则表达式组成的数组元素集合。

例如，"Route::rule('demo','index/index/demo','GET',[],['id'=>'\d{4}']);" 表示任意四位数字。

4.7.3 变量规则实例

操作步骤如下：

步骤 01 复制惯例配置文件中的 URL 参数方式，如图 4-65 所示。

图 4-65 复制参数

步骤 02 在自定义的配置文件 config.php（地址为 D:\phpStudy\WWW\tp5\config\config.php）中粘贴，并修改为 1。

```
<?php
return [
    // 是否开启路由
    'URL_route_on'=> true,
    // 是否强制使用路由
    'URL_route_must'=> false,
    // URL 参数方式：0，按名称成对解析；1，按顺序解析
    'URL_param_type'           => 1,
];
```

步骤 03 在默认模块默认控制器（地址为 D:\phpStudy\WWW\tp5\application\index\controller\Index.php）中写代码：

```php
<?php
namespace app\index\controller;
class Index
{
    public function index()
    {
        return '111';
    }
    public function test($name,$age)
    {
        return "我的姓名是:".$name.",我的年龄是".$age;
    }
}
```

步骤 04 为 test 方法创建路由规则,地址为 D:\phpStudy\WWW\tp5\config\route.php。

用 get 方法来创建,并将路由规则命名为 test。它有两个参数:第一个参数是 name,第二个参数是 age,它所对应的路由地址是 index 模块中 Index 控制器下面的 test 方法。

```
<?php
think\Route::get('test/:name/:age','index/index/test');
```

步骤 05 执行 tp5.com/test/cxp/52 访问,如图 4-66 所示。

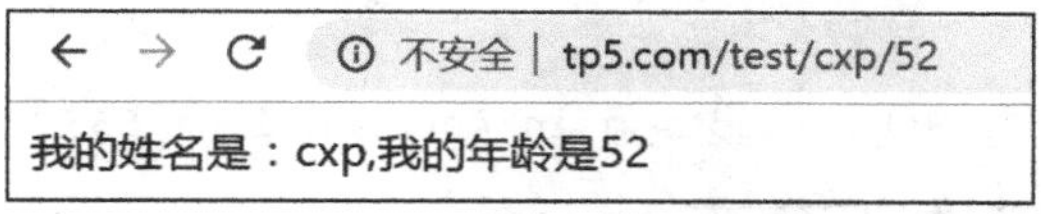

图 4-66 测试效果

步骤 06 增加变量规则验证功能。当前 test 路由规则并不是很严谨,没有对用户通过 get 方式传的变量进行过滤。

如何对用户的输入进行验证?可以给当前变量添加变量规则。在 get 方法里添加一个变量规则参数(get 方法的第四个参数)。

前面一个参数是路由参数,而变量规则必须是第四个参数,所以第三个参数用一个空数组作为占位符。变量规则是一个数组,数组中的每个元素对应着一个验证条件,键名是要验证的变量名,键值是验证模式,用正则表达式来进行验证。

第一个变量是 name,给定一个验证规则,要求 name 必须是小写字母 a 到小写字母 z、大写字母 A 到大写字母 Z 之间的一个纯字符串,同时必须至少有一个字符,用一个加号表示就可以了。

第二个变量是 age,给定的条件是它必须是一个正整数,而且必须是两位。

```
D:\phpStudy\WWW\tp5\config\route.php
<?php
think\Route::get('test/:name/:age','index/index/test',[],[
    'name'=>'[a-zA-Z]+',//name 必须是 a-z、A-Z 之间的字符,+表示至少有一个字符
    'age'=>'\d{2}'//age 必须是整数,且必须是两位数
]);
//因为变量规则必须是第四个参数,所以第三个参数使用一个空数组代替
```

步骤 07 执行 tp5.com/test/cxp/52 访问,如图 4-67 所示。

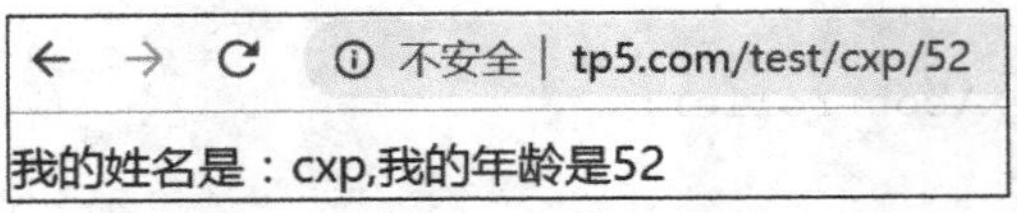

图 4-67　显示正常

设置数字大于 2 位数后进行测试，如图 4-68 所示。不是纯英文字符串的测试，效果如图 4-69 所示。

图 4-68　显示不正常

图 4-69　显示不正常

通过上面的测试说明验证规则生效。

4.7.4　全局变量规则

1．全局变量规则简介

全局变量既可以单独创建，也可以批量创建。批量创建就是将它的参数用一个一维数组来表示。

单独创建语法：

```
Route::pattern( '变量名'=>'正则表达式');
```

批量创建语法：

```
Route::pattern([
 '变量名1'=>'正则表达式1',
 '变量名2'=>'正则表达式2',
]);
```

2. 实例操作

在上面的例子中,假设现在有多个路由规则都要用到 name 和 age 值,可以分别建立这两个值的规则。除此之外,可以把这两个变量规则做成全局规则,使所有的路由规则都可以直接使用,不必重复定义。

(1)用 route 类中的 pattern 方法(Think\route::pattern)创建全局变量规则。这里有两个变量规则,所以采用数组,将原来 get 方法中的变量规则复制过来即可。

```
D:\phpStudy\WWW\tp5\config\route.php
<?php
think\Route::pattern([
    'name'=>'[a-zA-Z]+',//name 必须是 a-z、A-Z 之间的字符,+表示至少有一个字符
    'age'=>'\d{2}'//age 必须是整数,且必须是两位数
]);
think\Route::get('test/:name/:age','index/index/test');
```

(2)执行 tp5.com/test/cxp/52 测试,如图 4-70 所示。

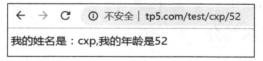

图 4-70 测试效果

数字大于两位数时,测试效果如图 4-71 所示。

图 4-71 数字大于两位数

不是纯英文字符串时,测试效果如图 4-72 所示。

图 4-72 不是纯英文字符串

(3)经过测试,说明全局变量规则生效。
(4)简化,将全局的变量规则和路由规则写到一起,使用路由配置数组实现。

```
<?php
return [
    '__pattern__'=>[
```

```
                'name'=>'[a-zA-Z]+',//name 必须是 a-z、A-Z 之间的字符，+表示至少有一个字符
                'age'=>'\d{2}'//age 必须是整数，且必须是两位数
        ],
        'test/:name/:age'=>'index/index/test'
];
```

(5) 执行相同的测试，效果与前面的全局变量规则一样，说明规则生效。

变量规则是路由中的一个重点，也是保证路由规则安全性的一个重要手段。当全局与局部变量的规则作用在同一个路由变量时，局部的变量规则是覆盖全局规则的，即局部的优先级要高于全局。

4.8 ThinkPHP 5 路由分组技术

路由分组是本章的一个重点，本节将介绍路由分组技术。

4.8.1 路由分组技术简介

1．在什么情况下进行路由分组

当多个路由规则有相同的路由前缀时，可以根据路由前缀进行分组，以提高路由的匹配效率。这个路由前缀通常是路由规则中的静态部分。

2．路由分组的方法

路由分组方法通常有两种。

（1）采用动态方法

```
Route::group('分组名称',[路由地址,[路由参数],[变量规则]]);
```

动态方法就是用 route 类中的 group 方法来进行分组，主要有两个参数：第一个参数是分组名称，第二个参数是用一个数组给出。

在该数组中，第一个参数是路由地址，第二个参数是由路由参数组成的一个数组。第三个参数是由变量规则组成的一个数组，跟前面学过的 rule 方法或者 get 方法中的参数差不多。

（2）采用配置数组

```
return
['规则'=>[路由地址,[路由参数],[变量规则]]]
```

和前面介绍的配置数组参数基本上是一样的，也是用 return 返回一个一维数组，每个数组元素的键名是路由规则，键值是一个数组（和 group 方法中的第二个参数基本上一样），由路由地址、路由参数和变量规则组成的。

根据路由参数，还可以分为闭包分组和虚拟分组。

（1）闭包分组可以看作是用动态方法 group 进行分组的一种快捷方式。

```
Route::group(",function(){
  //创建路由规则语句;
})
```

（2）虚拟分组是本节重点，不仅可以根据每个路由规则的共同部分来进行分组，还可以根据相同的路由参数来进行分组。

4.8.2 路由分组操作准备

1．创建 User 控制器

在默认的 index 模块下创建一个 User.php 控制器，如图 4-73 所示。

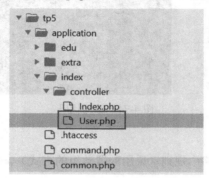

图 4-73 创建一个控制器

2．编写控制器代码

第一个方法命名为 demo1，需要一个参数，命名为$id，返回一个字符串"我是 index 模块下 User 控制器的 demo1 方法"，然后把参数打印出来，$id='.$id。

复制第一个方法，再创建两个：第二个叫 demo2，参数为$name；第三个叫 demo3，参数是布尔值$isOK，同时修改$isOK。修改两个方法后保存。

```
<?php
namespace app\index\controller;
class User
{
    public function demo1($id)
    {
        return '我是 index 模块下 User 控制器的 demo1 方法, $id='.$id;
    }
    public function demo2($name)
    {
        return '我是 index 模块下 User 控制器的 demo2 方法, $name='.$name;
    }
    public function demo3($isOk)
    {
        return '我是 index 模块下 User 控制器的 demo3 方法, $isOk='.$isOk;
    }
}
```

3. 开启混合路由模式

在自定义配置文件 config.php 中编写代码，如图 4-74 所示。

```
<?php
return [
    // 是否开启路由
    'URL_route_on'=> true,
    // 是否强制使用路由
    'URL_route_must'=> false,
];
```

图 4-74　编写代码

4. 创建路由规则

在自定义路由文件中编写路由规则（采用配置数组的方式），如图 4-75 所示。

（1）创建第一个路由规则 demo，变量部分是 id，路由地址是 index 模块中 User 控制器下面的 demo1 方法，对应的路由参数和变量规则是：设定访问方法是 get，路由规则 id 是一个整数，用正则表达式\d 来表示，同时限定一下长度，最小是两位，最长是四位。

（2）给 demo2 方法创建一个路由规则，名称叫 demo。它的变量是 name，路由地址是 index 模块 User 控制器下的 demo2 方法，请求方式也是 get。它的路由规则是：name 是一个字符串，限定字符的取值范围是小写字母 a 到小写字母 z、大写字母 A 到大写字母 Z，后面加一个+，表示至少要有一个字符。

（3）第三个路由规则同样叫 demo，它的变量是 isOK，路由地址是 index 模块下 User 控制器下的 demo3 方法。它的路由参数请求类型是 get，给它的参数创建一个变量规则。isOK 的参数仅限布尔值，仅限于零或者一。

```
<?php
return [
    //参数 id 为整数，长度为 2~4
    'demo/:id'=>['index/user/demo1',['method'=>'get'],['id'=>'\d{2,4}']],
    //参数 name 为字符串，范围在 a-z、A-Z，且至少有一个字符
'demo/:name'=>['index/user/demo2',['method'=>'get'],['name'=>'[a-zA-Z]+']],
    //参数 isOk 为 bool，值为 0 或者 1
    'demo/:isOk'=>['index/user/demo3',['method'=>'get'],['isOk'=>'0|1']]
];
```

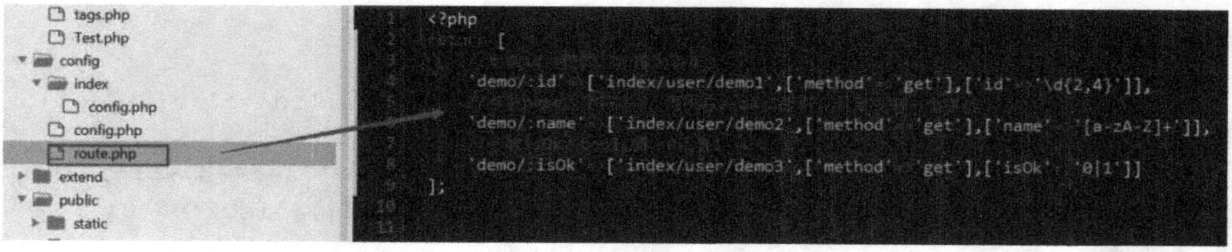

图 4-75 编写路由规则

执行访问，根据传入参数调用不同的函数，如图 4-76、图 4-77、图 4-78 所示。

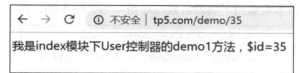

图 4-76 测试$id

图 4-77 测试$name

图 4-78 测试$isOK

4.8.3 使用动态方法和配置数组进行路由分组

三个路由规则都是 demo，可以使用分组。

1．使用配置数组分组

（1）修改路由规则

这三个路由规则有一个共同特征，就是静态部分都是 demo，恰好符合分组的条件，完全可以用公共的 demo 作为一个分组依据，简化一下当前路由规则的创建。

首先将 demo 取出来，作为键名使用，并且将 demo 放到一对方括号中。然后将原来的路由规则全部复制到一个新的以 demo 为键名的数组元素中。最后去掉原来规则中的静态部分 demo，因为 demo 已经用键名给出了。

```
D:\phpStudy\WWW\tp5\config\route.php:
<?php
```

```
return [
    '[demo]'=>[
        ':id'=>['index/user/demo1',['method'=>'get'],['id'=>'\d{2,4}']],
        ':name'=>['index/user/demo2',['method'=>'get'],['name'=>'[a-zA-Z]+']],
        ':isOk'=>['index/user/demo3',['method'=>'get'],['isOk'=>'0|1']]
    ],
];
```

（2）执行测试

执行访问，根据传入参数调用不同的函数，如图4-79、图4-80、图4-81所示。

图4-79　测试$id

图4-80　测试$name

图4-81　测试$isOK

2．使用 group()函数分组

除了可以采用配置数组方式进行分组以外，路由类route还提供了一个group方法，专门用来分组。这个group方法有两个参数：第一个参数是分组名称，第二个参数是用数组表示的路由参数。group方法是route类中的方法，引入route类，首先是think，然后是route：：group。

它的第一个参数是分组的名称，还命名为demo；第二个参数是一个数组，复制前面的路由规则即可。

（1）修改路由规则

```php
<?php
think\Route::group('demo',[
    ':id'=>['index/user/demo1',['method'=>'get'],['id'=>'\d{2,4}']],
    ':name'=>['index/user/demo2',['method'=>'get'],['name'=>'[a-zA-Z]+']],
    ':isOk'=>['index/user/demo3',['method'=>'get'],['isOk'=>'0|1']]
]);
```

（2）执行测试

执行访问，根据传入参数调用不同的函数，如图4-82、图4-83、图4-84所示。

图 4-82　测试$id

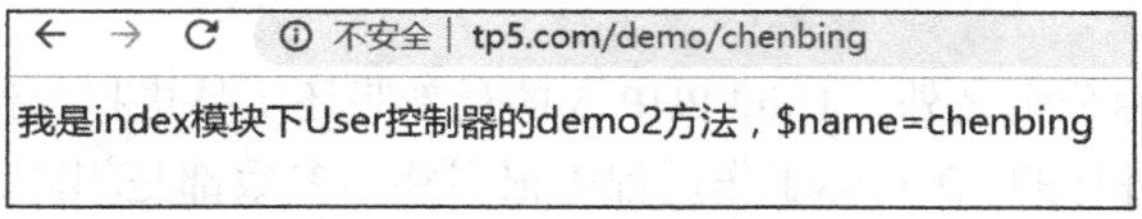

图 4-83　测试$name

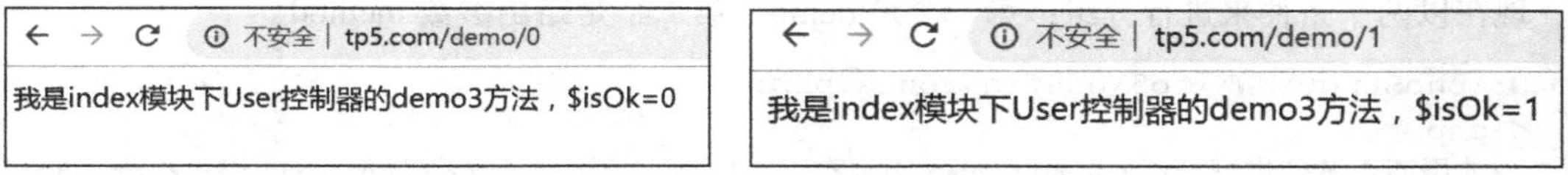

图 4-84　测试$isOK

4.8.4　闭包分组和虚拟分组

1．使用闭包来实现路由分组

（1）编写路由规则

group 除了可以使用路由参数方式进行分组以外，还支持用闭包的方式来进行分组，就是把第二个参数用闭包的方式给出来。

改造一下分组，用闭包来实现，还是 think\Route 下面的 group 方法，分组还是用 demo。

写个匿名函数 function，原来的路由参数需要用 rule 方法或者 get 方法以 PHP 语句的方式给出来。这里以 get 方法为例，将之前的路由参数和变量规则进行打包，由于没有引入命名空间，因此使用 get 方法还要加入命名空间 think\Route::get。它的第一个参数是之前分组的键名，用$id 来表示；第二个参数是路由地址，即 index 模块 User 控制器下面的 demo1 方法，当前的路由参数用空数组给出来。因为之前的路由参数是 method 等于 get，现在用 get 方法，不再需要给出请求类型了，但是必须给出一个空数组，为什么？因为后面还有一个参数是变量规则，所以前面必须要给出一个空数组，也叫占位符，demo1 的变量规则就是这个字符串，把它复制过来，第二个是 name，跳转方法是 demo2，变量规则也复制一下。第三个参数是 isOK。它跳转路由地址是 demo3，然后变量规则是零或者一，是一个布尔值。

```
<?php
//使用闭包
think\Route::group('demo',function (){
    //因为这里直接使用的 get，所以请求参数不要再写 get
    //但是还是要用[]占位，因为第四个参数才是路由规则
    think\Route::get(':id','index/user/demo1',[],['id'=>'\d{2,4}']);
    think\Route::get(':name','index/user/demo2',[],['name'=>'[a-zA-Z]+']);
    think\Route::get(':isOk','index/user/demo3',[],['isOk'=>'0|1']);
});
```

（2）执行测试

根据传入的参数调用不同的函数，测试效果与前面的图一样。

2．创建虚拟分组

（1）修改路由规则

除了常见的几种路由分组之外，ThinkPHP 5 的最新版还支持虚拟分组。之前的分组都是通过路由规则中的相同部分进行的，在实际工作过程中很多路由参数都是相同的，比如路由参数 method 的请求类型的值都是 get，所以可以按照相同的路由参数来分组。虚拟分组就可以实现这一点。

现在以两个条件来进行分组：第一个是 demo，第二个是路由参数 method。

```
D:\phpStudy\WWW\tp5\config\route.php:
<?php
//使用两个条件进行分组：demo(demo 必须有一个关键字的键名，必须为 name)，请求类型：get
think\Route::group(['name'=>'demo','method'=>'get'],[
    ':id'=>['index/user/demo1',[],['id'=>'\d{2,4}']],
    ':name'=>['index/user/demo2',[],['name'=>'[a-zA-Z]+']],
    ':isOk'=>['index/user/demo3',[],['isOk'=>'0|1']]
]);
```

（2）执行测试

根据传入的参数调用不同的函数，测试效果如图 4-85、图 4-86 所示。

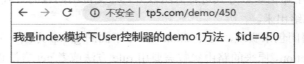

图 4-85　测试$id

图 4-86　测试$name

3．再次简化路由规则

这个分组还可以简化，因为每个路由规则对应的路由地址都有一个统一的模块（index）和控制器（User）。

在路由参数中还有一个参数 prefix，就是前缀。用参数 prefix 再次简化一下路由分组，对路由规则进行修改。现在给分组条件创建一个参数 prefix。

所有的路由地址都有一个前缀，就是 index 下面的 User 控制器，将原来的路由地址中的前缀删除。

```
route.php
<?php
//使用两个条件进行分组：demo(demo 必须有一个关键字的键名，键名必须为 name)，请求类型：get
think\Route::group(['name'=>'demo','method'=>'get','prefix'=>'index/user/'],[
```

```
    ':id'=>['demo1',[],['id'=>'\d{2,4}']],
    ':name'=>['demo2',[],['name'=>'[a-zA-Z]+']],
    ':isOk'=>['demo3',[],['isOk'=>'0|1']]
]);
```

执行测试,根据传入的参数调用不同的函数,效果一样。

4. 再次简化代码

这是一个典型的头重脚轻的结构,现在用路由参数、变量规则来改造代码,将 method 和 prefix 这两个路由参数复制一下,以数组的方式放到路由参数中。现在分组条件中只有一个 demo,没有必要用数组。由于已经将路由参数放到了下面,因此这个路由参数占位符也不需要了,删除即可。最后一个参数是路由变量,可以将每个路由规则中的变量部分复制到变量规则部分。现在的路由规则中只剩下一个方法名(demo1,demo2,demo3),没有必要用数组,直接把它变成字符串就可以了。

```
<?php
think\Route::group('demo',[
    ':id'=>'demo1',
    ':name'=>'demo2',
    ':isOk'=>'demo3'
],['method'=>'get','prefix'=>'index/user/'],['id'=>'\d{2,4}','name'=>'[a-zA-Z]+','isOk'=>'0|1']);
```

执行测试,根据传入的参数调用不同的函数,效果是一样的。

5. 格式化

规范代码:

```
<?php
think\Route::group('demo',//分组名称
    [
    ':id'=>'demo1',//路由规则
    ':name'=>'demo2',
    ':isOk'=>'demo3'
    ],
    ['method'=>'get',//路由参数
        'prefix'=>'index/user/'
    ],
    ['id'=>'\d{2,4}',//变量规则
        'name'=>'[a-zA-Z]+',
        'isOk'=>'0|1'
    ]
);
```

执行测试,根据传入的参数调用不同的函数,测试效果是一样的。

路由分组是一项非常实用的技术,也是开发中常用的技术,请读者认真练习。

第 5 章

控 制 器

本章技术要点：

- 控制器类初体验
- ThinkPHP 5 控制器的进阶介绍
- ThinkPHP 5 公共控制器与公共操作
- ThinkPHP 5 前置操作
- ThinkPHP 5 页面跳转与重定向
- 请求对象与参数绑定：按名称和按顺序访问变量
- 请求对象的属性注入与方法注入
- 请求对象的依赖注入

5.1 控制器类初体验

5.1.1 控制器简介

本节介绍一下控制器的一些入门知识。

1. 什么是控制器

控制器（Controller）就是 MVC 设计中的 C，用于读取视图（View）完成用户输入以及处理数据模型（Model）。

2. 控制器的位置

controller 类的位置是 D:\phpStudy\WWW\tp5\thinkphp\library\think\Controller.php，引入的 Jump 类的位置是 D:\phpStudy\WWW\tp5\thinkphp\library\traits\controller\Jump.php。

3. 什么是可访问控制器

凡是可以通过 URL 地址请求访问的控制器都是可访问的控制器。通常所说的控制器指的都是可访问的控制器。

凡是在 application\index\controller 目录中定义的控制器都是可访问的控制器。

打开默认的控制器（地址为 application\index\controller\Index.php）。当前控制器类的名字为 Index，所对应的控制器的文件名为 Index.php，里面只有一个方法，即默认的 index 方法。

4. 将 ThinkPHP 5 项目恢复为初始状态

（1）在默认模块的控制器（地址为 D:\phpStudy\WWW\tp5\application\index\controller\Index.php）中写代码：

```php
<?php
namespace app\index\controller;
class Index
{
    public function index()
    {
        return '重庆电子工程职业学院';
    }
}
```

（2）执行访问 http://tp5.com/index.php/index/index/index，如图 5-1 所示。

图 5-1　输入完整的地址访问

5. 修改默认的访问控制器层

（1）打开惯例配置文件（地址为 D:\phpStudy\WWW\tp5\thinkphp\convention.php），修改访问控制器层为 api，如图 5-2 所示。

图 5-2　修改默认的访问控制器层

（2）将控制器层 controller 改为 api，同时将 Index 控制器下的命名空间改为 api，如图 5-3 所示。

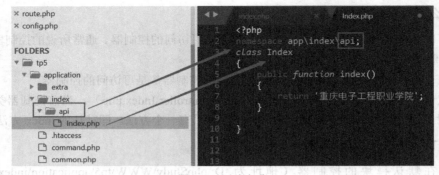

图 5-3　更改名称

```
<?php
namespace app\index\api;
class Index
{
    public function index()
    {
        return '重庆电子工程职业学院';
    }
}
```

（3）访问 http://tp5.com/index.php/index/index/index，如图 5-4 所示。

图 5-4　输入完整的地址访问

（4）操作完成后将控制器层恢复为 controller。

5.1.2　操作及可访问操作

1. 操作和可访问操作概述

操作就是控制器定义的方法。默认方法 index 实际上就是一个可访问操作。

2. 通过实例演示

（1）创建一个方法 Public function demo，返回"我是 index 模块中的 Index 控制器中的 demo 方法"。代码如下：

```
D:\phpStudy\WWW\tp5\application\index\controller\Index.php:
<?php
namespace app\index\controller;
class Index
{
    public function index()
    {
        return '重庆电子工程职业学院';
```

```
    }
    public function demo()
    {
        return "我是 index 模块中的 Index 控制器下的 demo 方法";
    }
}
```

其中，index()、demo()为可访问的方法。

（2）访问 tp5.com/index.php/index/index/demo，如图5-5所示。

图 5-5　访问效果

（3）如果将其属性改为 private 或者 protected 则无法访问：

```
D:\phpStudy\WWW\tp5\application\index\controller\Index.php:
<?php
namespace app\index\controller;
class Index
{
    public function index()
    {
        return '重庆电子工程职业学院';
    }
    private function demo()
    {
        return "我是 index 模块中的 Index 控制器下的 demo 方法";
    }
}
```

（4）访问 tp5.com/index.php/index/index/demo，如图5-6所示。

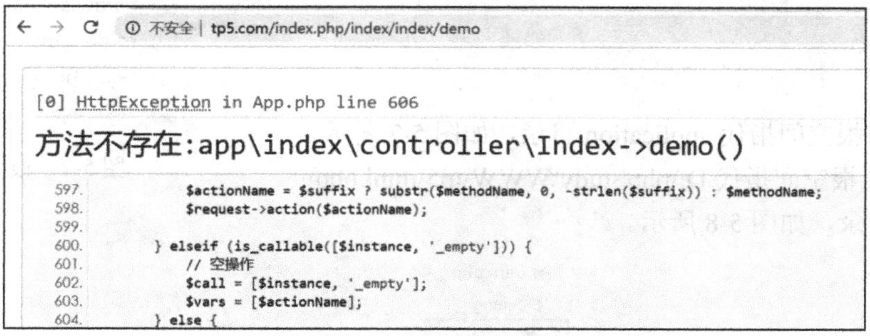

图 5-6　不能正常访问

方法属性限定为 public 即为可访问操作。

5.1.3 命名空间

1．什么是命名空间

在 ThinkPHP 5 中使用命名空间，可以确保类名和第三方的类库名不冲突，如果有两个同名的类，只要它们在不同的命名空间下就没有问题。

在当前的 Index 控制器类中，第一个关键字 namespace 就是声明命名空间的一个关键字。它后面的 app\index\controller 声明了一个命名空间，当存在命名空间的时候，这个类就不再是一个单纯的类名了，应该等于根空间加上一个子空间（可选的）再加上类名。

在命名空间中，这个 app 为根命名空间，在 ThinkPHP 5 中预置了三个根命名空间。除了 app（所对应的起始目录是 application）外，还有两个在 ThinkPHP\library 目录下，一个是 think，一个是 traits，这两个目录分别对应两个根命名空间。在 think 目录下创建的所有的类，它的命名空间都是一样的。

2．默认的控制器文件

地址为 D:\phpStudy\WWW\tp5\application\index\controller\Index.php，代码如下：

```php
<?php
namespace app\index\controller;
//类名=根空间+子空间（可选）+类名
class Index
{
    public function index()
    {
        return '重庆电子工程职业学院';
    }
    public function demo()
    {
        return "我是 index 模块中的 Index 控制器下的 demo 方法";
    }
}
```

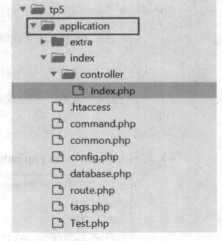

图 5-7　根空间

（1）app 根空间指代 application 目录，如图 5-7 所示。

（2）think 根空间指代 D:\phpStudy\WWW\tp5\thinkphp\library\think 目录，如图 5-8 所示。

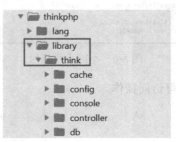

图 5-8　根空间 think

注 意

think 目录下的所有文件的命名空间均包含 think。

（3）traits 根空间指代 D:\phpStudy\WWW\tp5\thinkphp\library\traits 目录，如图 5-9 所示。

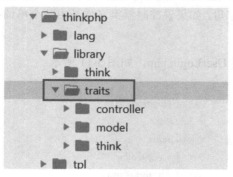

图 5-9 traits 目录

注 意

traits 目录下的所有文件的命名空间均包含 traits 。

根据 PSR-4 命名空间的规范，子命名空间必须和目录是一一对应的，并且大小写完全一致。比如 app\index\controller 命名空间，它和当前 Index 控制器类、它的类文件所在的绝对路径是完全一致的，如图 5-10 所示。

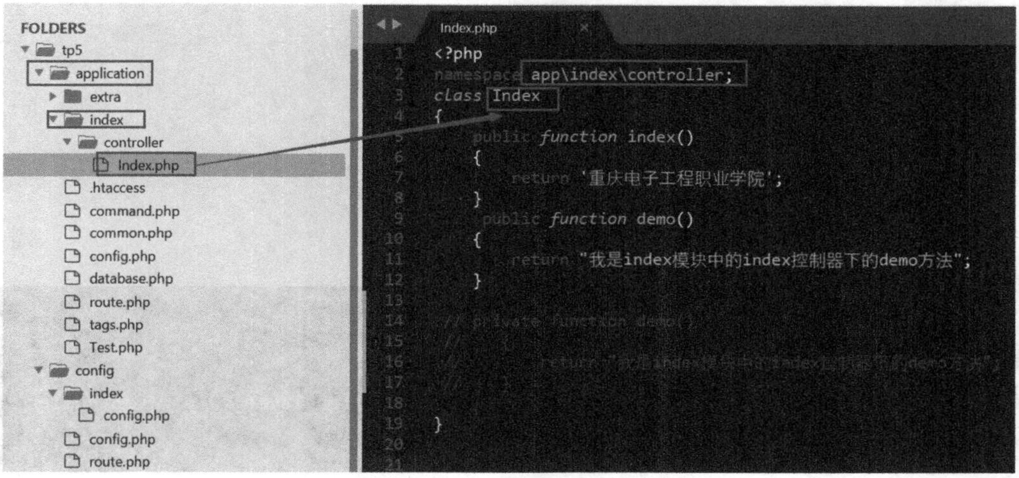

图 5-10 根空间对应关系

比如 app 所对应的起始目录就是 application，index 指的是 application 下面的 index 目录，controller 代表的是 index 下面的 controller 目录（也叫可访问控制器层），这就是命名空间的意思。

5.1.4 控制器的命名规范及访问控制器的方法

控制器类的命名采用的是驼峰法，首字母是需要大写的。在 ThinkPHP 5 的 URL 访问中会将所有的大写字母转换为小写字母，如果说控制器类文件是由两个单词组成的，那么在控制器名中会有两个大写字母。

（1）创建一个控制器类 UserLogin.php，如图 5-11 所示。

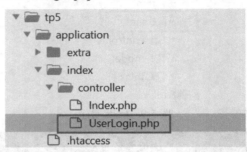

图 5-11　创建控制器

（2）它的命名空间与 Index.php 文件的命名空间是一样的，直接复制。创建 UserLogin 类的 index 方法，返回一个"user_login"字符串。代码如下：

```php
<?php
namespace app\index\controller;
class UserLogin
{
    public function index()
    {
        return "user_login";
    }
}
```

（3）复制惯例配置文件，如图 5-12 所示。

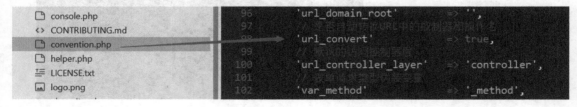

图 5-12　复制文件配置项

（4）建立自定义配置目录和配置文件，并编写代码，如图 5-13 所示。

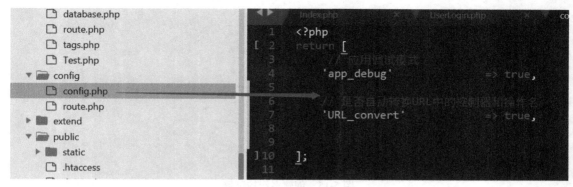

图 5-13 建立文件

```
D:\phpStudy\WWW\tp5\config\config.php:
<?php
return [
    // 是否自动转换 URL 中的控制器和操作名
    'URL_convert'              => true,
];
```

（5）访问 tp5.com/index.php/index/user_login，如图 5-14 所示。

图 5-14 测试效果

5.2 ThinkPHP 5 控制器的进阶介绍

本节是控制器的进阶知识，介绍一些有关控制器的高级内容。

5.2.1 创建多级控制器

1．多级控制器概念

当一个模块下面的控制器类非常多时，可以采用目录的方式来进行管理，并可以创建子目录，进行分级管理，这就是多级控制器。

2．多级控制器操作实例

（1）默认控制器为 controller。

（2）以当前 index 模块为例。在 controller 目录下面再创建一个目录 user。在 user 目录下面创建一个控制器文件，比如 Demo.php，如图 5-15 所示。

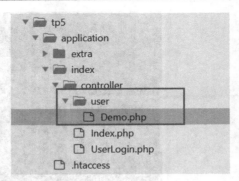

图 5-15　创建多级控制器

（3）直接将 namespace app\index\controller 复制过来是不行的，因为在 controller 目录下又创建了一个目录 user，所以必须再写一层目录：

```
namespace app\index\controller\user;
```

在 controller 后面的 user 所对应的就是 user 目录名，再创建一个类文件 Demo。

在 demo 控制器中创建一个 index 方法，返回的内容是输出一个字符串"我是多级控制器 Demo 下面的 index 方法"，代码如下：

```php
<?php
namespace app\index\controller\user;
class Demo
{
    public function index()
    {
        return "我是多级控制器 Demo 下的 index 方法";
    }
}
```

（4）访问 http://tp5.com/index.php/index/user.demo/index，如图 5-16 所示。

图 5-16　测试效果

现在就可以正常访问到多级控制器 demo 下面的 index 方法了。

> **注　意**
>
> user 是多级可访问控制器层的名字，跟 controller 一样，对应着一个控制器的目录名，只是名称叫 user。user 是 controller 目录下面的一个子目录，并且和多级控制器类 demo 之间用一个点进行连接。这就是多级控制器的知识。

5.2.2 创建空操作和空控制器

本节介绍创建空操作和空控制器的原因。

1．空操作

（1）打开默认控制器类 index，在地址栏中访问一个不存在的方法 test，将会提示方法不存在，如图 5-17 所示。

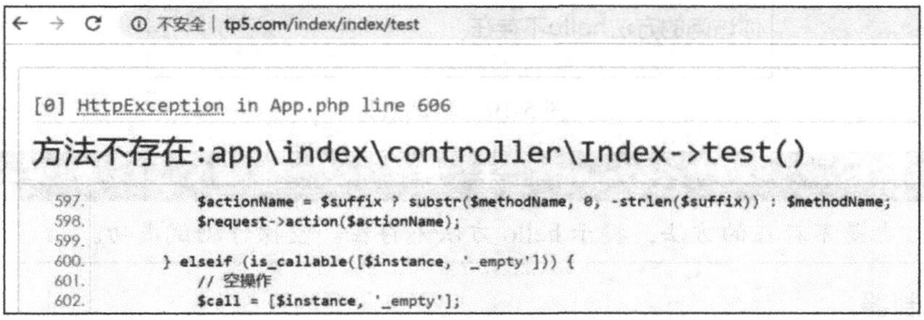

图 5-17　提示方法不存在

> **注　意**
>
> 该 test 方法本身没有创建。可以在当前控制器中创建一个空操作。空操作的名称是固定的，以下划线开头_empty。给它一个参数，即方法名，返回一个字符串"你访问的方法（参数）不存在"，然后把这个方法打印出来。

（2）在 Index 控制器（地址为 D:\phpStudy\WWW\tp5\application\index\controller\Index.php）下创建空操作：

```php
<?php
namespace app\index\controller;
//类名=根空间+子空间（可选）+类名
class Index
{
    public function index()
    {
        return '重庆电子工程职业学院';
    }
    public function demo()
    {
        return "我是index模块中的Index控制器下的demo方法";
    }
    public function _empty($method)
    {
        return "你访问的方法".$method."不存在";
    }
}
```

（3）访问 http://tp5.com/index/index/test，如图 5-18 所示。

图 5-18 提示访问方法不存在

（4）访问 http://tp5.com/index/index/hello，如图 5-19 所示。

图 5-19 测试效果

> **注 意**
> 这个 hello 也是不存在的方法，提示 hello 方法不存在。空操作测试成功。

2. 空控制器

（1）访问不存在的控制器 demo（http://tp5.com/index/demo）会报错，如图 5-20 所示。

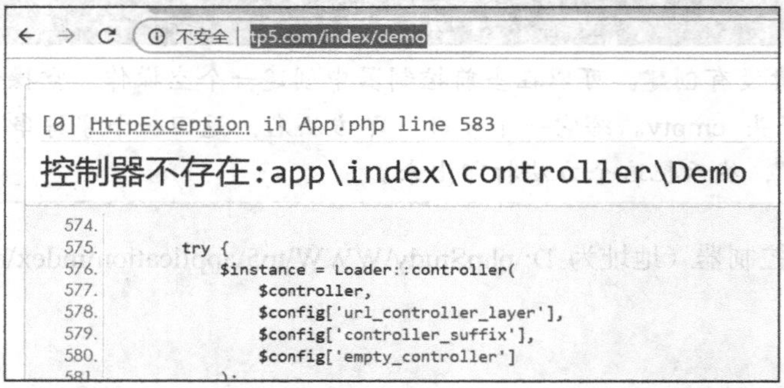

图 5-20 提示出错

可以设置一个空的控制器（名称可以自定义），当访问不存在的控制器时自动触发。

打开惯例配置文件 convention.php，找到模块设置，这一项默认的空控制器名为 Error，复制一下，放到自定义配置文件里。

（2）创建空的控制器，打开惯例配置文件（D:\phpStudy\WWW\tp5\thinkphp\convention.php），复制代码。

```
// 默认的空控制器名
'empty_controller'       => 'Error',
```

（3）到自定义的配置文件中 config\config.php 中粘贴。

```php
<?php
return [
    // 默认的空控制器名
    'empty_controller'       => 'Error',
];
```

（4）默认的空控制器名叫 Error，在当前默认模块 index 下面创建 Error 控制器，如图 5-21 所示。

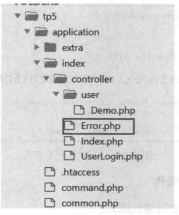

图 5-21　创建 Error 控制器

（5）编写代码：

```
<?php
namespace app\index\controller;
class Error
{
    public function test()
    {
        return "我是当前控制器中的test方法";
    }
}
```

（6）访问不存在的控制器（http://tp5.com/index/demo/test），如图 5-22 所示。

图 5-22　访问结果

> **注　意**
>
> 此时能够成功访问是因为指明了 test 方法，该方法在控制器中存在，说明创建的空控制器生效了。

（7）控制器还可以再改一个名字，比如输入"aaa"，依然可以访问，如图 5-23 所示，说明创建的空控制器生效了。

图 5-23　正常访问

（8）访问不存在的 demo 方法（http://tp5.com/index/demo/demo），如图 5-24 所示。

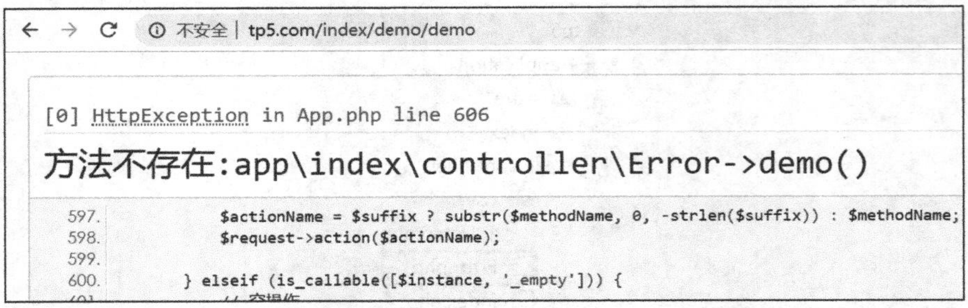

图 5-24 提示方法不存在

3．在空的控制器中创建空操作

（1）在空控制器 Error.php 中创建代码：

```php
<?php
namespace app\index\controller;
class Error
{
    public function test()
    {
        return "我是当前控制器中的test方法";
    }
    public function _empty($method)
    {
        return "你访问的方法".$method."不存在";
    }
}
```

（2）访问不存在的 demo 操作（http://tp5.com/index/aaa/demo），如图 5-25 所示，说明空控制器和空操作起作用了。

图 5-25 测试正常

空操作和空控制器的作用是对不存在的 URL 访问进行拦截，可以在函数里面进行很多操作。

5.2.3 单一模块及使用

1．单一模块概念

当前框架的目录结构如图 5-26 所示。

图 5-26　目录结构

这个目录结构是完整的，有应用，应用下面有模块、控制器等。

2．什么时候使用单一模块

当应用非常简单、不需要划分模块的时候，可以使用单一模块。单一模块其实就是没有模块，应用就是模块，模块就是应用。

要使用单一模块，操作如下：

（1）首先需要开启单一模块。打开惯例配置文件 convention.php，在应用设置中找到是否支持多模块选项，代码如下：

```
// 是否支持多模块
    'app_multi_module'       => true,
```

把配置项复制粘贴到自定义配置文件 config\config.php 中，将它的值由 true 改为 false：

```
// 是否支持多模块
    'app_multi_module'       => false,
```

（2）现在已经不支持多模块了，需要将 index 模块下的内容复制到 application 目录下，将前面的 user 模块删除。index 目录下只有一个 controller 目录，将 controller 复制到 application 目录下，index 就为空了，将 index 模块目录删除。最终目录结构如图 5-27 所示。

图 5-27 现在的目录结构

注意,已经不存在 index 模块了,打开默认控制器的时候需要将 index 模块删除、命名空间中的 index 删除,返回单模块访问,如图 5-28 所示。

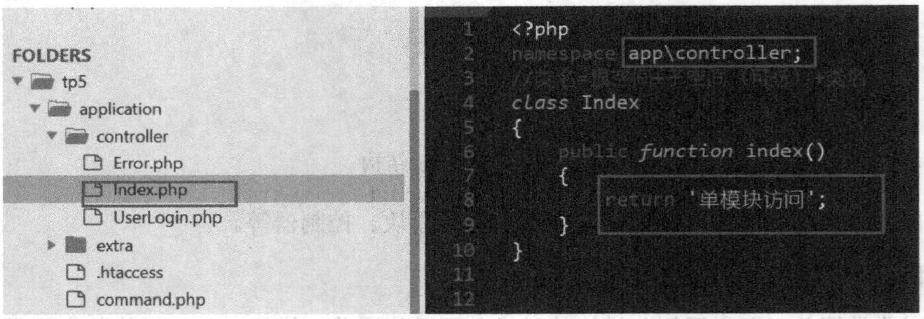

图 5-28 单模块访问

代码如下:

```
<?php
namespace app\controller;
//类名=根空间+子空间(可选)+类名
class Index
{
    public function index()
    {
        return '单模块访问';
    }
}
```

(3)访问默认的控制器下面的 Index 控制器中的 index 方法,它应该输出单模块访问。执行 http://tp5.com/index/index,因为此时已经没有模块,所以直接访问的是 Index 控制器下的 index 方法,如图 5-29 所示。

(4)修改一下方法名称,将 index 方法改成 demo,如图 5-30 所示。

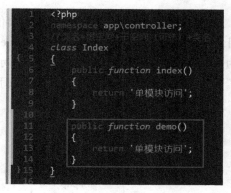

图 5-29　测试效果　　　　　　　　　图 5-30　改成 demo

（5）将后面的 index 改成 demo 访问，测试效果依然输出单模块访问，如图 5-31 所示。

图 5-31　测试效果

注意，这里的 controller 按照 MVC 思想须再建立一个 view 目录和 view 视图，view 下面还应该根据控制器来生成一些模板文件。比如生成一个目录 index 下面的 index.html，这样就可以针对当前的 Index 控制器生成一个模板 index.html，这是模板的相关知识，后面还会介绍。

建立的目录结构如图 5-32 所示。

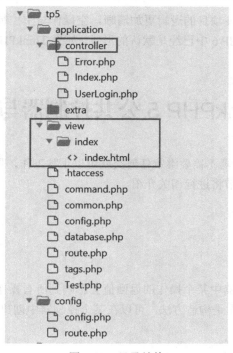

图 5-32　目录结构

（6）这个是单模块结构，如果需要使用前台和后台，要用多级控制目录结构，就在 controller 目录下面创建一个目录 home。再在 home 目录下面创建一个控制器 User.php，home 目录就可以作为一个前台的控制器入口，如图 5-33 所示。

（7）创建一个 admin，并且在目录下面建立一个文件 Admin.php，如图 5-34 所示。

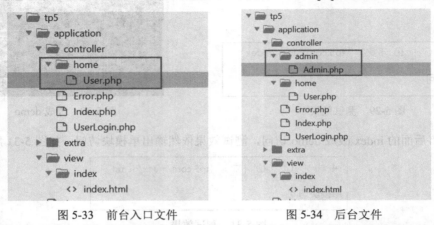

图 5-33　前台入口文件　　　　　图 5-34　后台文件

> **注　意**
>
> 这个 admin 是一个多级的控制器，在 admin 下面可以放一些与后台相关的控制器类。home 下面可以放一些与前台相关的控制器类，在单模块情况下可以通过这种多级控制器的方式来完成网站的前后台规划。

控制器的分级管理可以使项目的逻辑更加清晰，空操作与空控制器使控制器具备了一些容错机制，单模块模式在 ThinkPHP 6 中已经是默认的形式，如果 ThinkPHP 6 要启用多模块方式，还需要下载多模块支持框架组件。

5.3　ThinkPHP 5 公共控制器与公共操作

在 ThinkPHP 5 中，控制器不需要继承任何类就可以正常工作，那么为什么还要为用户提供一个控制器基类 controller？本节将进行相关介绍。

5.3.1　公共操作

1．公共操作的概念

公共操作就是一个控制器中某个操作的返回值会影响到所有操作，或者它创建的数据可以被所有的操作所共享。公共操作是构造方法，可以在某个控制器中创建一个构造方法来实现。

2．公共操作实例

用默认的控制器 Index 来演示，在操作之前先恢复项目到多模块状态。

```
        // 是否支持多模块
        'app_multi_module'       => true,
```

（1）打开默认的控制器，创建一个属性和两个方法：属性是一个受保护的 protected，命名为 $lesson；第一个方法是 demo1，返回当前 lesson 的属性值；第二个方法是 demo2，返回当前 lesson 的属性值。

代码如下：

```
<?php
namespace app\index\controller;
class Index
{
    protected $lesson;
    public function demo1()
    {
        return $this->lesson;
    }
    public function demo2()
    {
        return $this->lesson;
    }
}
```

（2）执行 demo1 和 demo2 方法，如图 5-35 所示。

图 5-35　测试效果

> **说　明**
>
> 访问 demo1，没有任何输出，因为当前的 lesson 没有值；访问 demo2，也没有任何输出。这两个方法没有继承任何类，$lesson 是类里的一个属性，会被类中的所有方法所共享。

（3）用构造方法就可以初始化 lesson。在 demo1 前面添加一个构造方法 public function __construct。构造方法通常是公共的，名称是固定的__construct，通常用于初始化对象中的属性。

给$this->lesson 传一个参数，默认值为 ThinkPHP 5。

在某个方法中手工实例化一下当前类，创建一个新对象，然后访问 lesson，输出的就是设置的新值。$this 指的是当前的实例，将 demo1 中的$this 替换为 New self，给一个新值"重庆电子工程职业学院"。

使用构造函数初始化$lesson 的代码如下：

```
<?php
namespace app\index\controller;
class Index
```

```
{
    protected $lesson;
    public function __construct($lesson="ThinkPHP 5")
    {
        $this->lesson=$lesson;
    }
    public function demo1()
    {
        return (new self('重庆电子工程职业学院'))->lesson;
    }
    public function demo2()
    {
        return $this->lesson;
    }
}
```

（4）再访问一下 demo1 和 demo2。输入"http://tp5.com/index/index/demo2"，输出如图5-36所示。输入"http://tp5.com/index/index/demo1"，输出如图5-37所示。

图5-36　测试效果

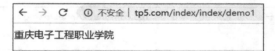

图5-37　测试效果

> **说　明**
>
> 访问 demo2 输出的是 ThinkPHP 5，这就是通过构造方法来创建的一个公共操作。访问 demo1 输出的是一个新值，因为通过 New self 创建了一个新对象。

3. 使用系统的 controller 控制器中的初始化方法简化操作

（1）如果当前的控制器继承自基类 controller，就可以进行简化操作，因为在 controller 类中有一个初始化方法（位置为 D:\phpStudy\WWW\tp5\thinkphp\library\think\Controller.php）。

```
/**
 * 初始化操作
 * @access protected
 */
protected function _initialize()
{

}
```

（2）默认这个方法解释空，它在控制器基类的构造方法中调用。

```
// 控制器初始化
$this->_initialize();
```

（3）这个方法是控制器基类的构造方法，在控制器的构造方法中进行调用。可以把公共操作写到初始化方法中，这样会在控制器实例化的时候自动调用，只要在当前的 Index 控制器类中直接继承 controller 类，然后重写初始化的方法 _initialize 就可以了。

（4）在 Index 控制器中，类需要继承一下 controller。注意，继承用关键字 extends，后面写上控制器基类的名称就可以了。

注意，当前并没有导入它的命名空间，需要写出完整的命名空间 think（class Index extends \think\Controller），如图 5-38 所示。

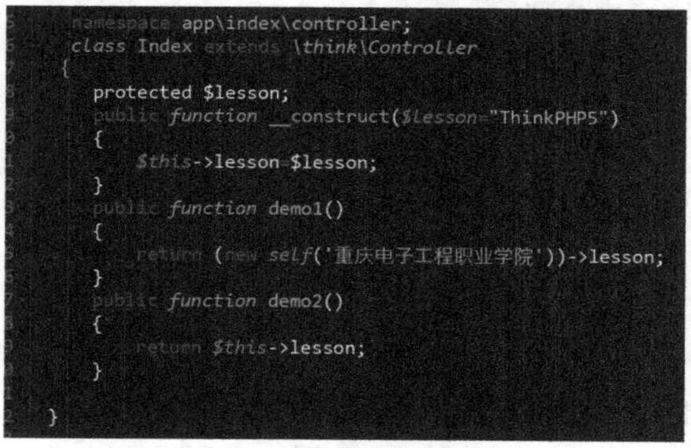

图 5-38　默认控制器代码

这种写法是完全限定名称的命名空间，如图 5-39 所示。还可以在前面用 use 导入命名空间（use think\controller;class Index extends Controller），如图 5-40 所示。

图 5-39　完全限定的域名

图 5-40　第二种写法

由于对基类只导入一次，因此可以不使用 use，还是按照 class Index extends \think\Controller 来写。

（5）将当前的构造方法 __construct 改成初始化的方法 _initialize。

> 注　意
>
> __construct 是双下划线，_initialize 是单下划线。它的功能和构造方法是一样的，_initialize() 默认方法体为空，在控制器基类的构造方法中调用，只需要继承系统的 controller 类并重写 _initialize() 即可。

（6）给 lesson 属性赋一个初值 ThinkPHP 5，修改 demo1 方法。注意，demo1 方法完成对 lesson 属性的修改操作，在这个类中的初始化方法（_initialize 方法），是从基类继承过来的一个方法，不是构造方法，不能用 new 来调用，只能直接用$this 调用一下初始化的方法，修改显示的值为"学院网站域名是 www.cqcet.edu.cn"。代码（地址为 D:\phpStudy\WWW\tp5\application\index\controller\Index.php）如下：

```php
<?php
namespace app\index\controller;
class Index extends \think\Controller
{
    private $lesson;
    public function _initialize($lesson="ThinkPHP 5")
    {
        $this->lesson=$lesson;
    }
    public function demo1()
    {
        $this->_initialize('学院网站域名是www.cqcet.edu.cn');
        return $this->lesson;
    }
    public function demo2()
    {
        return $this->lesson;
    }
}
```

这里的_initialize()相当于__construct()，使用时它只是一个普通方法，直接调用即可。

（7）再次访问 demo2，输出 ThinkPHP 5，如图 5-41 所示。

图 5-41　测试 demo2 效果

访问 demo1 会输出新值，如图 5-42 所示。

图 5-42　访问 demo1 效果

说　明

在 demo1 中调用它的初始化方法，修改了当前的 lesson 属性，会输出一个新值。

5.3.2　公共控制器

1. 公共控制器的概念

用构造方法或者基类的初始化方法解决了控制器中的操作共享数据的问题。如果有多个控制器需要共享一些操作，那么可以参照数据共享的方法创建一个公共控制器类，让公共控制器类继承自基类 controller，然后把一些公共操作写到公共控制器类中，以后创建的控制器只需要继承这个公共控制器类，不用直接继承 controller，相当于在控制器类和基类之间做了一个中间类，然后通过相互继承实现操作共享。

2. 公共控制器操作

实例演示如何实现这种操作。

（1）在可访问的控制器层 controller 下面创建一个新的类文件 Base.php，如图 5-43 所示。

（2）Base.php 文件是一个类文件，里面都是控制器的一些公共操作。首先是命名空间，命名空间和其他控制器一样；创建类名是 Base，必须继承自基类，如图 5-44 所示。

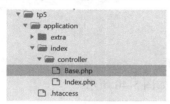

图 5-43　创建 Base.php 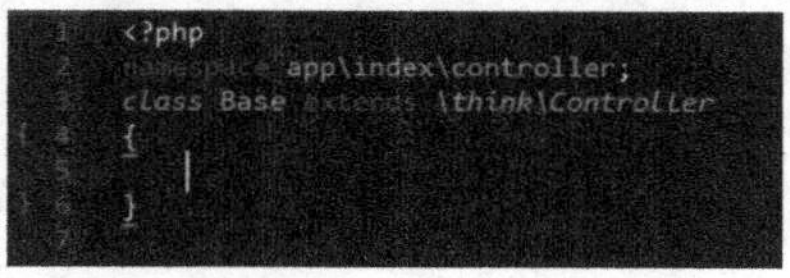　　　图 5-44　Base.php 的命名空间和类

（3）修改一下当前的 Index 控制器，将方法名改为 test。注意，不需要直接继承自 controller，继承创建的 Base 类就可以，代码如下：

```
class Index extends \app\index\controller\Base
```

为什么这样就相当于继承了基类？因为在 Base 中它就是继承自 controller 的，在 Index 默认控制器中只要继承自公共的控制器 Base 就可以将一些公共操作写到 Base 类中，被所有的控制器所共享了，如图 5-45 所示。

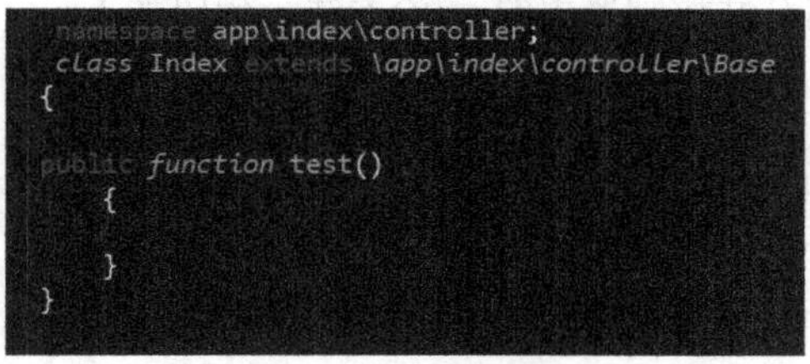

图 5-45　Index.php 编写代码

（4）在公共控制器 Base.php 中先创建一个属性（protected $siteName），给一个值="重庆电子工程职业学院"，再创建一个方法 test，返回"欢迎来到".$this->siteName，代码如下：

```
<?php
namespace app\index\controller;
class Base extends \think\Controller
{
    protected $siteName='重庆电子工程职业学院';
    public function test()
    {
        return '欢迎来到'.$this->siteName.'学习网站开发技术';
    }
}
```

（5）修改 controller 控制器类，将 test 改成 demo。在 demo 方法中调用属性 siteName（没有

在 Index 控制器中定义，只是在 Index 控制器继承的一个公共控制器 Base.php 中定义的），在 Base.php 中定义了一个属性 siteName，在它的子类 Index.php 中进行访问测试。

```
Index.php:
<?php
namespace app\index\controller;
class Index extends \app\index\controller\Base
{
    public function demo()
    {
        return $this->siteName;
    }
}
```

（6）执行 http://tp5.com/index/index/demo 访问，如图 5-46 所示。

图 5-46　访问效果

> **说　明**
>
> 当前的 Index 控制器已经通过公共控制器 Base 继承了基类 controller，可以将公共控制器中定义的属性 siteName 值"重庆电子工程职业学院"输出。

（7）创建 demo1() 访问公共控制器中的 test() 方法。代码如下：

```
<?php
namespace app\index\controller;
class Index extends \app\index\controller\Base
{
    public function demo()
    {
        //访问公共控制器中的$siteName
        return $this->siteName;
    }
    public function demo1()
    {
        //访问公共控制器中的test()
        return $this->test();
    }
}
```

（8）执行 http://tp5.com/index/index/demo1 访问，如图 5-47 所示。

图 5-47　访问效果

> **说 明**
>
> 访问 Index 控制器中的 demo1 操作,输出"欢迎来到重庆电子工程职业学院学习网站开发技术",这个输出就是公共控制器 Base 中 test 方法的输出内容。

继承了 Base 类,而 Base 类继承了系统的控制器 Controller 类,所以 Index 类不用再继承 Controller 类。控制器中的公共操作解决了内容数据共享以及属性初始化的问题,公共控制器从控制器层面解决了控制器类之间的属性和方法的共享问题,这是两个非常实用的技术。

5.4 ThinkPHP 5 前置操作

本节学习一下前置操作。

5.4.1 前置操作简介

前置操作就是指某个操作执行之前必须先执行它才可以。类的构造方法可以看作类中所有方法的前置操作。所以可以用构造方法来初始化类的属性,这样所有类的方法都可以使用这些属性值来完成自己的任务。

前置操作与构造方法相比,它的功能更进一步,不仅可以把某个方法指定为全部方法的前置操作,还可以将这个方法指定为特定方法的前置操作,或者除了某个方法之外所有方法的前置操作。

5.4.2 前置操作给一个固定值

下面用实例来演示一下前置操作。

(1)先打开默认的控制器,如果要在当前的控制器中使用前置操作,那么控制器类就必须继承自控制器的基类 controller。controller 类在 thinkphp\library\think 目录下有一个属性,即前置操作方法列表,如图 5-48 所示。

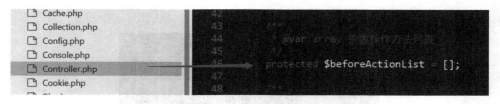

图 5-48 前置方法列表

beforeActionList 属性是一个受保护的属性,仅可以在本类或者子类中调用,它的属性名是 beforeActionList,从字面意义上看它是前置操作列表的意思。它的默认值是一个空数组,因为前置方法的配置全部要利用属性来完成,所以必须继承 controller 才可以办到。

(2)打开默认的控制器(D:\phpStudy\WWW\tp5\application\index\controller\Index.php),先继承一下基类 controller,将父类中的前置方法、配置列表继承过来,beforeActionList 默认是一个

空数组,自定义一个属性 protected,属性名就叫 siteName,然后备注一下。

下面再创建三个方法:demo1(返回当前自定义的属性$this->siteName)、demo2、demo3。

代码如下:

```php
<?php
namespace app\index\controller;
//要使用前置操作,必须先继承基类
class Index extends \think\Controller
{
    //继承基类中的前置方法配置列表
    protected $beforeActionList=[];
    //自定义属性
    protected $siteName;
    public function demo1()
    {
        return $this->siteName;
    }
    public function demo2()
    {
        return $this->siteName;
    }
    public function demo3()
    {
        return $this->siteName;
    }
}
```

(3)创建前置方法有两个步骤:第一步是创建一个前置方法,第二步是把前置方法的相关配置写到前置方法的配置列表中,也就是$beforeActionList 属性中。

(4)创建第一个前置方法$beforeActionList1,这个方法的位置不固定,先写到 demo1 方法之前。

在前置方法 Protected function before1()中,给自定义属性赋一个值"重庆电子工程职业学院"(见图 5-49):

```
$this->siteName="重庆电子工程职业学院";
```

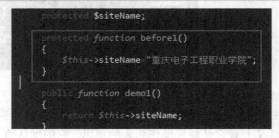

图 5-49 创建前置方法

(5)把前置操作的作用范围(所对应的操作列表)写到配置属性中,也就是说明这个方法究竟是哪些操作的前置方法。在 beforeActionList 的前置方法列表中,数组中的每一个元素对应的是一个前置操作项,元素的键是前置方法的名称、值是前置方法的作用域。当前将 before1 前置方法置为空,表示 before1 是全部操作的前置操作,在 demo1、demo2、demo3 任何一个操作执行之前都必须执行一下 before1 操作。

完整代码(地址为 D:\phpStudy\WWW\tp5\application\index\controller\Index.php)如下:

```php
<?php
namespace app\index\controller;
//要使用前置操作,必须先继承基类
class Index extends \think\Controller
{
    //继承基类中的前置方法配置列表
    protected $beforeActionList=[
        //为空,表明before()是当前类中全部操作的前置操作
        //即demo1(),demo2(),demo3()执行之前都必须执行before()
        'before1'=>''
    ];
    //自定义属性
    protected $siteName;
    protected function before1()
    {
        $this->siteName="重庆电子工程职业学院";
    }
    public function demo1()
    {
        return $this->siteName;
    }
    public function demo2()
    {
        return $this->siteName;
    }
    public function demo3()
    {
        return $this->siteName;
    }
}
```

(6)分别访问一下三个方法。先输入 demo1,输出"重庆电子工程职业学院"(在前置操作中赋的值)如图 5-50 所示。

图 5-50 输出 demo1 的值

执行 http://tp5.com/index/index/demo2,输出"重庆电子工程职业学院",如图 5-51 所示。

图 5-51 输出 demo2 的值

执行 http://tp5.com/index/index/demo3，输出重庆电子工程职业学院，如图 5-52 所示。

图 5-52 输出 demo3 的值

5.4.3 前置操作的参数

前面的测试和构造方法非常像，但是它不是构造方法，因为前置操作不能用来实例化，在前置操作 before 中将 siteName 值固定了，失去了灵活性。

前置操作应该可以接收参数（来自 URL 请求），下面以请求变量为例来进行演示。

（1）将 siteName 的值"重庆电子工程职业学院"用请求变量的获取语句来替换，$this 获取当前的请求对象 request。

```
$this->siteName=$this->request->param('name');
```

因为当前的类继承自基类，基类中有一个属性 request，它所对应的就是请求对象的实例。

（2）通过请求对象来初始化 siteName（地址为 D:\phpStudy\WWW\tp5\application\index\controller\Index.php）：

```php
<?php
namespace app\index\controller;
//要使用前置操作，必须先继承基类
class Index extends \think\Controller
{
    //继承基类中的前置方法配置列表
    protected $beforeActionList=[
        //为空，表明 before()是当前类中全部操作的前置操作
        //即 demo1(),demo2(),demo3()执行之前都必须执行 before()
        'before1'=>''
    ];
    //自定义属性
    protected $siteName;
    protected function before1()
    {
        //通过请求对象来初始化 siteName
        //$this->request->param()是 Controller 中的方法，因为继承了 Controller
        //所以可以直接使用
        $this->siteName=$this->request->param('name');
    }
    public function demo1()
    {
        return $this->siteName;
    }
    public function demo2()
    {
```

```
        return $this->siteName;
    }
    public function demo3()
    {
        return $this->siteName;
    }
}
```

（3）在 URL 请求中动态地设置 siteNmae 的属性值，用 demo3 来测试，给一个变量名 name，值为"我爱我的学校"，如图 5-53 所示。

图 5-53　测试效果

发现输出的值就是变量后面定义的值，这个变量值可以在 URL 中自己修改，输入"我在重庆生活"，测试，如图 5-54 所示。

图 5-54　测试效果

> **说　明**
>
> 现在前置方法可以接收一个参数了。

5.4.4　前置操作只对部分方法有效

现在提出一个新的需求，假如说有一个前置方法，它仅对某一个方法有效，比如仅仅是 demo2 的前置操作，那么该如何操作呢？

1．前置方法 before2 只允许 demo2 使用

（1）创建一个前置方法 before2：

```
//前置方法before2只允许demo2使用
        'before2'=>['only'=>'demo2']
```

（2）在 before2 中，它的内容是"ThinkPHP 5 从入门到精通"：

```
protected function before2()
    {
        $this->siteName="ThinkPHP 5 从入门到精通";
    }
```

（3）前置方法 before2 只允许 demo2 使用：

```php
<?php
namespace app\index\controller;
//要使用前置操作，必须先继承基类
class Index extends \think\Controller
{
    //继承基类中的前置方法配置列表
    protected $beforeActionList=[
        //为空，表明before()是当前类中全部操作的前置操作
        //即demo1(),demo2(),demo3()执行之前都必须执行before()
        'before1'=>'',
        //前置方法before2只允许demo2使用
        'before2'=>['only'=>'demo2']
    ];
    //自定义属性
    protected $siteName;
    protected function before1()
    {
        //通过请求对象来初始化siteName
        //$this->request->param()是Controller中的方法，因为继承了Controller
        //所以可以直接使用
        $this->siteName=$this->request->param('name');
    }
    protected function before2()
    {
        $this->siteName="ThinkPHP 5从入门到精通";
    }
    public function demo1()
    {
        return $this->siteName;
    }
    public function demo2()
    {
        return $this->siteName;
    }
    public function demo3()
    {
        return $this->siteName;
    }
}
```

（4）执行 http://tp5.com/index/index/demo1/name/我爱我的工作，如图 5-55 所示。

图 5-55　测试效果

执行 http://tp5.com/index/index/demo2/name/我爱我的工作，如图 5-56 所示。

第 5 章 控 制 器 | 115

图 5-56　显示给定的值

执行 http://tp5.com/index/index/demo3/name/我爱我的工作，如图 5-57 所示。

图 5-57　测试 demo3 效果

> **说　明**
>
> 访问 demo2 的时候，siteName 的属性值才会输出；访问 demo1、demo3 都是输出 URL 参数的值。

2. 前置方法 before3 排除 demo1、demo2，只对 demo3 有效

（1）创建一个前置方法 before3：

```
//前置方法before3排除demo1、demo2,只对demo3有效
        'before3'=>['except'=>'demo1,demo2']
```

（2）在 before3 中，它的内容是"一只穿云箭，千军万马来相见"。

```
protected function before3()
    {
        $this->siteName="一只穿云箭,千军万马来相见。";
    }
```

（3）前置方法 before3 只允许 demo3 使用：

```
<?php
namespace app\index\controller;
//要使用前置操作,必须先继承基类
class Index extends \think\Controller
{
    //继承基类中的前置方法配置列表
    protected $beforeActionList=[
        //为空,表明before()是当前类中全部操作的前置操作
        //即demo1(),demo2(),demo3()执行之前都必须执行before()
        'before1'=>'',
        //前置方法before2只允许demo2使用
        'before2'=>['only'=>'demo2'],
        //前置方法before3排除demo1、demo2,只对demo3有效
        'before3'=>['except'=>'demo1,demo2']
    ];
    //自定义属性
    protected $siteName;
    protected function before1()
    {
```

```
        //通过请求对象来初始化 siteName
        //$this->request->param()是 Controller 中的方法,因为继承了 Controller
        //所以可以直接使用
        $this->siteName=$this->request->param('name');
    }
    protected function before2()
    {
        $this->siteName="ThinkPHP 5 从入门到精通";
    }
    protected function before3()
    {
        $this->siteName="一只穿云箭,千军万马来相见。";
    }
    public function demo1()
    {
        return $this->siteName;
    }
    public function demo2()
    {
        return $this->siteName;
    }
    public function demo3()
    {
        return $this->siteName;
    }
}
```

(4) 执行 http://tp5.com/index/index/demo1/name/我爱我的工作,如图 5-58 所示。

图 5-58　测试 demo1 效果

执行 http://tp5.com/index/index/demo2/name/我爱我的工作,如图 5-59 所示。

图 5-59　测试 demo2 效果

执行 http://tp5.com/index/index/demo3/name/我爱我的工作,如图 5-60 所示。

图 5-60　测试 demo3 效果

> **说 明**
>
> 访问 demo1，没有发生变化。因为排除了 demo1。访问 demo2，输出的是 siteName 的值，因为 demo2 的前置操作是 before2，而在 before2 中将 siteName 的值设置为"ThinkPHP 5 从入门到精通"。

访问 demo3，它排除掉 demo1、demo2，只对 demo3 有效，应该输出"一只穿云箭，千军万马来相见"。

在之前版本中除了前置操作还有后置操作，在 ThinkPHP 5 中取消了后置操作。关于前置操作，可以把它想象成全部或者部分方法的一个构造函数，其根本目的还是为了项目的规范，易维护、好扩展。

5.5 ThinkPHP 5 页面跳转与重定向

5.5.1 页面跳转简介

1．页面跳转的概念

用户登录成功以后，就会自动跳转到相关的页面，失败以后给出一个提示，并自动返回到登录的页面，在网上购买商品、提交订单以后会自动跳转到付款页面等，这些都要用到页面跳转技术。

这些跳转既可以是站内地址，也可以是站外地址，不过绝大多数都是站内地址。

2．页面跳转的目标

页面跳转支持四类地址：第一类是当前的控制器；第二类是跨控制器的方法；第三类可以跨模块调用；第四类可以是一个外部地址，必须用协议开头。

3．页面跳转需要调用的方法

```
$this->success('提示','地址')
$this->error('提示','地址')
```

页面跳转需要调用两个方法：一个是 success 方法，当条件满足的时候进行成功跳转；另一个是 Error 方法，执行失败跳转。

5.5.2 跳转到当前控制器

下面通过实例来演示一下。

（1）要使用页面跳转，就必须确保当前的控制器类继承自基类 controller。因为这是 Controller 引入的 trait 中的方法。

页面跳转主要是通过 success 和 error 两个方法来实现的。Controller 既没有 success 方法，也没有 error 方法。

因为这两个方法是通过 traits 类库引入的。看一下 controller 类，在这个类的前面用一个 use 关键字引入了一个 traits 类库，如图 5-61 所示。

jump.php 的位置为"盘符:\phpStudy\WWW\TP5\thinkphp\library\traits\controller\jump.php"，如图 5-62 所示。

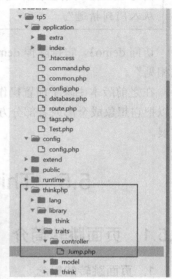

图 5-61　引入 jump　　　　　　　　　　　图 5-62　jump.php 位置

traits 类库里面有 success 方法、error 方法以及重定向方法 redirect：
- protected function success：成功的提示。
- protected function error：错误的提示。
- protected function redirect：重定向跳转的提示。

（2）回到 Index 控制器，继承 controller 基类，如图 5-63 所示。

```
<?php
namespace app\index\controller;
//先继承基类
class Index extends \think\Controller
{

}
```

图 5-63　继承基类

（3）现在可以使用页面跳转的 success 和 error 方法了。在当前的 Index 控制器中创建一个 hello 方法，模拟一下网站的后台登录和页面的跳转。

hello 方法接收一个参数 name。如果当前的参数 name 值等于 ThinkPHP，就认为参数验证通过了。success 方法的第一个参数是跳转提示"验证成功，正在跳转"；第二个参数是要跳转到路由地址、在当前控制器里跳转、跳转到 OK 方法。如果验证没有通过，那么调用 error 方法，error 方法的参数跟 success 方法是一样的，第一个也是提示信息"验证失败，正在返回登录界面！"，跳转方法是 login。

下面创建两个跳转方法：第一个是 OK 方法，假定通过验证以后就直接跳转到后台，输出一个提示信息"欢迎使用后台管理系统"；第二个是 login 方法，用于验证失败以后跳转回登录页面。

默认控制器的位置是 D:\phpStudy\WWW\tp5\application\index\controller\Index.php，代码如下：

```php
<?php
namespace app\index\controller;
//先继承基类
class Index extends \think\Controller
{
    public function hello($name)
    {
        if($name=="thinkphp")
        {
            //验证成功，跳转到当前控制器中的 ok 方法
            $this->success('验证成功，正在跳转！','ok');
        }
        else
        {
            //验证失败，跳转到当前控制器中的 login 方法
            $this->error('验证失败，正在返回登录界面！','login');
        }
    }
    public function ok()
    {
        return "欢迎使用后台管理系统";
    }
    public function login()
    {
        return "登录界面";
    }
}
```

（4）验证当前 index 模块下面的 Index 控制器中的 hello 方法，输入 ThinkPHP 显示"验证成功，正在跳转！"，如图 5-64 所示。

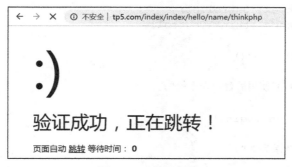

图 5-64　验证成功

跳转成功，显示"欢迎使用后台管理系统"，表明已经跳转到网站的后台，如图 5-65 所示。

图 5-65 跳转到后台了

（5）输入 tp5.com/index/index/Hello/name，给一个值"我爱我的工作"，显示"验证失败，正在返回登录界面！"，如图 5-66 所示。

图 5-66 验证失败

5.5.3 跨控制器跳转

下面演示一下跨控制器调用。

（1）创建 Login 控制器。在当前的 controller 目录下创建一个控制器文件 Login.php（命名空间和 Index 控制器是一样的）。修改控制器名称为 Login，然后将 OK 和 Login 两个跳转方法从 Index 控制器中复制过来。

代码如下：

```php
<?php
namespace app\index\controller;
class Login extends \think\Controller
{
    public function ok()
    {
        return "欢迎使用后台管理系统";
    }
    public function login()
    {
        return "登录界面";
    }
}
```

（2）进行跨控制器调用（地址为 D:\phpStudy\WWW\tp5\application\index\controller\Index.php）。

在跳转方法 OK 前面添加新的控制器名称 login，在 login 方法前面加一个控制器名称 login，完成跨控制器调用的改造。

```php
<?php
namespace app\index\controller;
//先继承基类
class Index extends \think\Controller
{
    public function hello($name)
    {
        if($name=="thinkphp")
        {
            //验证成功,跳转到 Loign 控制器中的 ok 方法
            $this->success('验证成功,正在跳转！','login/ok');
        }
        else
        {
            //验证失败,跳转到 Login 控制器中的 login 方法
            $this->error('验证失败,正在返回登录界面！','login/login');
        }
    }
}
```

（3）验证当前 index 模块下面的 Index 控制器中的 hello 方法，输入 ThinkPHP，显示"验证成功，正在跳转！"，如图 5-67 所示。

图 5-67　验证成功

跳转成功后显示"欢迎使用后台管理系统"，表明已经跳转到网站的后台了，如图 5-68 所示。

图 5-68　跳转到后台

（4）输入 tp5.com/index/index/Hello/name，给一个值"我爱我家"，验证失败，显示"验证失败，正在返回登录界面！"，如图 5-69 所示。

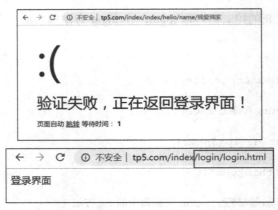

图 5-69 验证失败

5.5.4 跨模块调用

除了可以跨控制器调用，还可以跨模块调用。

（1）创建一个模块 demo，在 demo 下面再创建一个控制器 Login.php。将原来 Login 控制器的代码复制到 demo 模块，修改命名空间，如图 5-70 所示。

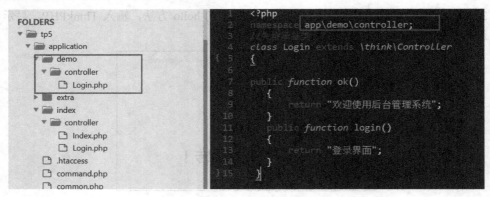

图 5-70 demo 模块中的控制器

代码如下：

```php
<?php
namespace app\demo\controller;
class Login extends \think\Controller
{
    public function ok()
    {
        return "欢迎使用后台管理系统";
    }
    public function login()
    {
        return "登录界面";
    }
}
```

}
```

（2）修改默认控制器代码（地址为 D:\phpStudy\WWW\tp5\application\index\controller\Index.php）：

```php
<?php
namespace app\index\controller;
//先继承基类
class Index extends \think\Controller
{
    public function hello($name)
    {
        if($name=="thinkphp")
        {
            //验证成功，跳转到 demo 模块 Loign 控制器中的 ok 方法
            $this->success('验证成功，正在跳转！','demo/login/ok');
        }
        else
        {
            //验证失败，跳转到 demo 模块 Login 控制器中的 login 方法
            $this->error('验证失败，正在返回登录界面！','/demo/login/login');
        }
    }
}
```

（3）验证当前 index 模块下面的 Index 控制器中的 hello 方法，输入 ThinkPHP，显示"验证成功，正在跳转！"，如图 5-71 所示。

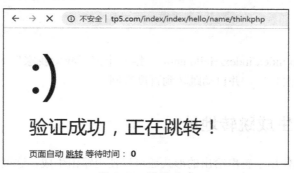

图 5-71　验证成功

跳转成功，显示"欢迎使用后台管理系统"，表示跳转到网站的后台了，如图 5-72 所示。

图 5-72　验证成功

（4）输入 tp5.com/index/index/Hello/name，给一个值"我爱我家"，验证失败，显示"验证失败，正在返回登录界面！"。
```

5.5.5 直接跳转到外部链接

用验证失败分支来测试一下。将跳转地址换成以协议开头的一个绝对的 URL 地址（http://www.baidu.cn），当验证失败的时候直接跳转到百度官网。

（1）修改默认控制器（地址为 D:\phpStudy\WWW\tp5\application\index\controller\Index.php）代码：

```php
<?php
namespace app\index\controller;
//先继承基类
class Index extends \think\Controller
{
  public function hello($name)
  {
      if($name=="thinkphp")
      {
          //验证成功，跳转到 demo 模块 Login 控制器中的 ok 方法
          $this->success('验证成功，正在跳转！','demo/login/ok');
      }
      else
      {
          //验证失败，跳转到 demo 模块 Login 控制器中的 login 方法
          $this->error('验证失败，正在返回登录界面！','http://www.baidu.com/');
      }
  }
}
```

（2）输入 tp5.com/index/index/Hello/name，给一个值"我爱我家"，验证失败，显示"验证失败，正在返回登录界面！"，并自动跳转到百度官网。

5.5.6 使用路由生成跳转地址

跳转地址除了可以使用字符串给出的形式还可以使用路由生成。这里修改一下，调用 URL 类中的 build 方法，然后将这个要跳转的地址参数放进去。给 URL 类添加一个命名空间 think。

（1）修改默认控制器代码：

```php
<?php
namespace app\index\controller;
//先继承基类
class Index extends \think\Controller
{
  public function hello($name)
  {
      if($name=="thinkphp")
      {
```

```
            //验证成功,跳转到demo模块Loign控制器中的ok方法
            $this->success('验证成功,正在跳转!
',\think\Url::build('demo/login/ok'));
        }
        else
        {
            //验证失败,跳转到demo模块Login控制器中的login方法
            $this->error('验证失败,正在返回登录界面!','http://www.baidu.com/');
        }
    }
}
```

（2）验证一下当前 index 模块下面的 Index 控制器中的 hello 方法，输入 ThinkPHP，显示"验证成功，正在跳转！"。

跳转成功后，接着显示"欢迎使用后台管理系统"，表明已经跳转到网站的后台，如图 5-73 所示。

图 5-73　进入到后台

5.5.7　使用助手函数简化

跳转地址还可以用助手函数来简化，将这些代码用 URL 替换一下。

```
URL('demo/login/ok')
```

（1）修改默认控制器代码：

```
<?php
namespace app\index\controller;
//先继承基类
class Index extends \think\Controller
{
   public function hello($name)
   {
       if($name=="thinkphp")
       {
           //验证成功,跳转到demo模块Login控制器中的ok方法
           $this->success('验证成功,正在跳转!',URL('demo/login/ok'));
       }
       else
       {
           //验证失败,跳转到demo模块Login控制器中的login方法
           $this->error('验证失败,正在返回登录界面!','http://www.baidu.com/');
       }
   }
}
```

（2）验证一下当前 index 模块下面的 Index 控制器中的 hello 方法，输入 ThinkPHP，显示"验证成功，正在跳转！"。

跳转成功，显示"欢迎使用后台管理系统"，表明已经跳转到网站的后台，如图 5-74 所示。

图 5-74　进入到后台

5.5.8　URL 的重定向

1. 重定向概念

重定向就是根据条件重新生成一个新的 URL 来替换掉当前的 URL 地址，在网站升级或者新的网站之间的跳转很有用，它是通过调用 redirect 方法来实现的，这个方法的参数跟刚才的 URL 类中的 build 方法是一样的。

调用方法如下：

```
$this->redirect('路由地址',[变量列表],'后缀','域名开关')
```

重定向的地址主要有两个，可以是一个站内地址，也可以是一个外部地址，和页面跳转非常像。

2. 操作实例

（1）直接将 success 方法写成 redirect。

redirect 方法有四个参数，第一个参数是路由地址，第二个参数是请求变量，第三个参数是后缀，第四个参数指示是否显示域名部分。

因为当前是跳转到同一控制器中的一个方法，所以只用到前两个参数就可以了。

第一个参数是要跳转的地址，就写一个当前的方法 ok，这个方法要求跳转到当前的 ok 方法中；第二个参数是请求变量，也就是传给 ok 这个方法的参数，传给 ok 方法一个变量 siteName，赋值"重庆电子工程职业学院"。

（2）创建 ok 方法（Public Function ok），有一个参数 siteName，输出一个欢迎词"欢迎来到"，然后中间的字符用参数.$siteName 来传入。

（3）将 Error 换成 redirect。第二个参数可以给出跳转的类型，设为 302。302 是临时重定向，也可以设定为 301（永久重定向）。

代码（地址为 D:\phpStudy\WWW\tp5\application\index\controller\Index.php）如下：

```
<?php
namespace app\index\controller;
//先继承基类
class Index extends \think\Controller
{
  public function hello($name)
  {
```

```php
        if($name=="thinkphp")
        {
            //redirect(路由地址，请求变量，后缀，是否显示域名)
            //验证成功，跳转到 ok 方法，并将变量 siteName 发送到 ok 方法
            $this->redirect('ok',['siteName'=>'重庆电子工程职业学院']);
        }
        else
        {
            //验证失败，百度，302 临时重定向，301 永久重定向
            $this->redirect('http://www.baidu.com/','302');
        }
    }
    public function ok($siteName)
    {
        return "欢迎来到".$siteName;
    }
}
```

执行 http://tp5.com/index/index/hello/name/thinkphp，直接跳转到 ok 方法，验证成功，如图 5-75 所示。

图 5-75 跳转到 ok 方法

执行 http://tp5.com/index/index/hello/name/我爱我家，直接跳转到百度，表示验证失败。

5.6 请求对象与参数绑定：按名称和顺序访问变量

5.6.1 请求对象

用户的所有请求都是通过客户端发送到服务器的，那么如何对用户发出的这些请求进行管理呢？

ThinkPHP 5 提供了请求对象，对这些用户的请求提供一个统一的接口进行处理。当用户向服务器发出请求时，请求对象就会自动拦截这些请求，调用相应的方法来进行处理。比如 get 请求就会调用 get 方法，post 请求会调用 post 方法，如果是 cookie 或者 session，就会调用 cookie 和 session 方法，这些请求方法会自动过滤掉非法请求，使发送到服务器端的请求更加安全可靠。

1．请求变量

（1）打开默认控制器 index（地址为 D:\phpStudy\WWW\tp5\application\index\controller\Index.php）。添加一个 hello 方法，然后给它传入两个参数（第一个参数是 name，第二个参数是 lesson，返回 "我是".$name."正在学习".$lesson."课程";"）。其中，$name 这个数据来自 URL 请求，$lesson 这个数据也是来自 URL 请求。

代码如下:

```php
<?php
namespace app\index\controller;
//先继承基类
class Index extends \think\Controller
{
    public function index($name)
    {
        return "重庆电子工程职业学院";
    }
    public function hello($name,$lesson)
    {
        return "我是".$name."正在学习".$lesson."课程";
    }
}
```

（2）在浏览器中访问 index 模块下面的 Index 控制器下面的 hello 方法。它有两个参数：第一个参数是 name，给出参数值 cxp；第二个参数变量名是 lesson，给出课程名称 tp5。执行 http://tp5.com/index/index/hello/name/cxp/lesson/tp5 访问，如图 5-76 所示。

图 5-76　测试效果

输出 hello 方法的内容"我是 cxp 正在学习 tp5 课程"。其中，cxp 和 tp5 这几个字符来自 URL 的请求变量，所以说请求变量是请求对象处理的一个目标。

请求对象不仅可以处理请求变量，还可以处理一切用户请求相关的数据。

2．请求数据

再用实例演示一下如何用请求对象来处理这些请求变量。

创建一个方法 demo。这个方法有三个参数：age 默认值为 18，name 为空，ID 也为空。如果要使用请求对象，首先必须要获取请求对象，实例化请求类。

实例化请求类在 thinkphp\library\think 下面。这里有一个类 Request.php，先写出它的命名空间 think\Request，再在 Request 类里用 instance()方法获取一个请求类的实例，把它赋给对象 Request。

```
$request=\think\Request::instance();
```

（1）Get 方法调用

现在已经获取到请求对象了，下面可以调用请求对象中的一些方法（例如调取请求对象中的 get 方法）来获取 URL 中的 get 请求变量。

如果说请求变量为空，就将获取当前 URL 中所有的 get 请求变量，用 dump()函数把它打印出来。

```
$request=\think\Request::instance();
```

Request 请求类的位置为 D:\phpStudy\WWW\tp5\thinkphp\library\think\Request.php，默认控制器

（地址为 D:\phpStudy\WWW\tp5\application\index\controller\Index.php）的代码如下：

```php
<?php
namespace app\index\controller;
//先继承基类
class Index extends \think\Controller
{
    public function index($name)
    {
        return "重庆电子工程职业学院";
    }
    public function hello($name,$lesson)
    {
        return "我是".$name."正在学习".$lesson."课程";
    }
    public function demo($id="",$name="",$age=18)
    {
        //调用请求类获取请求对象
        $request=\think\Request::instance();
        //参数为空，获取所有的 get 请求变量
        dump($request->get());
    }
}
```

执行 http://tp5.com/index/index/hello?name=cxp&lesson=tp5，通过 get 传参的形式访问 hello()，如图 5-77 所示。

```
← → C  ① 不安全 | tp5.com/index/index/hello?name=cxp&lesson=tp5
我是cxp正在学习tp5课程
```

图 5-77　访问 hello 方法

输入 http://tp5.com/index/index/demo?id=100&name=ykx&age=21，通过 get 传参的形式访问 demo，如图 5-78 所示。

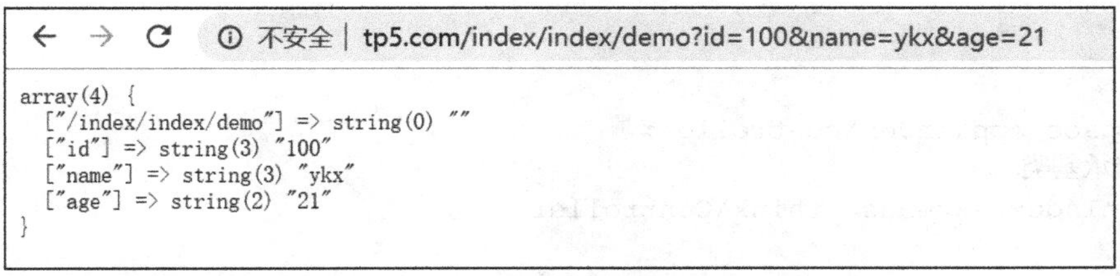

```
← → C  ① 不安全 | tp5.com/index/index/demo?id=100&name=ykx&age=21
array(4) {
  ["/index/index/demo"] => string(0) ""
  ["id"] => string(3) "100"
  ["name"] => string(3) "ykx"
  ["age"] => string(2) "21"
}
```

图 5-78　访问 demo 方法

（2）获取 post 请求

①post 请求通常是用来获取表单变量的，先改一下方法（地址为 D:\phpStudy\WWW\tp5\application\index\controller\Index.php），将名称 get 改为 post，代码如下：

```php
<?php
namespace app\index\controller;
//先继承基类
```

```
class Index extends \think\Controller
{
    public function index($name)
    {
        return "重庆电子工程职业学院";
    }
    public function hello($name,$lesson)
    {
        return "我是".$name."正在学习".$lesson."课程";
    }
    public function demo($id="",$name="",$age=18)
    {
        //调用请求类获取请求对象
        $request=\think\Request::instance();
        //参数为空,获取所有的post请求变量
        dump($request->post());
    }
}
```

②执行 tp5.com/index/index/demo,如图 5-79 所示。

图 5-79 测试效果

说 明

post 不需要这些查询字符串了,现在为空,这是正常的。

(3) param()方法

param()可以获取所有请求类型,包括 get、post、PATH_INFO 等。

①默认的控制器(地址为 D:\phpStudy\WWW\tp5\application\index\controller\Index.php)代码如下:

```php
<?php
namespace app\index\controller;
//先继承基类
class Index extends \think\Controller
{
    public function index($name)
    {
        return "重庆电子工程职业学院";
    }
    public function hello($name,$lesson)
    {
        return "我是".$name."正在学习".$lesson."课程";
    }
    public function demo($id="",$name="",$age=18)
```

```
{
    //调用请求类获取请求对象
    $request=\think\Request::instance();
    //参数为空，获取所有的post请求变量
    dump($request->param());
}
}
```

②获取 get()传递的数据，如图 5-80 所示。

```
← → C  ① 不安全 | tp5.com/index/index/demo?id=2000&name=cbq$age=22
array(3) {
  ["/index/index/demo"] => string(0) ""
  ["id"] => string(4) "2000"
  ["name"] => string(10) "cbq$age=22"
}
```

图 5-80　获取 get 数据

获取 post 提交的数据，如图 5-81 所示。

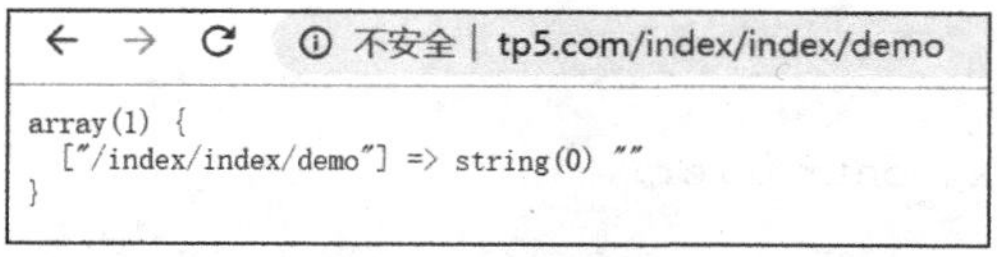

```
← → C  ① 不安全 | tp5.com/index/index/demo
array(1) {
  ["/index/index/demo"] => string(0) ""
}
```

图 5-81　测试效果

注意，ThinkPHP 5 推荐使用 param 获取参数。
①获取 name 值，地址为 D:\phpStudy\WWW\tp5\application\index\controller\Index.php：

```
<?php
namespace app\index\controller;
//先继承基类
class Index extends \think\Controller
{
    public function index($name)
    {
        return "重庆电子工程职业学院";
    }
    public function hello($name,$lesson)
    {
        return "我是".$name."正在学习".$lesson."课程";
    }
    public function demo($id="",$name="",$age=18)
    {
        //调用请求类获取请求对象
        $request=\think\Request::instance();
        //参数为空，获取所有的post请求变量
        dump($request->param("name"));
    }
}
```

②执行 http://tp5.com/index/index/demo/id/2000/name/cbq/age/22 访问，如图 5-82 所示。

图 5-82 测试效果

5.6.2 请求信息

通过请求对象获取的请求信息是非常多的，主要分为下面几大类：

第一类是和 URL 相关的。
第二类是与模块控制器和操作访问相关的。
第三类主要是和请求变量的类型相关的，还有就是和当前的路由相关的。

用实例来演示一下，首先可以获取当前的域名，方法是 domain。

（1）获取域名

```php
<?php
namespace app\index\controller;
//先继承基类
class Index extends \think\Controller
{
  public function index($name)
  {
       return "重庆电子工程职业学院";
  }
  public function hello($name,$lesson)
  {
       return "我是".$name."正在学习".$lesson."课程";
  }
  public function demo($id="",$name="",$age=18)
  {
      //调用请求类获取请求对象
      $request=\think\Request::instance();
      //参数为空，获取所有的post请求变量
      dump($request->domain());
  }
}
```

执行 http://tp5.com/index/index/demo/id/2000/name/cbq/age/22 访问，如图 5-83 所示。

图 5-83 获取域名

（2）获取 URL（不包括域名）

```php
<?php
```

```php
namespace app\index\controller;
//先继承基类
class Index extends \think\Controller
{
    public function index($name)
    {
        return "重庆电子工程职业学院";
    }
    public function hello($name,$lesson)
    {
        return "我是".$name."正在学习".$lesson."课程";
    }
    public function demo($id="",$name="",$age=18)
    {
        //调用请求类获取请求对象
        $request=\think\Request::instance();
        //参数为空，获取所有的post请求变量
        dump($request->URL());
    }
}
```

执行 http://tp5.com/index/index/demo/id/2000/name/cbq/age/22 访问，如图 5-84 所示。

```
← → C  ⓘ 不安全 | tp5.com/index/index/demo/id/2000/name/cbq/age/22
string(41) "/index/index/demo/id/2000/name/cbq/age/22"
```

图 5-84　获取 URL

（3）传入参数 true（包含域名）

```php
<?php
namespace app\index\controller;
//先继承基类
class Index extends \think\Controller
{
    public function index($name)
    {
        return "重庆电子工程职业学院";
    }
    public function hello($name,$lesson)
    {
        return "我是".$name."正在学习".$lesson."课程";
    }
    public function demo($id="",$name="",$age=18)
    {
        //调用请求类获取请求对象
        $request=\think\Request::instance();
        //参数为空，获取所有的post请求变量
        dump($request->URL(true));
    }
}
```

}
```

执行 http://tp5.com/index/index/demo/id/2000/name/cbq/age/22 访问，如图 5-85 所示。

```
string(55) "http://tp5.com/index/index/demo/id/2000/name/cbq/age/22"
```

图 5-85 传入 true

(4) PATH_INFO()

```
<?php
namespace app\index\controller;
//先继承基类
class Index extends \think\Controller
{
    public function demo($id="",$name="",$age=18)
    {
        //调用请求类获取请求对象
        $request=\think\Request::instance();
        //参数为空，获取所有的 post 请求变量
        dump($request->pathinfo());
    }
}
```

执行 http://tp5.com/index/index/demo/id/2000/name/cbq/age/22 访问，如图 5-86 所示。

```
string(40) "index/index/demo/id/2000/name/cbq/age/22"
```

图 5-86 path_info

执行 http://tp5.com/index/index/demo/id/2000/name/cbq/age/22.html 访问，如图 5-87 所示。

```
string(45) "index/index/demo/id/2000/name/cbq/age/22.html"
```

图 5-87 URL 加后缀

(5) path()方法（不包括后缀）

```
<?php
namespace app\index\controller;
//先继承基类
class Index extends \think\Controller
{
    public function demo($id="",$name="",$age=18)
    {
        //调用请求类获取请求对象
        $request=\think\Request::instance();
```
```

```
      //参数为空，获取所有的post请求变量
      dump($request->path());
   }
}
```

执行 http://tp5.com/index/index/demo/id/2000/name/cbq/age/22.html 访问，如图 5-88 所示。

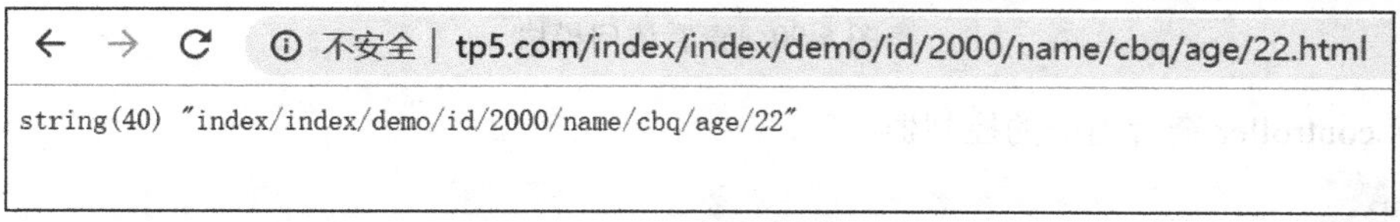

```
← → C  ① 不安全 | tp5.com/index/index/demo/id/2000/name/cbq/age/22.html
string(40) "index/index/demo/id/2000/name/cbq/age/22"
```

图 5-88　不包含后缀

（6）ext()只返回后缀信息

```
<?php
namespace app\index\controller;
//先继承基类
class Index extends \think\Controller
{
   public function demo($id="",$name="",$age=18)
   {
      //调用请求类获取请求对象
      $request=\think\Request::instance();
      //参数为空，获取所有的post请求变量
      dump($request->ext());
   }
}
```

执行 http://tp5.com/index/index/demo/id/2000/name/cbq/age/22.html 访问，如图 5-89 所示。

```
← → C  ① 不安全 | tp5.com/index/index/demo/id/2000/name/cbq/age/22.html
string(4) "html"
```

图 5-89　只有后缀

（7）module()查看当前访问的模块

```
<?php
namespace app\index\controller;
//先继承基类
class Index extends \think\Controller
{
   public function demo($id="",$name="",$age=18)
   {
      //调用请求类获取请求对象
      $request=\think\Request::instance();
      //参数为空，获取所有的post请求变量
      dump($request->module());
   }
}
```

执行 http://tp5.com/index/index/demo/id/2000/name/cbq/age/22 访问，如图 5-90 所示。

```
← → C  ① 不安全 | tp5.com/index/index/demo/id/2000/name/cbq/age/22
string(5) "index"
```

图 5-90 查看访问模块

（8）controller 查看当前的控制器

```php
<?php
namespace app\index\controller;
//先继承基类
class Index extends \think\Controller
{
   public function demo($id="",$name="",$age=18)
   {
      //调用请求类获取请求对象
      $request=\think\Request::instance();
      //参数为空，获取所有的 post 请求变量
      dump($request->controller());
   }
}
```

执行 http://tp5.com/index/index/demo/id/2000/name/cbq/age/22 访问，如图 5-91 所示。

```
← → C  ① 不安全 | tp5.com/index/index/demo/id/2000/name/cbq/age/22
string(5) "index"
```

图 5-91 查看控制器

（9）action()查看当前的操作

```php
<?php
namespace app\index\controller;
//先继承基类
class Index extends \think\Controller
{
   public function demo($id="",$name="",$age=18)
   {
      //调用请求类获取请求对象
      $request=\think\Request::instance();
      //参数为空，获取所有的 post 请求变量
      dump($request->action());
   }
}
```

执行 http://tp5.com/index/index/demo/id/2000/name/cbq/age/22 访问，如图 5-92 所示。

```
← → C  ① 不安全 | tp5.com/index/index/demo/id/2000/name/cbq/age/22
string(4) "demo"
```

图 5-92　查看操作

（10）method()查看请求类型

```php
<?php
namespace app\index\controller;
//先继承基类
class Index extends \think\Controller
{
    public function demo($id="",$name="",$age=18)
    {
        //调用请求类获取请求对象
        $request=\think\Request::instance();
        dump($request->method());
    }
}
```

执行 http://tp5.com/index/index/demo/id/2000/name/cbq/age/22 访问，如图 5-93 所示。

```
← → C  ① 不安全 | tp5.com/index/index/demo/id/2000/name/cbq/age/22
string(3) "GET"
```

图 5-93　查看请求类型

5.6.3　参数绑定

1. 参数绑定概念

通过参数绑定来简化清晰的 URL 地址。

在前面的例子中，参数都是按照键值对的方式成对出现的，这种传参方式叫作按照名称绑定。同样控制器中的操作（比如 demo 操作）也是按照变量的名称来接收参数的，比如 ID 这个参数只接受 URL 中变量名为 ID 的参数，name 也是按照名称来接收参数的，与顺序无关，只要名称一致就可以了，这种方式也是系统默认的传参方式。

还有一种传参方式叫作顺序绑定，这种方式与参数名称是无关的，只要按照操作要求的顺序传入就可以自动以参数名称进行绑定。

比如 ID 是第一个参数，只要在第一个参数位置输入一个值，那么这个值就应该自动和 ID 进行绑定。将 URL 中的 ID 删除，将 name 变量名删除、age 值变量名删除，现在在 URL 地址中只有三个值（2000、cbq 和 22），分别对应 demo 方法的 ID、name 和 age 值，那种方式就是顺序绑定。

采用顺序绑定可以缩短我们的 URL 地址、简化我们的 URL 请求，要使用这种参数绑定，首先要进行配置。

2. 操作实例

（1）打开惯例配置文件（convention.php 的 URL 配置），复制惯例配置文件中的代码。

```
// URL 参数方式 0 按名称成对解析 1 按顺序解析
   'url_param_type'              => 0,
```

（2）在自定义配置文件中粘贴，并修改值为 1，

```
// URL 参数方式 0 按名称成对解析 1 按顺序解析
   'url_param_type'              => 1,
```

默认控制器中的代码如下：

```
D:\phpStudy\WWW\tp5\application\index\controller\Index.php:
<?php
namespace app\index\controller;
//先继承基类
class Index extends \think\Controller
{
   public function demo($id="",$name="",$age=18)
   {
      //调用请求类获取请求对象
      $request=\think\Request::instance();
      dump($request->param());
   }
}
```

（3）URL 通过顺序解析。

输入 http://tp5.com/index/index/demo/2000/cbq/22 访问，如图 5-94 所示。

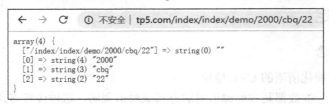

图 5-94　顺序解析

用户对所有网络资源的访问都是要通过请求对象、以 URL 为载体进行访问的，用户需求的个性化是通过请求变量来体现的。

5.7　请求对象的属性注入与方法注入

5.7.1　请求对象的属性注入和方法注入简介

1. 属性注入和方法注入概念

属性注入可以直接给当前对象添加一个自定义的属性，语法如下：

```
Think\Request::instance()->属性
```

方法注入就是给当前对象添加一个自定义方法。在 ThinkPHP 5 中，它是通过一个静态方法 hook（大家经常说的钩子）进行添加的。

```
Think\Request::hook('方法','对应函数')
```

2．属性注入和方法注入的作用

属性注入和方法注入的作用就是给当前对象绑定自定义的属性和方法。这些属性和方法在应用的整个生命周期内都是有效的，不仅可以被当前所有的控制器方法所共享，还可以跨控制器和模块来进行调用。

5.7.2　跨操作数据共享

1．跨操作

下面用实例来演示。

（1）首先在默认的控制器中创建两个方法：第一个方法叫 demo1，传一个参数 name，并返回这个参数；第二个方法叫 demo2，不要给它参数。代码（地址为 D:\phpStudy\WWW\tp5\application\index\controller\Index.php）如下：

```php
<?php
namespace app\index\controller;
//先继承基类
class Index extends \think\Controller
{
    public function index()
    {
        return "重庆电子工程职业学院";
    }
    public function demo1($name)
    {
        return $name;
    }
    public function demo2()
    {
        return $name;
    }
}
```

（2）在自定义配置文件 config.php 中将参数绑定关系改为按照名称绑定：

```php
<?php
return [
    // URL 参数方式：0，按名称成对解析；1，按顺序解析
    'URL_param_type'         => 0,
];
```

（3）访问 demo1()（http://tp5.com/index/index/demo1/name/我爱我的工作），如图 5-95 所示。

图 5-95 访问 demo1

访问 demo2()（http://tp5.com/index/index/demo2/name/我爱我的工作），如图 5-96 所示。

> **说　明**
>
> 它会提示没有定义变量。

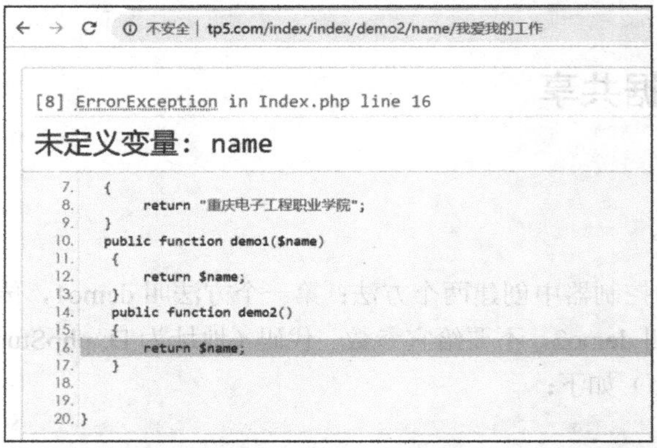

图 5-96 没有获取 name

因为这个 name 请求变量只能够供 demo1 操作使用，demo2 操作是访问不到 demo1 中的参数的，也就是说$name 这个参数不能够被当前控制器中的所有方法所共享。要实现所有方法之间共享变量，可以用前面介绍的请求对象来获取请求变量，实现请求变量的共享。

（4）使用"$this->request->param('name');"接收请求变量。首先要确保当前的控制器继承自 controller，然后直接用对象 Request 来进行操作，将用$this 修改 demo1 方法的返回值。$this 是当前控制器的实例，里面有 Request 属性（请求对象的实例），在里面直接访问一个 param 方法（可以直接获取到 URL 中的请求变量），比如在 name 和 demo2 中也进行相同的设置。

修改代码，如图 5-97 所示。

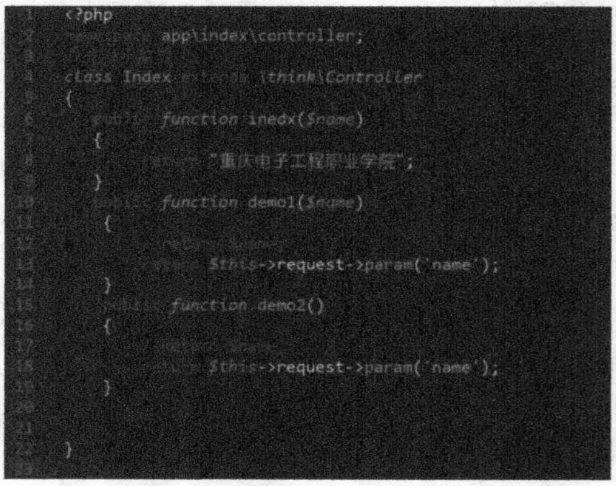

图 5-97 修改代码

```php
<?php
namespace app\index\controller;
//先继承基类
class Index extends \think\Controller
{
    public function index()
    {
        return "重庆电子工程职业学院";
    }
    public function demo1($name)
    {
        return $this->request->param('name');
    }
    public function demo2()
    {
        return $this->request->param('name');
    }
}
```

(5) 访问 demo1()（http://tp5.com/index/index/demo1/name/我爱我的工作），如图 5-98 所示。

图 5-98 访问 demo1

访问 demo2()（http://tp5.com/index/index/demo2/name/我爱我的工作），如图 5-99 所示。

图 5-99 访问 demo2

说　明
实现了跨操作的数据共享。

2．跨控制器访问变量

在当前的 controller 目录下面创建一个控制器 Demo.php，Demo 控制器和 Index 控制器的命名空间是一样的。创建一个方法 hello，试着访问 Index 控制器中的请求变量 name。

首先做一个判断：利用 request 里面的 has 方法判断 name 变量是否存在：如果存在，返回这个变量；如果不存在，返回一个提示 "不存在"。

(1) 创建 Demo 控制器，并编写代码。

```php
<?php
namespace app\index\controller;
//先继承基类
class Demo extends \think\Controller
{
```

```
public function hello()
{
    //试图访问 Index 中的 name 变量
    if($this->request->has('name','get'))
    {
        return $this->request->param('name');
    }
    else
    {
        return "不存在";
    }
}
```

（2）执行 tp5.com/index/demo/hello 访问，如图 5-100 所示。

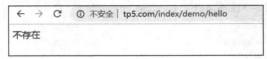

图 5-100　访问 hello

> **说　明**
>
> 访问不到 Index 控制器中的 name 变量，也就是说请求变量是不能够跨控制器访问的。只要将这些需要共享的属性方法直接添加到请求对象自身上，就可以实现请求变量的跨操作、跨控制器和跨模块的共享。因为在整个应用生命周期内，请求对象的属性和方法都是有效的！

5.7.3　跨控制器和模块实现数据共享

给请求对象注入自定义属性和方法，实现跨控制器甚至跨模块数据共享。

给请求对象注入的自定义的属性和方法和当前对象其他的属性和方法是平级的，此时不用使用请求对象自身提供的方法（比如 param 方法、post 方法等）来访问这些数据，可以直接调用请求对象来进行访问。

1. 在公共文件中

（1）要注入请求对象中的属性和方法必须写到应用的公共文件（common.php）中。

给当前的请求对象注入时，需要先引用一下当前请求对象的命名空间（Use think\Request），然后获取当前请求对象类的实例。

（2）请求对象的属性注入。请求对象有一个静态方法 instance()，可以返回当前请求对象的实例，然后赋给一个变量$request，完成请求对象的属性注入。

给当前的请求对象添加一个自定义的属性 siteName，值为一个字符串"重庆电子工程职业学院"。当前请求对象的属性注入完成。

```
use think\Request;
$request=Request::instance();
```

```
//请求对象的属性注入
$request->siteName="重庆电子工程职业学院";
```

（3）给请求对象注入一个方法可分为两步。

第一步，创建一个绑定函数，并绑定到当前请求对象的方法上：

```
function getSiteName
```

给请求对象进行方法注入，绑定函数的第一个参数必须要约束类型为 Request。传一个参数，返回当前请求对象自定义的属性值（也就是刚才注入当前对象的属性）。

```
//1.创建绑定函数
function getSiteName(Request $request)//第一个参数必须是 Request 类型的变量
{
return "站点名称：".$request->siteName;
}
```

第二步，注册请求对象的方法。注册请求对象的方法也叫钩子，是调用请求类中的 hook 方法。这个方法的第一个参数是要注入当前请求对象的方法名称，比如与绑定函数同名（getsiteName），第二个参数是要绑定的函数，就是刚才创建的自定义函数。

这里说明一下，第一个参数 getsiteName 和第二个参数可以不同名，比如改成 getName。这里为了统一，在当前的请求对象中完成属性的注入和方法的注入。

```
//2.注册请求对象的方法，也叫钩子
//第一个参数是要注入当前请求对象的方法名称
//第二个参数是要绑定的函数
//说明：第一个参数可以为其他的名称
Request::hook('getSiteName','getSiteName');
```

common.php 完整的代码如下：

```
<?php
use think\Request;
$request=Request::instance();
//请求对象的属性注入
$request->siteName="重庆电子工程职业学院";
//请求对象的方法注入
//1.创建绑定函数
function getSiteName(Request $request)//第一个参数必须是 Request 类型的变量
{
    return "站点名称：".$request->siteName;
}
//2.注册请求对象的方法，也叫钩子
//第一个参数是要注入当前请求对象的方法名称
//第二个参数是要绑定的函数
//说明：第一个参数可以为其他的名称
Request::hook('getSiteName','getSiteName');
```

2．在默认控制器中

回到 Index 控制器，在 Index 控制器中的 demo1 方法输出注入的属性 siteName，在 demo2 方法中输出注入的方法 getsiteName。

```
<?php
namespace app\index\controller;
//先继承基类
class Index extends \think\Controller
{
    public function index()
    {
        return "重庆电子工程职业学院";
    }
    public function demo1()//此时没有加参数$name
    {
        return $this->request->siteName;
    }
    public function demo2()
    {
        return $this->request->getSiteName();
    }
}
```

3. 访问 demo1 和 demo2

执行 tp5.com/index/index/demo1 访问，如图 5-101 所示。

图 5-101　demo1 访问

执行 tp5.com/index/index/demo2 访问，如图 5-102 所示。

图 5-102　demo2 访问

4. 在 Demo.php 控制器中

将 demo1 和 demo 这两个方法复制到 demo 控制器中。

```
<?php
namespace app\index\controller;
//先继承基类
class Demo extends \think\Controller
{
    public function demo1()
    {
        return $this->request->siteName;
    }
    public function demo2()
    {
```

```
        return $this->request->getSiteName();
    }
}
```

执行 tp5.com/index/demo/demo1 访问，如图 5-103 所示。

图 5-103 demo1 访问

执行 tp5.com/index/demo/demo2 访问，如图 5-104 所示。

图 5-104 demo2 访问

> **说　明**
> 已经实现了跨控制器调用。

5．跨模块调用

（1）创建 test 模块，并创建 Demo 控制器。

在当前应用下面创建一个 test 模块，在 test 模块下面创建一个 Demo 控制器，将当前的 Demo 控制器复制到刚才创建的模块下面，修改命名空间为 test，如图 5-105 所示。

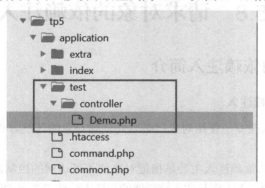

图 5-105 创建 test 下面的 Demo.php

代码如下：

```
<?php
namespace app\test\controller;
//先继承基类
class Demo extends \think\Controller
{
    public function demo1()
    {
        return $this->request->siteName;
```

```
    }
    public function demo2()
    {
        return $this->request->getSiteName();
    }
}
```

（2）将前面的模块改为 test。输入 tp5.com/test/index/demo1，如图 5-106 所示。输入 tp5.com/test/index/demo2，如图 5-107 所示。

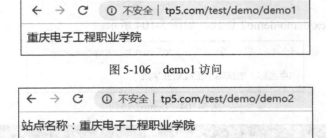

图 5-106　demo1 访问

图 5-107　demo2 访问

测试正确，输出刚才注入的请求对象中的属性，此时实现了跨模块共享数据。

请求对象的属性方法注入不仅可以扩展请求对象的功能，实现在整个应用周期内的信息共享，还为自定义请求的行为制定了标准。

5.8　请求对象的依赖注入

5.8.1　请求对象的依赖注入简介

1．什么是对象的依赖注入

（1）对象的依赖注入改变了使用对象前必须先创建对象的传统方式，而是从外部注入所要依赖的对象。

（2）ThinkPHP 5 中的依赖注入主要是指把对象注入可访问的控制器。

（3）请求对象的依赖注入主要是注入控制器的构造方法或者当前的特定操作方法。当我们对操作参数进行对象类型约束的时候，它会自动触发依赖注入，同时会根据对象的类型自动实例化对象。

2．如何将对象变量注入当前操作

访问控制器的参数主要来自于 URL 请求，一个有效的 URL 请求变量都是普通变量，前面介绍的是通过参数绑定的方式将普通变量绑定到指定的操作方法上。这种参数绑定方式有两种：一种是按照名称，一种是按照顺序。还有一种变量是对象变量，主要是通过依赖注入的方式注入当前的操作中。

这种依赖注入就是对参数的类型进行类型约束，指明这个参数是一个对象类型。

5.8.2 不使用依赖注入

1. 不继承基类不共享

下面用实例来进行演示。

（1）当前的默认控制器没有继承任何基类，先创建两个方法来进行演示，地址是 D:\phpStudy\WWW\tp5\application\index\controller\Index.php。第一个方法叫 demo1，参数是 lesson，返回设置的参数""学习课程:".$lesson"。第二个方法是 demo2，不传参数。

```php
<?php
namespace app\index\controller;
class Index
{
    public function index()
    {
        return "重庆电子工程职业学院";
    }
    public function demo1($lesson)
    {
        return "学习课程:".$lesson;
    }
    public function demo2()
    {
        return "学习课程:".$lesson;
    }
}
```

（2）执行 tp5.com/index/index/demo1/lesson/java 访问，如图 5-108 所示。

图 5-108　访问 demo1

执行 tp5.com/index/index/demo2/lesson/java 访问，如图 5-109 所示，因为 lesson 变量并没有在各个方法之间共享。

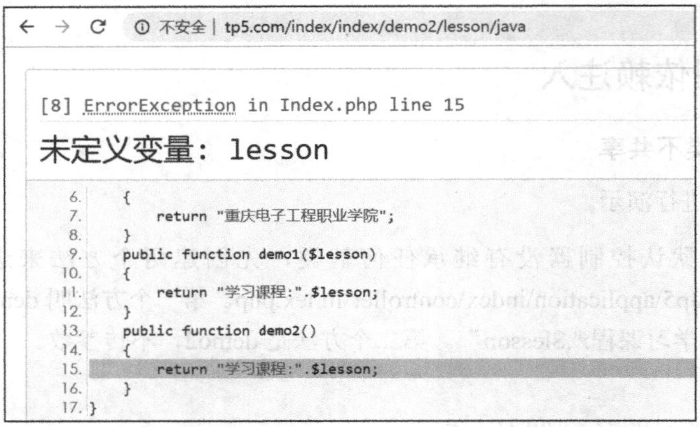

图 5-109 访问 demo2

2．继承基类共享

如果想实现各个操作之间的变量共享，就要使用请求对象中的方法来获取这些参数。如果要使用请求对象，可以有两种方法：一种是让当前可访问的控制器继承自基类 controller，这样就可以使用里面的请求对象属性了；另外一种是直接实例化请求类来获取请求对象。下面演示一下这两种方法。

（1）继承基类，使用"$this->request->param('lesson');"获取请求变量。

①修改当前控制器类 Index，导入基类的命名空间 use think\Controller，然后让 Index 控制器继承自 controller。

②修改 demo1 方法，在 demo1 中直接使用基类 controller 中的 request 属性，这个属性值就是请求对象，然后调用请求对象中的 param 方法来获取请求变量 lesson 的值。demo2 方法与它的返回值设置一样。代码如下：

```php
<?php
namespace app\index\controller;
use think\Controller;
class Index extends Controller
{
    public function index()
    {
        return "重庆电子工程职业学院";
    }
    public function demo1()
    {
        return "学习课程:".$this->request->param('lesson');
    }
    public function demo2()
    {
        return "学习课程:".$this->request->param('lesson');
    }
}
```

③执行 tp5.com/index/index/demo1/lesson/java 访问，如图 5-110 所示。

图 5-110　访问 demo1

执行 tp5.com/index/index/demo2/lesson/java 访问，如图 5-111 所示。

图 5-111　访问 demo2

> **说　明**
>
> 通过请求对象的方式实现了各个操作之间的数据共享，除了继承基类来使用请求对象之外，还可以直接实例化请求类来使用请求变量。

（2）直接使用请求类 Request。

①将当前的基类删掉，然后导入请求类 think 下面的 request。

②修改 demo1 方法的 request 类。request 类里面有一个方法 instance，instance 方法返回一个请求对象。对 demo2 方法进行相同的修改。

```
return "学习课程:".Request::instance()->param('lesson');
```

代码如下：

```php
<?php
namespace app\index\controller;
use think\Request;
class Index
{
    public function index()
    {
        return "重庆电子工程职业学院";
    }
    public function demo1()
    {
        return "学习课程:".Request::instance()->param('lesson');
    }
    public function demo2()
    {
        return "学习课程:".Request::instance()->param('lesson');
    }
}
```

③执行 tp5.com/index/index/demo1/lesson/java 访问，效果如图 5-110 所示。

执行 tp5.com/index/index/demo2/lesson/java 访问，效果如图 5-111 所示。

5.8.3 依赖注入

除了以上两种方式之外,还可以通过依赖注入将请求对象以方法参数的方式直接注入当前的操作中,将参数声明为 request 类型,当使用该参数的时候会自动触发实例化过程,创建 request 对象,这样在当前操作中就可以直接使用请求对象中所有的属性方法了。

(1) 在 demo1 操作中,首先声明一个约束类 Request。这个类要实例化的对象就是 Request 对象。当访问 demo1 操作的时候,它会自动创建一个对象 Request,这个对象的类型 request 就是一个请求对象。这个参数前一个是请求对象,这时获取请求变量就直接使用 request 的对象变量就可以了。

代码如下:

```
<?php
namespace app\index\controller;
use think\Request;
class Index
{
    public function index()
    {
        return "重庆电子工程职业学院";
    }
    public function demo1(Request $request)//注入当前操作
    {
        return "学习课程:".$request->param('lesson');
    }
    public function demo2()
    {
        return "学习课程:".$request->param('lesson');
    }
}
```

(2) 执行 tp5.com/index/index/demo1/lesson/java 访问,如图 5-112 所示。

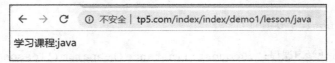

图 5-112 访问 demo1

执行 tp5.com/index/index/demo2/lesson/java 访问,如图 5-113 所示。

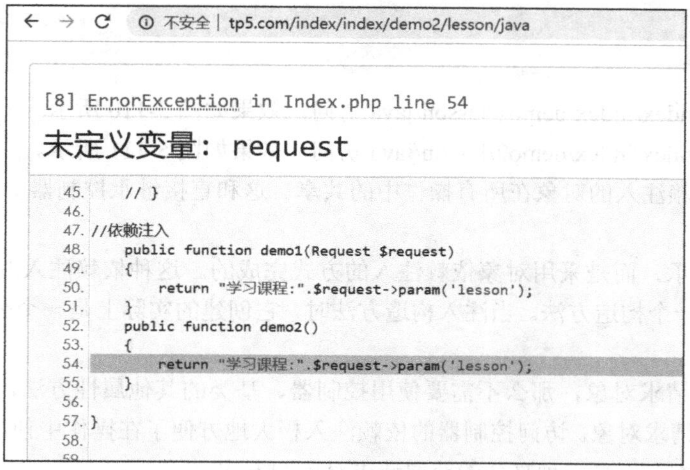

图 5-113 访问 demo2

由上可知并没有实现数据共享。

访问失败，显示"未定义的变量：request"。失败的原因是：当前只把这个对象变量 request 注入了 demo1 操作中，并没有注到 demo2 中，不能实现对象变量的共享。要实现请求变量的共享，可以直接注入当前控制器类的构造方法中。

给当前的控制器创建一个构造方法__construct()。构造方法通常是第一个方法，写在最上面。首先创建一个属性$request，这个属性会存放当前的请求对象。注意，采用依赖注入的方式将 request 对象注入构造方法中。下面的 demo1 方法已经不需要注入了。

构造方法中只有一条语句，就是创建公共的请求变量。

首先需要实例化请求类，创建一个请求变量 request::instance 方法，然后将创建好的请求对象赋给当前的属性 request。

将 Request 对象使用依赖注入，注入构造方法中。

代码如下：

```php
<?php
namespace app\index\controller;
use think\Request;
class Index
{
    protected $request;
    public function __construct(Request $request)
    {
        $this->request=Request::instance();
    }
    public function demo1()
    {
        return "学习课程:".$this->request->param('lesson');
    }
    public function demo2()
    {
        return "学习课程:".$this->request->param('lesson');
```

```
        }
}
```

执行 tp5.com/index/index/demo1/lesson/java 访问，效果如图 5-110 所示。

执行 tp5.com/index/index/demo2/lesson/java 访问，效果如图 5-111 所示。

这就实现了依赖注入的对象在所有操作中的共享。这和直接继承控制器基类 controller 的使用方式是一样的。

它没有使用继承，而是采用对象依赖注入的方式完成的。这种依赖注入既可以注入一个普通方法，也可以注入一个构造方法。当注入构造方法时，它创建的实际上是一个公共的请求变量，可以被所有操作共享。

如果只想使用请求对象，那么不需要使用控制器、基类的其他属性方法，可以直接使用依赖注入的方式来获取请求对象。访问控制器的依赖注入极大地方便了在操作中使用请求对象，不需要依赖于控制器的基类，而是一种高效的获取请求对象的方式。

第 6 章

数据库及模型

本章技术要点：
- 连接数据库
- ThinkPHP 5 数据库的原生查询
- ThinkPHP 5 查询构造器与链式操作
- ThinkPHP 5 查询格式
- ThinkPHP 5 数据库的新增与更新操作
- ThinkPHP 5 模型的基本概念与基类 Model
- ThinkPHP 5 模型的创建与使用
- 模型实现数据表添加数据
- ThinkPHP 5 用模型来更新数据表中的数据
- ThinkPHP 5 模型的查询操作
- ThinkPHP 5 模型的删除操作

ThinkPHP 5 内置了抽象数据库访问层，把不同的数据库操作封装起来，只需要使用公共的 Db 类进行操作，而无须针对不同的数据库写不同的代码和底层实现，Db 类会自动调用相应的数据库驱动来处理。采用 PDO 方式，目前包含了 MySQL、SQL Server、PgSQL、SQLite 等数据库的支持。

6.1 连接数据库

对数据库进行操作的第一步就是要连接上数据库。在 ThinkPHP 5 中，连接数据库是非常简单和智能的，只要用户配置好连接参数就可以自动连接到指定的数据库。

ThinkPHP 支持的数据库连接方式有两种：一种是静态连接，是通过数据库的配置文件 database.php 来完成的；另一种是动态连接，是在程序运行过程中手工静态调用 db 入口类的 connect 方法来完成的，适合在多个数据库之间根据查询要求动态切换。

6.1.1 静态连接

下面用实例来演示一下如何利用数据库的配置文件来完成连接。

（1）打开自定义的配置目录 config，手工创建一个数据库的配置文件 database.php，再打开应用的目录，将原始的数据库配置文件 database.php 中原始的数据库配置内容复制过来，看一下比较重要的几个配置项。

```
return [
    // 数据库类型
    'type'            => 'mysql',
    // 数据库连接 DSN 配置
    'dsn'             => '',
    // 服务器地址
    'hostname'        => '127.0.0.1',
    // 数据库名
    'database'        => 'test',//test 是已经创建好的数据库
    // 数据库用户名
    'username'        => 'root',
    // 数据库密码
    'password'        => 'root',
    // 数据库连接端口
    'hostport'        => '3306',
    // 数据库连接参数
    'params'          => [],
    // 数据库编码默认采用 utf8
    'charset'         => 'utf8',
    // 数据库表前缀
    'prefix'          => '',
    // 数据库调试模式
    'debug'           => true,
    // 数据库部署方式:0, 集中式(单一服务器); 1, 分布式(主从服务器)
    'deploy'          => 0,
    // 数据库读写是否分离, 主从式有效
    'rw_separate'     => false,
    // 读写分离后, 主服务器数量
    'master_num'      => 1,
    // 指定从服务器序号
    'slave_no'        => '',
    // 是否严格检查字段是否存在
    'fields_strict'   => true,
];
```

重要配置项简要说明：type 指明当前数据库的类型，默认是 mysql；hostname 指的是数据库的地址，在 Windows 系统中默认是 127.0.0.1，在 Linux 或者 MAC 系统中要修改成 localhost；databass 是数据库的名称；username 是当前数据库的用户名；password 是当前用户名的密码；hostport 是数据库的连接端口，默认值是 3306；chatset 是数据库默认的编码，当前默认值是 UTF-8；prefix 是数据库表的前缀，默认为空；debug 配置项指示当前的数据库是否开启了调试模式，默认是开启的，

值是 true。

数据库连接如图上面代码所示。

（2）数据库文件及表说明。为了方便演示，创建一个数据库 test，添加数据库表 guestbook。这张表是一个留言表，结构如图 6-1 所示。

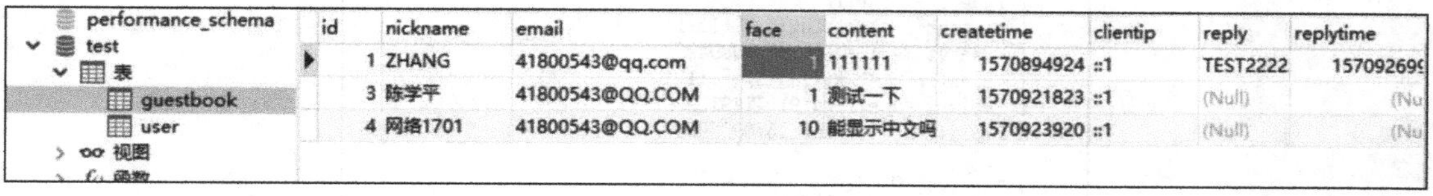

id	nickname	email	face	content	createtime	clientip	reply	replytime
1	ZHANG	41800543@qq.com	1	111111	1570894924	::1	TEST2222	15709269
3	陈学平	41800543@QQ.COM	1	测试一下	1570921823	::1	(Null)	(Nu
4	网络1701	41800543@QQ.COM	10	能显示中文吗	1570923920	::1	(Null)	(Nu

图 6-1 表结构

（3）打开默认的控制器 Index，创建一个方法 demo，在这个方法中完成数据库的连接和查询。

①使用“use think\Db;”导入数据库的入口类 Db 类。

②获取数据库连接的实例对象：调用 Db 类的一个静态方法::connect，将获取的连接实例保存到一个变量$link 中。

```
$link=Db::connect();
```

③用连接实例调用查询类的查询方法$link，再调用查询类的 table 方法（参数是当前数据表 guestbook），然后调用 select 方法输出查询的结果集。将获取到的结果集放到一个变量$result 中。

```
$result=$link->table('guestbook')->select();
```

④输出查询结果，用 dump()函数进行输出。

```
dump($result);
```

默认的控制器（地址为 D:\phpStudy\WWW\tp5\application\index\controller\Index.php）代码如下：

```
<?php
namespace app\index\controller;
use think\Db;
class Index
{
    public function index()
    {
        return "重庆电子工程职业学院";
    }
    public function demo()
    {
        //1.获取数据库的连接实例
        $link=Db::connect();
        //2.使用连接实例调用查询类的查询方法
        $result=$link->table('guestbook')->select();
        //输出查询结果
        dump($result);
    }
}
```

（4）运行 tp5.com/index/index/ demo，如图 6-2 所示。

```
array(3) {
  [0] => array(9) {
    ["id"] => int(1)
    ["nickname"] => string(5) "ZHANG"
    ["email"] => string(15) "41800543@qq.com"
    ["face"] => int(1)
    ["content"] => string(6) "111111"
    ["createtime"] => int(1570894924)
    ["clientip"] => string(3) "::1"
    ["reply"] => string(9) "TEST22222"
    ["replytime"] => int(1570926994)
  }
  [1] => array(9) {
    ["id"] => int(3)
    ["nickname"] => string(9) "陈学平"
    ["email"] => string(15) "41800543@QQ.COM"
    ["face"] => int(1)
    ["content"] => string(12) "测试一下"
    ["createtime"] => int(1570921823)
    ["clientip"] => string(3) "::1"
    ["reply"] => NULL
    ["replytime"] => NULL
  }
  [2] => array(9) {
    ["id"] => int(4)
    ["nickname"] => string(10) "网络1701"
    ["email"] => string(15) "41800543@QQ.COM"
    ["face"] => int(10)
    ["content"] => string(18) "能显示中文吗"
    ["createtime"] => int(1570923920)
    ["clientip"] => string(3) "::1"
    ["reply"] => NULL
    ["replytime"] => NULL
  }
}
```

图 6-2 显示数据

6.1.2 动态配置

1. 配置数组

配置步骤如下：

步骤 01 将数据库配置文件中的配置项改为注释，使静态配置失效。

步骤 02 在默认控制器 Index.php 的 demo 方法中创建一个数组 config，将数据库配置文件中的内容复制过来。

```
$config=[
        // 数据库类型
        'type'=> 'mysql',
        // 服务器地址
        'hostname'=> '127.0.0.1',
        // 数据库名
        'database'=> 'test',
        // 用户名
        'username'=> 'root',
        // 密码
        'password'=> 'root',
    ];
```

第一个配置项是数据库的类型 type，值是 mysql。
第二个配置项是主机名 hostname，值是 localhost。
第三个配置项是数据库名称 database，值是 test。
第四个配置项是数据库的用户名，默认是 root。
第五个配置项是用户密码，默认是 root。

步骤 03 将当前的配置数组作为参数传递给 Db 类的 connect 方法。

```
$link=Db::connect($config);
```

步骤 04 Index.php 控制器（地址为 D:\phpStudy\WWW\tp5\application\index\controller\Index.php）的代码如下：

```php
<?php
namespace app\index\controller;
use think\Db;
class Index
{
    public function index()
    {
        return "重庆电子工程职业学院";
    }
    public function demo()
    {
        $config=[
            // 数据库类型
            'type'=> 'mysql',
            // 服务器地址
            'hostname'=> '127.0.0.1',
            // 数据库名
            'database'=> 'test',
            // 用户名
            'username'=> 'root',
            // 密码
            'password'=> 'root',
        ];
        //1.获取数据库的连接实例
        $link=Db::connect($config);
        //2.使用连接实例调用查询类的查询方法
        $result=$link->table('guestbook')->select();
        //输出查询结果
        dump($result);
    }
}
```

步骤 05 执行 tp5.com/index/index/demo 访问，效果与图 6-2 一样。

2．配置连接字符串

动态配置还支持连接字符串的设置，这个连接字符串是有固定格式的。

```
'mysql://root:1234@127.0.0.1:3306/thinkphp#utf8';
```

字符串连接的定义格式为:

数据库类型://用户名:密码@数据库地址:数据库端口/数据库名#字符集

> **注 意**
>
> 字符串方式可能无法定义某些参数,例如前缀和连接参数。

下面用实例演示。

(1)先将配置数组注释掉,再创建一个配置字符串 config。

它的第一个参数是数据库的类型 mysql,然后是冒号两个反斜杠,后面的第一个参数是用户名,第二个参数是用户密码,值都是 root,然后用@连接一下服务器地址 localhost。后面是端口号 3306,然后跟上数据库的名称 test,再用#连接一下默认字符集 UTF8。

```
$config="mysql://root:root@127.0.0.1:3306/test#utf8";
```

默认的控制器(地址为 D:\phpStudy\WWW\tp5\application\index\controller\Index.php)代码如下:

```php
<?php
namespace app\index\controller;
use think\Db;
class Index
{
    public function index()
    {
        return "重庆电子工程职业学院";
    }
    public function demo()
    {
        $config="mysql://root:root@127.0.0.1:3306/test#utf8";
        //1.获取数据库的连接实例
        $link=Db::connect($config);
        //2.使用连接实例调用查询类的查询方法
        $result=$link->table('guestbook')->select();
        //输出查询结果
        dump($result);
    }
}
```

(2)执行 tp5.com/index/index/demo 访问,测试效果与图 6-2 一样。

在实际开发中,连接器是自动调用的,可以使用下面这种方法。

(1)在自定义配置目录中建立一个数据库配置文件,然后在里面写配置参数。配置参数与前面介绍的相同,不再赘述。

(2)在默认控制器中导入 Db 类。

```
use think\Db;
```

（3）改造一下当前控制器中的 demo 方法（地址为 D:\phpStudy\WWW\tp5\application\index\controller\Index.php），将动态配置和动态字符集删除。因为已经创建了数据库的配置文件，所以数据库的连接是一个自动过程，这里不用再调用 connect 方法，然后直接调用查询类的方法，将查询结果放到变量$result 中。代码如下：

```php
<?php
namespace app\index\controller;
use think\Db;
class Index
{
    public function index()
    {
        return "重庆电子工程职业学院";
    }
    public function demo()
    {
        $result=Db::table('guestbook')->select();
        dump($result);
    }
}
```

（4）执行 tp5.com/index/index/demo 访问，测试效果与图 6-2 一样。

操作数据库的第一步是数据库的连接。ThinkPHP 5 提供了强大灵活的连接方式，特别是惰性连接支持，极大地提高了连接效率（db()助手函数不支持），使用户的关注重点放在业务逻辑上，不必再担心连接的问题。

6.2 ThinkPHP 5 查询构造器与链式操作

6.2.1 查询构造器的工作原理

查询构造器的结构示意图如图 6-3 所示。

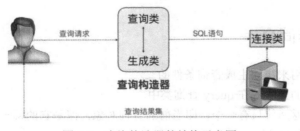

图 6-3 查询构造器的结构示意图

首先用户向数据库发送一个查询请求，这个请求会被访问入口类 Db 进行拦截，并转发给查询构造器，查询构造器再根据请求调用查询类对应的方法来响应这个请求。同时根据该类型数据库的 SQL 语句的语法要求调用生成类 SUILD，生成相应的 SQL 语句。生成类并不能被单独使用，而是由查询类自动调用的。

最终生成的 SQL 查询语句必须发送给连接类，由连接类调用原生查询，然后完成特定数据库的读写操作，并将查询结果反馈给用户。如果是读操作，会返回一个结果集，通常是一个数组；如果是写操作，就会返回受影响的记录数。到此为止，一个完整的数据库查询请求就结束了。

查询构造器就是利用查询类和生成类完成最终的查询。注意，这里的查询是泛指的，包括数据库的读操作和写操作。由于生成类是由查询类自动调用的，因此查询构造器的用法其实就是查询类的用法。

6.2.2 查询构造器的文件及位置

查询构造器涉及几个类文件。系统的类库文件在 ThinkPHP\library\library\think 目录下。Think 目录下首先是数据库的入口类 Db，具体文件和位置如下所示：

- Db 类：D:\phpStudy\WWW\tp5\thinkphp\library\think\Db.php
- 生成器：D:\phpStudy\WWW\tp5\thinkphp\library\think\db\Builder.php
- 连接器：D:\phpStudy\WWW\tp5\thinkphp\library\think\db\Connection.php
- 查询器：D:\phpStudy\WWW\tp5\thinkphp\library\think\db\Query.php
- 连接器目录：D:\phpStudy\WWW\tp5\thinkphp\library\think\db\connector

> **说　明**
>
> DB 是数据库的入口文件，在 db 文件夹下面还有很多文件。

Query.php 文件是查询类。Builder.php 文件是生成类，生成类文件它是一个抽象类，它不能够被实例化。Connection.php 就是连接器类，最终对数据库的增删改查操作，实际上都是通过 Connection 类里面的原生查询去完成的。Db 下面还有一个连接器 Connector 目录，Connector 目录下面放的是每种数据库类型，它对应的驱动类文件，比如说最常用的 MySQL 数据库的驱动文件，这里列出了五种常用的数据库类型，如果说这里没有列出需要使用的数据库，还可以进行扩展。扩展完之后，可以将数据库驱动类文件放在 Connector 的目录下面，然后注意一下命名空间，必须是 namespace think\db\connector。

6.2.3 链式操作简介

（1）链式操作是用来快速生成查询条件的。

（2）链式操作中的方法都在 query 查询类中。

（3）链式操作的返回值只有一个，即当前的查询对象，但是它的每一步操作都会影响到最终生成的 SQL 语句中的查询条件。

链式操作查询示意图如图 6-4 所示。

图 6-4　链式操作查询示意图

说　明
查询对象接收到查询请求以后，直接调用对应的方法来完成，并且返回一个查询对象。如果第一个查询方法不能完成查询请求，就调用第二个查询方法。第二个查询方法也要调用查询对象。这两个查询方法可以链接到一起调用同一个查询对象了。以此类推，直到完成所有查询条件的构造，最终生成一条符合查询规范的 SQL 语句。

6.3　ThinkPHP 5 查询格式

6.3.1　查询方法和格式简介

1．查询方法

查询条件之间的关系主要有 AND 查询和 OR 查询，也就是与查询和或查询。在 ThinkPHP 5 中，AND 查询和 OR 查询是用两个方法来实现的，注意 AND 查询用的是 where 方法，OR 查询用的是 whereOR()方法。

2．查询格式

ThinkPHP 5 支持三种格式。

（1）第一种是大家比较熟悉的字符串表达方式：

```
Where('字段名','表达式','查询条件')
```

它里面有三个参数：第一个参数是字段名，第二个参数是表达式，第三个是要查询的条件。同时这个表达式支持默认值，如果是相等的关系，那么可以省略。注意，相等关系是默认的。

（2）第二种方式是数组方式：

```
Where(['字段名'=>['表达式', '查询条件'],…])
```

这种方式写起来比较烦琐。

（3）第三种就是闭包查询方式：

```
Where(funtion($query){//链式查询语句;})
```

这种方式不但功能强大，而且书写规范，易于扩展，几乎可以完成任何查询要求，还可以使用 Web 传入的查询变量。

6.3.2 使用表达式查询

查看数据表中的数据,如图 6-5 所示。

id	nickname	email	face	content	createtime	clientip	reply	replytim
1	王五	41800543@qq.com	1	111111	1570894924	::1	TEST2222	157
3	陈学平	41800543@QQ.COM	1	测试一下	1570921823	::1	(Null)	
4	网络1701	41800543@QQ.COM	10	能显示中文吗	1570923920	::1	(Null)	

图 6-5 数据表中的数据

其中,id 大于 1 的数据有两条,下面以这个为基础进行演示。使用表达式查询 id 大于 1 的第一条数据(用 find 方法),并显示姓名和留言内容。

```
D:\phpStudy\WWW\tp5\application\index\controller\Index.php:
<?php
namespace app\index\controller;
use think\Db;
class Index
{
    public function index()
    {
        dump(
            Db::table('guestbook')
                ->field(['nickname','content'])//字段
            ->where('id','>',1)//条件
            ->find()//只查询一条数据
        );
    }
}
```

执行 tp5.com/index/index/index,如图 6-6 所示。

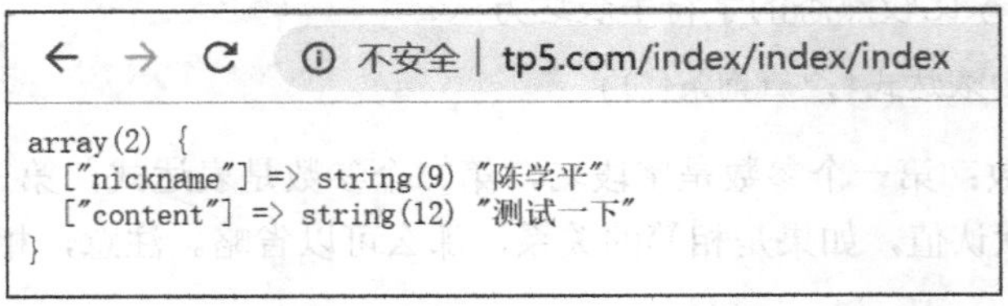

```
← → C  ⓘ 不安全 | tp5.com/index/index/index
array(2) {
["nickname"] => string(9) "陈学平"
["content"] => string(12) "测试一下"
}
```

图 6-6 测试效果

使用表达式查询 id>3 的所有数据,显示姓名和留言内容:

```
<?php
namespace app\index\controller;
use think\Db;
class Index
{
    public function index()
```

```
    {
        dump(
            Db::table('guestbook')
                ->field(['nickname','content'])//字段
            ->where('id','>',1)//条件
            ->select()//查询所有数据
        );
    }
}
```

执行 tp5.com/index/index/index，如图 6-7 所示。

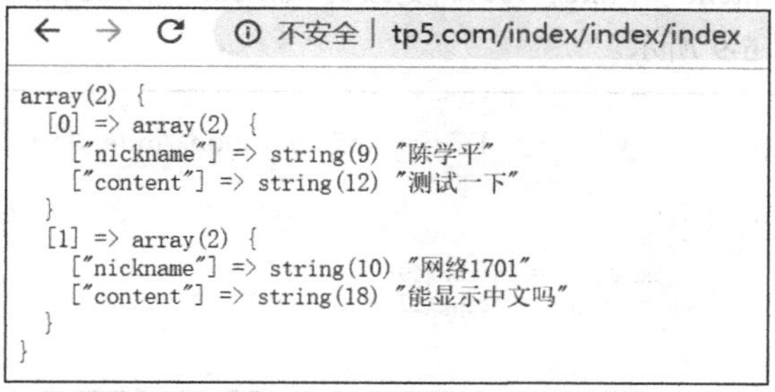
不安全 | tp5.com/index/index/index
array(2) {
[0] => array(2) {
["nickname"] => string(9) "陈学平"
["content"] => string(12) "测试一下"
}
[1] => array(2) {
["nickname"] => string(10) "网络1701"
["content"] => string(18) "能显示中文吗"
}
}

图 6-7 测试效果

6.3.3 使用数组查询多个条件

通过数组组合了两个条件：

- 一个是查询 id>1。

```
'id'=>['>',1],
```

- 一个是查询内容 content 中包含有 1 的，这是模糊查询的方法，用 like 来实现。

```
    'content'=>['like', '%1%']

<?php
namespace app\index\controller;
use think\Db;
class Index
{
    public function index()
    {
        dump(
            Db::table('guestbook')
                ->field(['nickname','content'])
            ->where([
                'id'=>['>',1],
              'content'=>['like', '%1%']
            ])
            ->select()
        );
```

```
    }
}
```

执行 http://tp5.com/index/index/index，如图 6-8 所示。

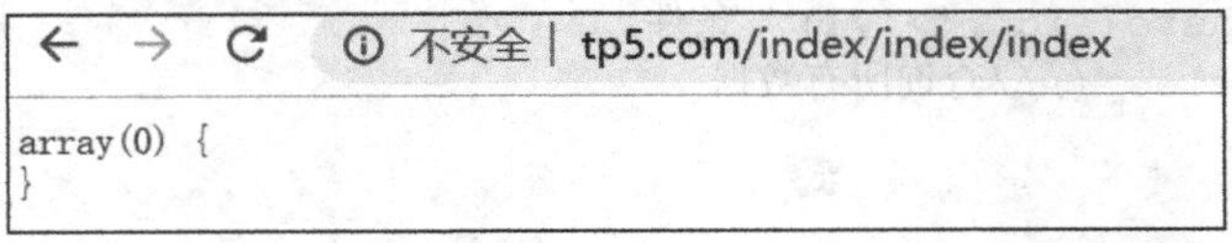
不安全 | tp5.com/index/index/index
array(0) {
}

图 6-8　没有查询结果

更改查询条件，将'content'=>['like', '%1%']更改为'content'=>['like', '%测%']，就是包含有一个测字的数据，再测试，如图 6-9 所示。

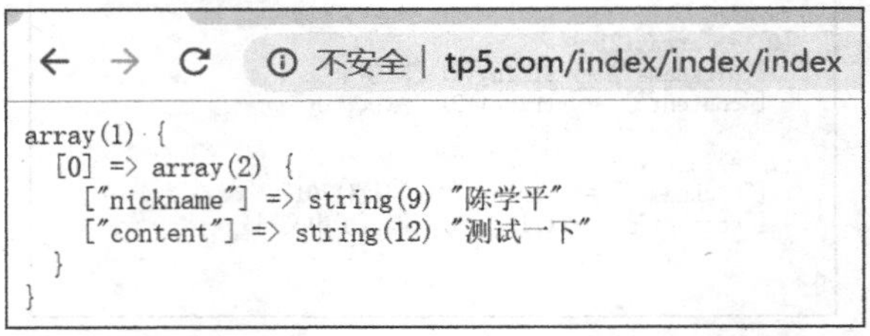
不安全 | tp5.com/index/index/index
array(1) {
[0] => array(2) {
["nickname"] => string(9) "陈学平"
["content"] => string(12) "测试一下"
}
}

图 6-9　已经有一条测试数据

这个查询数据与数据表中的数据相符合。

6.4　ThinkPHP 5 数据库的新增与更新操作

6.4.1　数据库的增删改查操作

用来完成增删改查操作的方法可以直接对数据表完成读写操作。如果是读操作，就会返回结果集数组；如果是写操作，通常返回的是受影响的记录数量。这里的新增、更新和删除操作都是写操作，只有读取才是读操作，从广义上讲都可以称为查询操作。

1. 新增操作

新增操作主要涉及两个方法：一个是 insert 方法，用来插入单条记录；一个是 insertall 方法，可以用来同时插入多条记录。

语法如下：

```
insert(['字段'=>'值']);
insertAll(['二维数组]);
```

2. 更新操作

更新操作的方法是 update，可以根据条件来更新一条或者多条记录。

如果字段类型是数字型，而且每次更新都有规律，可以用 setInc/setDec 来进行，例如用户签到或者给他的积分奖励就可以通过这种方式每次添加一分或者五分。

语法如下:
```
update(['字段'=>'值']);
setInc/setDec('字段',步长);
```

3. 读取操作

它和新增类似,分为单条记录的读取和多条记录的读取。

在前面章节的案例中,实际上已经用到了单条记录和多条记录的读取。单条记录用 find()方法,只返回满足条件的第一条记录,哪怕有多条记录满足条件,它也只会返回一条,所以是以一维数组的方式来返回的。多条记录用的是 select 方法,这也是使用最多的方法,可以返回多条满足条件的记录,它是以二维数组的方式返回的,可以在模板中用循环语句将结果集进行打印输出。

语法如下:
```
Find(主键);//单条,第一条记录
Select(主键);//多条记录
```

4. 删除操作

删除操作有两种:第一种是根据条件来进行删除,第二种是无条件删除。无条件删除只需要给 delete 方法传入一个参数 true 就可以,这种删除是用来清空数据表的。一般不要做清空操作(delete 方法),它是不支持闭包的。

语法如下:
```
Delete(主键)  ;//根据条件删除
Delete(true)  ;//清空数据表
```

6.4.2 新增操作

1. 插入单条数据

本节用默认控制器来演示如何在 guestbook 表中添加一条记录。首先是 db 类,然后静态调用 table()方法。在方法中写上表的名字。要插入的表就是 guestbook 这张表。

```
Db::table('guestbook')
```

insert 要插入的数据可以以数组的方式给出。比如说当前插入一条数据,姓名为网络 1801,邮件为 test@163.com,内容为"插入新的数据"。

insert 方法返回的是受影响的记录条数,将受影响的记录条数保存到一个变量$result 里。后面再根据变量值的内容给用户输出一个提示信息。如果插入成功,提示成功添加了几条记录,如果添加失败,就给出一个提示信息"添加失败"。

代码如下:
```php
<?php
namespace app\index\controller;
use think\Db;
class Index
{
    public function index()
```

```
    {
        $result=Db::table('guestbook')
            ->insert([
                'nickname'=>'网络1801',
                'email'=>'test@163.com',
                'content'=>'插入新的数据'
            ]);
        return $result ? "成功添加".$result.'条数据':"添加失败";
    }
}
```

输入 tp5.com/index/index/index，测试结果如图 6-10 所示。

图 6-10　测试成功

网络 1801 被插入数据表中，如图 6-11 所示。

图 6-11　数据已经插入

2．insertAll 添加多条数据

下面用 insertAll 在表中批量添加一些记录。只要简单地修改一下这个方法，就可以实现。将 insert 方法改成 insertAll，比如插入三条记录，每一条记录是一个数组。

```
<?php
namespace app\index\controller;
use think\Db;
class Index
{
    public function index()
    {
        $result=Db::table('guestbook')
            ->insertAll([
        ['nickname'=>"钟南山",'email'=>"zns@163.coM",'content'=>"肺炎会人传人"],
        ['nickname'=>"李文亮",'email'=>"lwl@163.coM",'content'=>"肺炎会人传人"],
        ['nickname'=>"湖北省",'email'=>"hbs@163.coM",'content'=>"肺炎疫情希望得到控制"],
        ]);
        return $result ? "成功添加".$result.'条数据':"添加失败";
    }
}
```

输入 tp5.com/index/index/index，测试结果如图 6-12 所示。

图 6-12　测试成功

三条数据被插入数据表中，如图 6-13 所示。

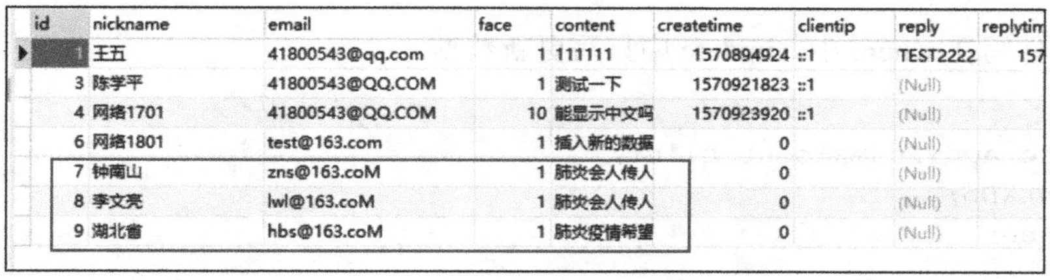

id	nickname	email	face	content	createtime	clientip	reply	replytim
1	王五	41800543@qq.com	1	111111	1570894924	::1	TEST2222	157
3	陈学平	41800543@QQ.COM	1	测试一下	1570921823	::1	(Null)	
4	网络1701	41800543@QQ.COM	10	能显示中文吗	1570923920	::1	(Null)	
6	网络1801	test@163.com	1	插入新的数据	0		(Null)	
7	钟南山	zns@163.coM	1	肺炎会人传人	0		(Null)	
8	李文亮	lwl@163.coM	1	肺炎会人传人	0		(Null)	
9	湖北省	hbs@163.coM	1	肺炎疫情希望	0		(Null)	

图 6-13　插入了三条数据

6.4.3　更新操作

1. 在更新语法中写条件

更新必须提供更新条件，不允许无条件更新。如果更新数据中包含主键，就会根据主键来进行更新，否则前面必须设置更新条件。

将 id=9 的湖北省的姓名更新为"湖北省武汉市"。

```php
<?php
namespace app\index\controller;
use think\Db;
class Index
{
    public function index()
    {
        $result=Db::table('guestbook')
            ->update(['id'=>9,'nickname'=>'湖北省武汉市']);
        return $result ? "成功更新".$result.'条数据':"更新失败";
    }
}
```

输入 tp5.com/index/index/index，测试结果如图 6-14 所示。

图 6-14　测试成功

数据表中 id=9 的数据被更新，如图 6-15 所示。

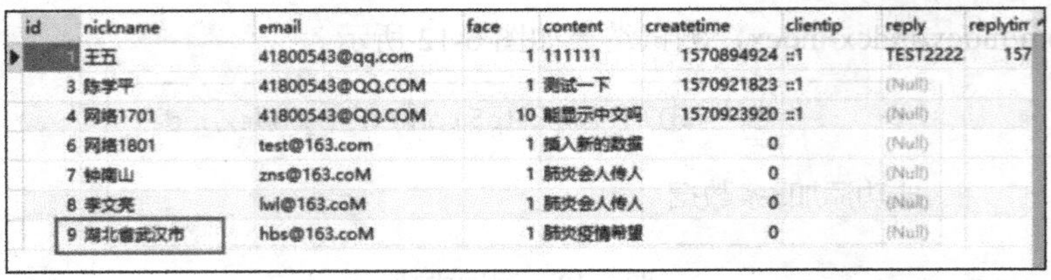

图 6-15 数据更新

2. 在 where()中写更新条件

将更新条件写在 where 中，update 中只写更新数据。

```php
<?php
namespace app\index\controller;
use think\Db;
class Index
{
    public function index()
    {
        $result=Db::table('guestbook')
            ->where('id=8')
            ->update(['content'=>'他是武汉肺炎疫情的吹哨人']);
        return $result ? "成功更新".$result.'条数据':"更新失败";
    }
}
```

输入 tp5.com/index/index/index，测试结果如图 6-16 所示。

图 6-16 测试成功

数据表中 id=8 的数据被更新，如图 6-17 所示。

图 6-17 数据更新

3. 自增操作

（1）修改表的结构，增加一个 age 字段来进行演示，如图 6-18 所示。

图6-18　增加age字段

（2）在表中输入一些age值，如图6-19所示。

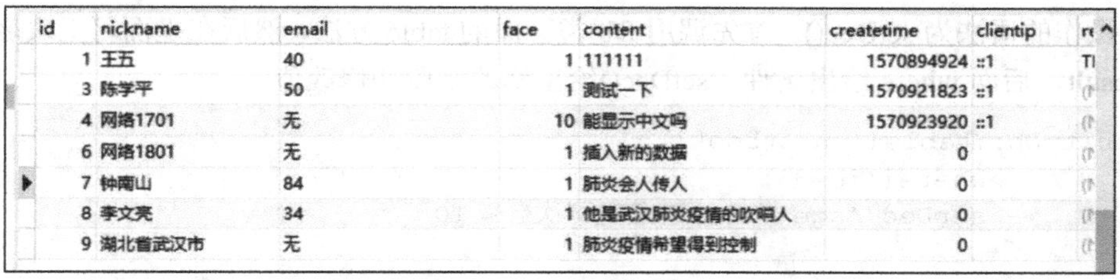

图6-19　输入数据

（3）自增操作的语法setInc()。

首先调用Db类下面的table方法，然后在里面写上表名，再返回给变量$result，后面where给出条件，setInc()给出修改字段和修改值。

```
$result=Db::table('guestbook')
        ->where('id=7')
        ->setInc('age',10);//年龄每次自增10
<?php
namespace app\index\controller;
use think\Db;
class Index
{
    public function index()
    {
        $result=Db::table('guestbook')
            ->where('id=7')
            ->setInc('age',10);//年龄每次自增10
        return $result ? "成功更新".$result.'条数据':"更新失败";
    }
}
```

输入tp5.com/index/index/index，测试结果如图6-20所示。

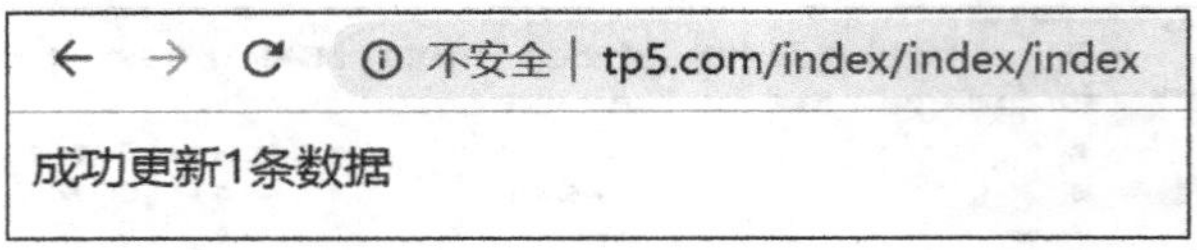

图 6-20　测试成功

数据表中 id=7 的数据被更新，如图 6-21 所示。

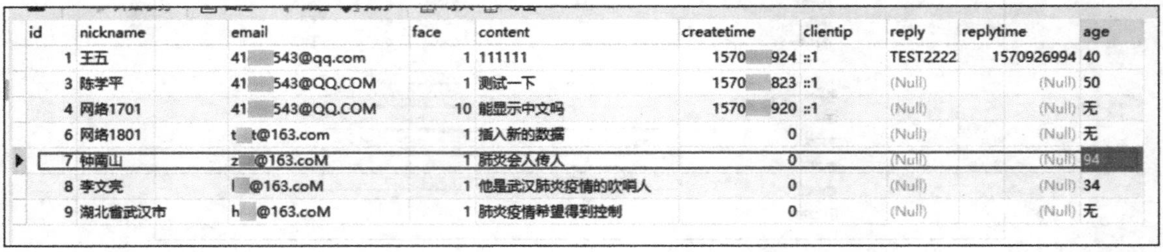

图 6-21　数据更新

4．自减操作

自减操作的语法为 setDec()。首先调用 Db 类下面的 table 方法，然后在里面写上表名，再返回给变量$result，后面 where 给出条件、setDec()给出修改字段和修改值。

```
$result=Db::table('guestbook')
        ->where('id=3')
        ->setDec('age',10);//年龄每次自减10
```

```php
<?php
namespace app\index\controller;
use think\Db;
class Index
{
    public function index()
    {
        $result=Db::table('guestbook')
            ->where('id=3')
            ->setDec('age',10);//年龄每次自减10
        return $result ? "成功更新".$result.'条数据':"更新失败";
    }
}
```

输入 tp5.com/index/index/index，测试结果如图 6-22 所示。

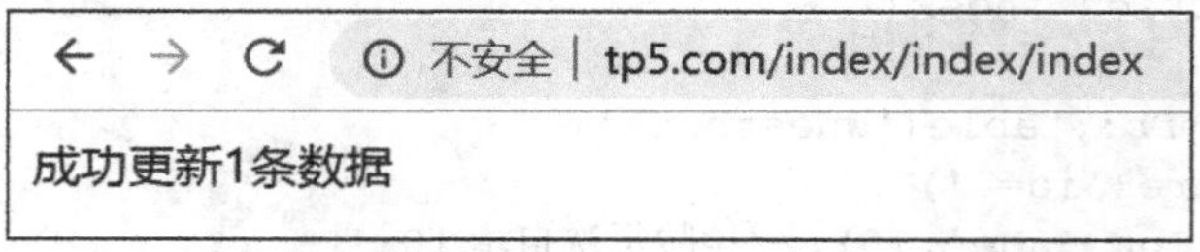

图 6-22　测试成功

数据表中 id=3 的数据被更新，如图 6-23 所示。

id	nickname	email	face	content	createtime	clientip	reply	replytime	age
1	王五	41███543@qq.com	1	111111	157███4924 ::1		TEST2222	1570926994	40
3	陈学平	41███543@QQ.COM	1	测试一下	157███1823 ::1		(Null)	(Null)	40
4	网络1701	41███543@QQ.COM	10	能显示中文吗	157███3920 ::1		(Null)	(Null)	无
6	网络1801	t██t@163.com	1	插入新的数据	0		(Null)	(Null)	无
7	钟南山	z███@163.com	1	肺炎会人传人	0		(Null)	(Null)	94
8	李文亮	l███@163.coM	1	他是武汉肺炎疫情的吹哨人	0		(Null)	(Null)	34
9	湖北省武汉市	h███@163.coM	1	肺炎疫情希望得到控制	0		(Null)	(Null)	无

图 6-23　数据更新

6.4.4　查询操作

1. 用 where 方法来查询表中某一个字段的值 value

DB::table('guestbook')这张表，然后给定一个条件 id=1，查询一下这条记录的 value 值 nickname，再将它的结果放在一个变量中，输出变量$result。

查询 id=1 的用户的姓名：

```php
<?php
namespace app\index\controller;
use think\Db;
class Index
{
    public function index()
    {
        //value('字段','默认值')
        $result=Db::table('guestbook')->where('id=1')->value('nickname');
        dump($result);
    }
}
```

执行 tp5.com/index/index/index，如图 6-24 所示。

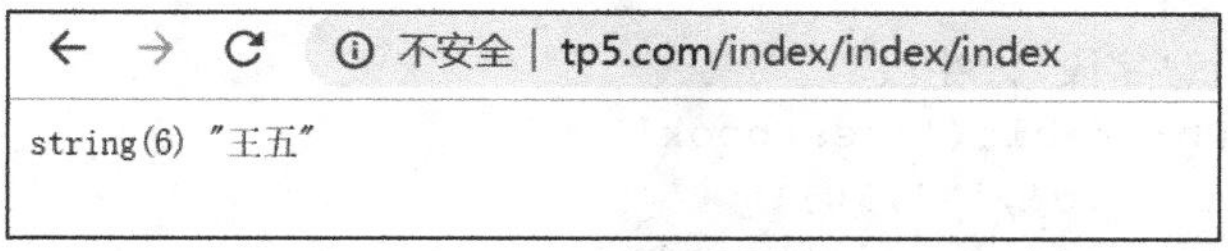

```
string(6) "王五"
```

图 6-24　测试效果

2. 查询满足某一个条件的值

除了可以获取某一个字段的值之外，我们还可以获取满足条件某一列的值。这个比较简单，改一下条件就好了，比如说将 ID 修改一下，让它大于某一个值。

DB::table('guestbook')这张表，然后给定一个条件 id>5，查询一下满足这个条件的一系列值，不能用 value 方法，而是用 column 方法（column('字段','字段')）。

```php
<?php
namespace app\index\controller;
use think\Db;
class Index
{
```

```
public function index()
{
    //column('字段','字段')
    $result=Db::table('guestbook')
        ->where('id','>',5)
        ->column('nickname');
    dump($result);
}
}
```

执行 tp5.com/index/index/index，如图 6-25 所示。

图 6-25　测试效果

3．给 column()传入两个参数（第一个参数作为值，第二个参数作为键名）

上一个例子查询出了一个字段 nickname，如果后面再跟一个字段名 age，调整一下它们的顺序，应该输出什么呢？如果将 age 放到第一个参数，那么 age 会变成后面的值，第二个参数 name 就会变成键名了。

```
->column('age','nickname');
<?php
namespace app\index\controller;
use think\Db;
class Index
{
    public function index()
    {
        //column('字段','字段')
        $result=Db::table('guestbook')
            ->where('id','>',10)
            ->column('age','nickname');
        dump($result);
    }
}
```

执行 tp5.com/index/index/index，如图 6-26 所示。

图 6-26　测试效果

6.4.5 删除操作

删除数据跟更新数据是一样的,必须要设置条件,否则拒绝执行。删除表中的记录使用的是 delete 方法。delete 方法与前面的方法不一样,除了闭包,其他的条件都支持。

1. 删除单条数据

delete 可以直接写主键,比如第 4 条数据,返回的结果应该是受影响的记录数,而不是结果集。我们给一个变量$result,成功删除$result 条记录的话就把受影响的记录条数输出一下,否则删除失败。

数据表中的数据如图 6-27 所示。

图 6-27 数据表的数据

删除 id=4 的数据:

```php
<?php
namespace app\index\controller;
use think\Db;
class Index
{
    public function index()
    {
        $result=Db::table('guestbook')
            ->delete(4);//直接根据主键 id 删除
        return $result ? "成功删除了".$result."条记录":"没有记录被删除";
    }
}
```

执行 tp5.com/index/index/index,如图 6-28 所示。

图 6-28 测试效果

查看数据表,第 4 条数据被删除。

2. 删除多条数据

首先在表中增加数据(增加第 10、11 条数据),如图 6-29 所示。

id	nickname	email	face	content	createtime	clientip	reply	replytime	age
1	王五	41■543@qq.com	1	111111	1570894924	::1	TEST2222	1570926994	40
3	陈宇平	41■543@QQ.COM	1	测试一下	1570921823	::1	(Null)	(Null)	40
11	网络1801	t■t@163.com	1	插入新的数据	0		(Null)	(Null)	无
6	网络1801	t■t@163.com	1	插入新的数据	0		(Null)	(Null)	无
7	钟南山	z■@163.coM	1	肺炎会人传人	0		(Null)	(Null)	94
8	李文亮	l■@163.coM	1	他是武汉肺炎疫情的吹哨人	0		(Null)	(Null)	34
9	湖北省武汉市	h■@163.coM	1	肺炎疫情希望得到控制	0		(Null)	(Null)	无
10	网络1802	t■t@163.com	1	插入新的数据	0		(Null)	(Null)	无

图 6-29 增加两条数据

然后删除 id 为 10 和 11 的信息：

```php
<?php
namespace app\index\controller;
use think\Db;
class Index
{
    public function index()
    {
        $result=Db::table('guestbook')
            ->delete([10,11]);//直接根据主键id删除
        return $result ? "成功删除了".$result."条记录":"没有记录被删除";
    }
}
```

执行 tp5.com/index/index/index，如图 6-30 所示。

图 6-30 测试效果

3. 删除整张表

如果需要删除整张表，可以按下面的方法来写。

```
->delete(true);//删除整张表
```

```php
<?php
namespace app\index\controller;
use think\Db;
class Index
{
    public function index()
    {
        $result=Db::table('guestbook')
            ->delete(true);//删除整张表
        return $result ? "成功删除了".$result."条记录":"没有记录被删除";
    }
}
```

注意不是特别需要，不要这样操作。查询条件的调用次序就是生成 SQL 条件的次序，推荐使

用闭包来生成查询条件，不但功能强大，而且便于扩展。后面开始学习模型操作，因为在开发过程中并不直接操作数据库，而是通过模型与数据库联系。

6.5 ThinkPHP 5 模型的基本概念与基类 Model 介绍

1．模型简介

在 ThinkPHP 5 中很多操作都是针对数据表的，或者说一张数据表往往对应着一个业务逻辑，比如一张用户表可能对应的业务逻辑就是用户的增删改查操作，即创建用户、查询用户以及更新用户的姓名或者密码等。为了更好地操作数据表，在 ThinkPHP 5 中使用模型的方式对数据表来进行模拟，这个模型是以一个类的方式来对当前的数据表进行建模操作的。

在 ThinkPHP 5 中，模型是一个数据表，数据表也是一个模型，模型跟数据表之间既有关联又有区别。

2．模型类中的属性方法

模型类中的属性和方法需要在基类 Model 中查看。

Model.php 类（位于 D:\phpStudy\WWW\tp5\thinkphp\library\think\Model.php）是一个抽象类，不能被实例化，必须由子类继承并实现内部的全部抽象方法。

这个 model 类里面的部分内容如下：

```
abstract class Model implements \JsonSerializable,\ArrayAccess
{
//数据库查询对象池
protected static $links=[];
//数据库配置
protected $connection=[];
//父关联模型对象
protected $parent;
//数据库查询对象
protected $query;
//当前模型名称
protected $name;
//数据表名称
protected $table;
//当前类名称
protected $class;
//回调事件
private static $event=[];
//错误信息
protected $error;
//字段验证规则
protected $validate;
//数据表主键复合主键使用数组定义不设置则自动获取
protected $pk;
//数据表字段信息留空则自动获取
```

```
protected$field=[];
......
```

Model.php 类实现了两个接口：一个是 json 序列化接口，一个是对象访问接口。

对象访问接口可以用数组的方式来访问一个对象。下面介绍的部分属性是它的子类所要使用的属性。

- $connection：当模型初始化的时候，它可以自动根据数据库的配置信息连接上数据库。
- $table：当前模型所绑定的数据表名称，包含了数据表前缀。
- $name：当前模型的名称，是没有数据表前缀的。
- $PK：数据表的主键，对数据表的一些操作（比如更新）需要主键。
- $field：当模型与数据表进行绑定之后，field 属性中保存的就是当前数据表的字段信息，默认值是一个空数组，如果是空数组就可以自动获取。visible、hidden、append 属性主要是针对模型数据导出时使用的，比如将模型以数组的方式导出，可以指示哪些字段允许访问、哪些字段是隐藏的，也可以追加一些字段在里面显示。
- $data：保存的是当前数据表的一些原始信息。
- $auto、$insert 和$update：主要用于自动完成。当数据表进行新增操作时，insert 可以插入一些默认值；update 功能跟 insert 类似；auto 是 insert 和 update 的合集。

Model.php 文件中除了定义了属性之外，也定义了构造方法__CONSTRUCT，当模型被创建的时候被调用。这个构造方法只有一个参数，就是数据表的一些原始信息，是以键值对的方式与表中的字段值和字段名进行绑定的。

public function data($data, $value = null)方法可以用来读写数据表的一些原始信息。

getData 是用在模型内部或者在控制器中的，也可以获取到当前数据表的原始信息（没有经过读取器和修改器处理的）。

setATTr 是一个修改器。当有些数据要保存到数据库中的时候，一定要进行一些处理才可以保存，这时就需要修改器。

getATTr 是一个获取器。当需要从数据表中获取某一信息的时候，通过 getATTr 可以对获取的信息进行处理。

__isset 方法用来检测是否存在某一个数据。__get 方法用来获取数据对象的值，当在控制器中用对象的方式访问某一个属性的时候，它会被自动调用，同时还会调用获取器，对当前字段的值进行一些处理后再显示出来。同时它也会自动调用 setATTr 方法，所以获取器和修改器都是自动调用的。

当访问在当前 Model 类中不存在的静态方法的时候，可以使用__callstatic 方法作为一个跳板。当用一个模型对象访问一个数据库类中的一个方法时，可以通过__CALL 方法跳转到数据库里。

has 方法主要根据关联条件来查询当前模型的命名范围，将一些常用的查询条件进行组合。

destroy 方法用来删除数据，在绝大多数情况下是使用软删除。

all 方法与数据库访问里面的 select 方法类似，可以返回一个对象数组将表中所有数据都读取出来。

get 静态方法可以根据主键或者条件返回第一条满足条件的记录。

update 方法主要用于更新。

create 方法用于创建一个数据。

6.6 ThinkPHP 5 模型的创建与使用

6.6.1 模型和数据表简介

1. 模型与数据表的关系

ThinkPHP 5 中的模型是数据表的抽象表示，模型所对应的实体是一张表。数据表中的字段和模型中的属性是一一对应的，在模型类中还封装了增删改查等操作，以便操作数据表。

2. 模型和数据表的区别和联系

（1）区别

对于数据库的 Db 类来说，它主要是负责数据表的访问，而专注于模型的业务逻辑处理。模型实际上是一个类，类里面除了有属性（和数据表中的数据是对应），还有方法（定义了对当前数据表的一些操作）。

模型和数据表返回值不同：传统的数据库访问返回的都是数组，模型返回的是一个对象，数据仅仅是对象中的一个属性。

（2）联系

模型可以认为是一种更高级别的抽象，最终底层还是要调用 Db 类完成数据表的增删改查操作。

3. 如何创建一个模型

创建模型有以下两种方式：第一种是手工创建。在应用或者模块目录（Model）下面直接创建一个模型，并在 Model 目录下创建与数据表同名的一个类文件，注意首字母大写，比如 User.php 文件对应的表就是 User.DBF，默认前缀为空，如果有前缀就需要将前缀加上，比如前缀是 tp，对应的表是 tp_User.DBF，这个前缀不要出现在模型类的文件中。

第二种是用命令的方式创建在当前的目录下。用:php think make:model 后面加模块名和模型名就会自动创建指定位置和命名空间的一个空模型，并自动与数据表进行绑定。

6.6.2 模型创建和调用简介

下面演示一下如何创建模型。

1. 为数据表 guestbook 创建模型类 Guestbook.php

在模块 index 下面创建与控制器同级的目录 model，然后在 model 下面创建一个类文件 Guestbook.php（模型的类文件），如图 6-31 所示。

图 6-31　模型类文件

选择 ThinkPHP 5 数据库，在这个数据库中有一张表 guestbook，这里创建了一个模型文件 Guestbook.php，这个文件是和数据表对应的，两个名称相同，如图 6-32 所示。

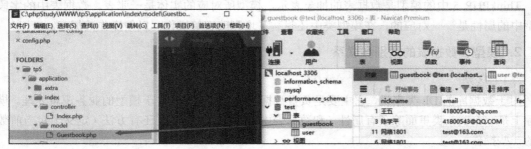

图 6-32　模型类和数据表文件

2．模型类文件代码编写

代码如下：

```php
<?php
namespace app\index\model;
use think\Model;//引入 Model 类
class Guestbook extends Model
{
    //此时，模型创建成功
}
```

3．模型调用

在控制器中调用模型有两种方法：

第一种方法是实例化调用。先用 new 创建一个模型对象，然后用这个模型对象来处理与数据表相关的业务。

第二种方法就是静态调用，通过静态查询的方式直接将一个空模型转为数据模型，再调用相关的方法完成一些增删改查的操作。

不推荐使用助手函数 model() 和添加模型类后缀。

6.6.3　实例化调用模型

用默认控制器中的 index 方法来进行演示。

（1）在默认控制器中，在模型操作之前先导入模型的命名空间：

```
use app\index\model\Guestbook;
```

引入的模型类与创建的模型类是相对应的，如图 6-33 所示。

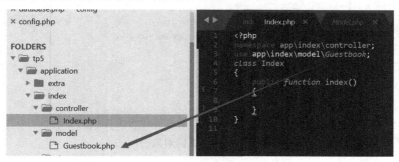

图 6-33　控制器导入的模型类与模型类文件对应

（2）在默认的 index 方法下面进行模型调用。创建对象肯定要用 new，然后把 Guestbook 创建好的模型对象保存到一个对象变量$guestbook 中。

```
$guestbook=new Guestbook();
```

创建模型对象之后，就可以进行一些查询操作了。

先用$guestbook 获取模型对象,然后给出查询条件,再用 find 将输出的结果放到一个变量$result 中，用 dump()函数将查询结果输出一下。

```
$result=$guestbook->where('id=3')->find();
    dump($result);
```

代码如下：

```
<?php
namespace app\index\controller;
use app\index\model\Guestbook;
class Index
{
    public function index()
    {
        //1.实例化创建模型对象
        $guestbook=new Guestbook();
        $result=$guestbook->where('id=3')->find();
        dump($result);
    }
}
```

（3）执行 http://tp5.com/index/index/index，可以看到返回的是对象，如图 6-34 所示。

可以看到输出结果是一个对象，同时将查询到的原始数据放到了 data 属性中，data 属性保存的是从当前表中查询到的原始数据。

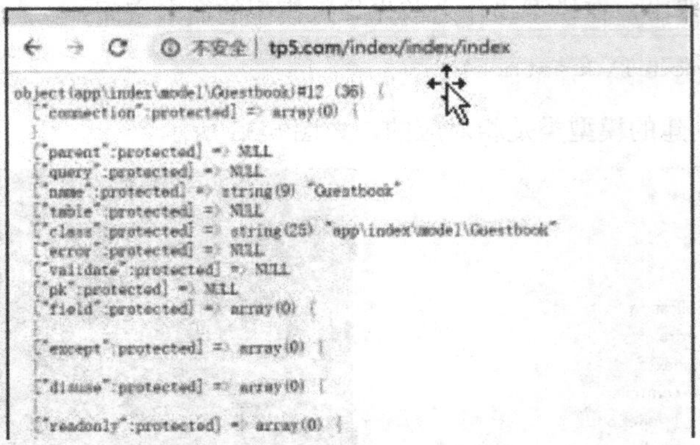

图 6-34 返回对象

（4）如果只想查看原始数据，可以用 getData 方法。

```
$result->getData()//通过 getData()方法获取原始数据
<?php
namespace app\index\controller;
use app\index\model\Guestbook;
class Index
{
    public function index()
    {
        //1.实例化创建模型对象
        $guestbook=new Guestbook();
        $result=$guestbook->where('id=4')->find();
        dump($result->getData());//只获取原始数据
    }
}
```

执行 http://tp5.com/index/index/index，获取原始数据，如图 6-35 所示。

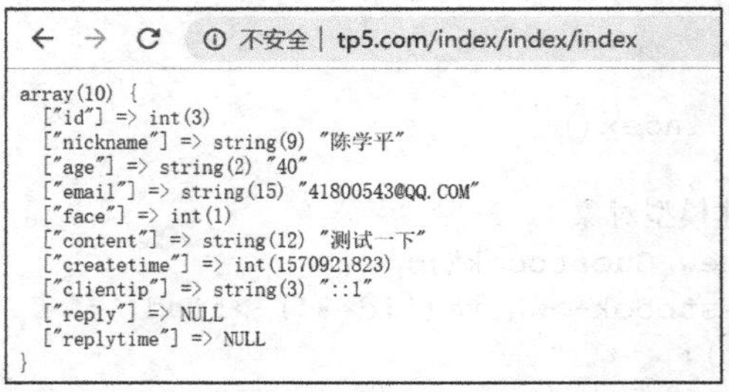

图 6-35 获取原始数据

（5）用 getData('nickname')可以只查看 nickname 信息。

```
<?php
namespace app\index\controller;
use app\index\model\Guestbook;
class Index
{
```

```
    public function index()
    {
        //1.实例化创建模型对象
        $guestbook=new Guestbook();
        $result=$guestbook->where('id=4')->find();    //直接采用链式调用的方式
        dump($result->getData('nickname'));//只获取原始数据中的 name 信息
    }
}
```

执行 http://tp5.com/index/index/index，获取姓名，如图 6-36 所示。

图 6-36　获取原始数据

这种方式就是用实例化的方式来创建数据对象的。

注意，这里是用模型对象调用的，所以返回的不是数组，而是一个对象。

用 getData 方法转换一下，只获取它的原始数据，获取的就是数组。

```
dump($result->getData());//只获取原始数据
```

以上就是用实例化方式来创建模型对象的过程。

6.6.4　静态创建模型对象

静态创建模型对象直接用 guestbook 类就可以了。

（1）用一个静态方法 get 根据主键来进行查询，直接将结果用 dump()函数输出。

```
//2.静态创建模型对象
        dump(Guestbook::get(6));//直接根据主键查询信息
```

（2）静态创建模型对象的完整代码如下：

```
<?php
namespace app\index\controller;
use app\index\model\Guestbook;
class Index
{
    public function index()
    {
        //2.静态创建模型对象
        dump(Guestbook::get(6));//直接根据主键查询信息
    }
}
```

（3）执行 http://tp5.com/index/index/index，获取对象，如图 6-37 所示。

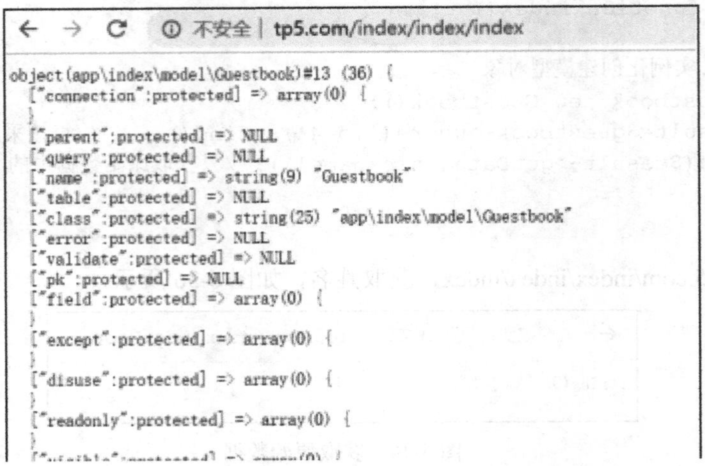

```
← → C ① 不安全 | tp5.com/index/index/index

object(app\index\model\Guestbook)#13 (36) {
  ["connection":protected] => array(0) {
  }
  ["parent":protected] => NULL
  ["query":protected] => NULL
  ["name":protected] => string(9) "Guestbook"
  ["table":protected] => NULL
  ["class":protected] => string(25) "app\index\model\Guestbook"
  ["error":protected] => NULL
  ["validate":protected] => NULL
  ["pk":protected] => NULL
  ["field":protected] => array(0) {
  }
  ["except":protected] => array(0) {
  }
  ["disuse":protected] => array(0) {
  }
  ["readonly":protected] => array(0) {
```

图 6-37 获取对象

获取到一个模型对象，同样可以用 getData 方法来获取原始数据。

（4）使用 getData() 获取原始数据：

```php
<?php
namespace app\index\controller;
use app\index\model\Guestbook;
class Index
{
    public function index()
    {
        //2.静态创建模型对象
        dump(Guestbook::get(6)->getData());//直接根据主键查询信息
    }
}
```

执行 http://tp5.com/index/index/index，获取原始数据，如图 6-38 所示。

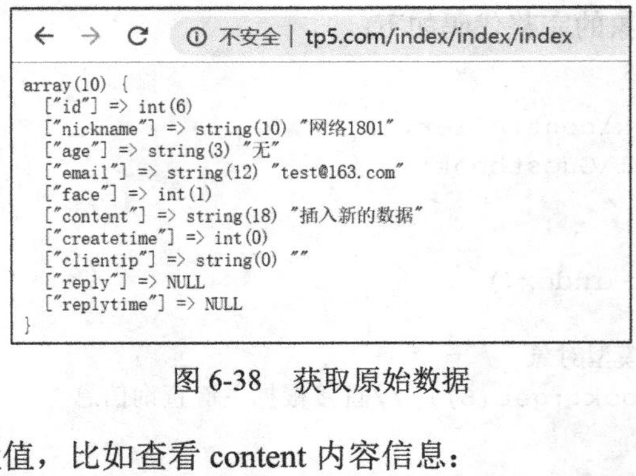

```
← → C ① 不安全 | tp5.com/index/index/index

array(10) {
  ["id"] => int(6)
  ["nickname"] => string(10) "网络1801"
  ["age"] => string(3) "无"
  ["email"] => string(12) "test@163.com"
  ["face"] => int(1)
  ["content"] => string(18) "插入新的数据"
  ["createtime"] => int(0)
  ["clientip"] => string(0) ""
  ["reply"] => NULL
  ["replytime"] => NULL
}
```

图 6-38 获取原始数据

（5）查看某一个字段值，比如查看 content 内容信息：

```php
<?php
namespace app\index\controller;
use app\index\model\Guestbook;
class Index
```

```
{
    public function index()
    {
        //2.静态创建模型对象
        dump(Guestbook::get(6)->getData('content'));//直接根据主键查询信息
    }
}
```

执行 http://tp5.com/index/index/index，获取内容数据，如图 6-39 所示。

图 6-39　获取内容数据

这个方法可以绕开模型中的读取器。

6.7　用模型向数据表中添加数据

本节学习一下模型的 CURD 操作。

6.7.1　模型 CURD 简介

1. CURD 操作的基本概念

CURD 操作是数据库最重要的思维操作，站在数据表的角度来看，实际上只有两种操作，即读和写。只要数据表中的数据发生了变化就是写操作，没有变化就是读操作，因此可以把 Create、Update、Delete 的操作统称为写操作，而把 Read 称为读操作。

四类操作统称为数据库的查询操作，因此查询操作并不是特指的读取。各种类型的数据库操作语言都支持标准的 SQL 查询语言。

本节的 CURD 操作特指 MySQL 数据库的 CURD 操作，这是 ThinkPHP 5 默认的数据库类型。

2. 如何创建数据

创建数据就是向当前的数据表中插入新记录。按照添加方法的调用方式，主要分为实例化调用和静态调用两种。实例化是在使用前必须先创建一个模型对象，而静态方法是直接用模型类调用。

（1）save($data=[])

save 方法可以实现单条记录的添加，底层是用 Db 类的 insert 方法，返回的是受影响的记录数，这和原生的插入返回值是一样的。

（2）saveAll($data=[])

saveAll 方法可以看作是 save 方法的重复执行，是通过多次调用 insert 语句来完成的。它和 save 方法的用法完全一样，但是返回值是不同的。它返回的是一个由模型对象组成的数组。

（3）create($data=[])

create 方法是使用最多的方法，调用方便，可以省去创建实例的语句，代码也更加简洁。

6.7.2 用模型向数据表添加数据

1. 创建模型

（1）创建一个模型 Guestbook.php，它和数据表 guestbook 对应。

（2）编写模型类文件代码。

先写命名空间，再引入 Model，创建一个类 Guestbook 并继承 Model 类。

```
<?php
namespace app\index\model;
use think\Model;//引入Model类
class Guestbook extends Model
{
    //此时，模型创建成功


}
```

2. 使用模型

在默认的控制器的默认方法 Index 中使用模型时，首先要导入模型的命名空间（use app\index\model\Guestbook），将模型类导入。

3. 使用 save 方法插入数据

（1）先实例化模型，创建模型对象。假定模型对象的名称是 guestbook，new 这个类就可以创建一个模型对象。然后将创建的模型对象赋给一个变量$guestbook。

（2）创建要插入到表中的数据，采用对象的方式插入数据。

```
$guestbook->nickname="张三";
      $guestbook->email="zs@163.com";
      $guestbook->content="save 方法插入数据";
```

（3）执行添加操作。由模型对象 guestbook 来实例化调用 save 方法，将当前模型中的数据保存到数据表中，然后将返回的结果保存到一个变量$result 中，再返回运行结果，根据$result 的值进行判断，如果当前操作返回了整数 1，就说明成功地插入了一条数据，并在界面中提示"成功添加了$result 条数据"。如果失败，就提示添加失败。

```
D:\phpStudy\WWW\tp5\application\index\controller\Index.php:
<?php
namespace app\index\controller;
use app\index\model\Guestbook;
class Index
{
    public function index()
    {
```

```
        //1.实例化模型,创建模型对象
        $guestbook=new Guestbook();
        //2.创建数据,使用对象的方式
        $guestbook->nickname="张三";
        $guestbook->email="zs@163.com";
        $guestbook->content="save方法插入数据";
        //3.执行添加操作
        $result=$guestbook->save();
        return $result ? "成功添加了".$result."条数据":"没有数据被添加";
    }
}
```

(4) 执行 tp5.com/index/index/index 访问,如图 6-40 所示。

图 6-40　测试效果

查看数据表,如图 6-41 所示。

id	nickname	age	email	face	content	createtime	clien
1	王五	40	41800543@qq.com	1	111111	1570894924	::1
3	陈学平	40	41800543@QQ.COM	1	测试一下	1570921823	::1
12	网络1801		test@163.com	1	插入新的数据	0	
6	网络1801	无	test@163.com	1	插入新的数据	0	
7	钟南山	94	zns@163.coM	1	肺炎会人传人	0	
8	李文亮	34	lwl@163.coM	1	他是武汉肺炎	0	
9	湖北省武汉市	无	hbs@163.coM	1	肺炎疫情希望	0	
13	张三		zs@163.com	1	save方法插入	0	

图 6-41　已经添加数据

4．使用 saveAll()批量添加数据

(1) 批量添加只要将数据放到一个数组中就可以了。

创建一个数组$data,将要添加的数据写在一个数组里。

(2) 执行数据添加,把数组放到添加方法中,方法名称改成 saveAll。

saveAll 方法返回的不是受影响的记录数,而是一个对象数组,用一个 dump()函数来输出。

```
<?php
namespace app\index\controller;
use app\index\model\Guestbook;
class Index
{
    public function index()
    {
        //1.实例化模型,创建模型对象
        $guestbook=new Guestbook();
        //2.创建数据,使用对象的方式
```

```
        $data=[
        ['nickname'=>"王五",'email'=>"ww@163.coM",'content'=>"插入数据1"],
        ['nickname'=>"李四",'email'=>"ls@163.coM",'content'=>"插入数据2"],
        ['nickname'=>"赵六",'email'=>"zl@163.coM",'content'=>"插入数据3"],
        ];
        //3.执行添加操作
        $result=$guestbook->saveAll($data);
        dump($result);//返回值是对象数组
    }
}
```

（3）执行 tp5.com/index/index/index 访问，如图 6-42 所示。

图 6-42　测试效果

这里提示返回了一个数组，里面有三个元素：第一个元素是对象，添加的数据"王五"就在 data 中；第二个元素仍然是一个对象，添加的数据"李四"也在 data 中；第三个数据仍然是一个对象，数据"赵六"也在 data 中。

查看生成的 SQL 语句可知，saveAll()的实质就是多次执行 insert。

5. 使用静态的 create()方法创建

上面的 saveAll 方法实际上相当于执行了三条 save 方法。下面看一下如何用静态的 Create 方法向表中来添加数据，它不需要创建模型对象。

（1）将实例化模型对象删除，直接调用类 Guestbook 中的 Create 方法。在这个方法中插入一条数据，并直接写到数组中，将执行的结果保存在变量$result 中，打印输出结果。

```
<?php
namespace app\index\controller;
use app\index\model\Guestbook;
class Index
{
    public function index()
    {
        $result=Guestbook::create([
            'nickname'=>'王小明','age'=>35,'email'=>'wxm@163.com'
        ]);
        dump($result);//返回值是模型对象
    }
}
```

（2）执行 tp5.com/index/index/index 访问，如图 6-43 所示。

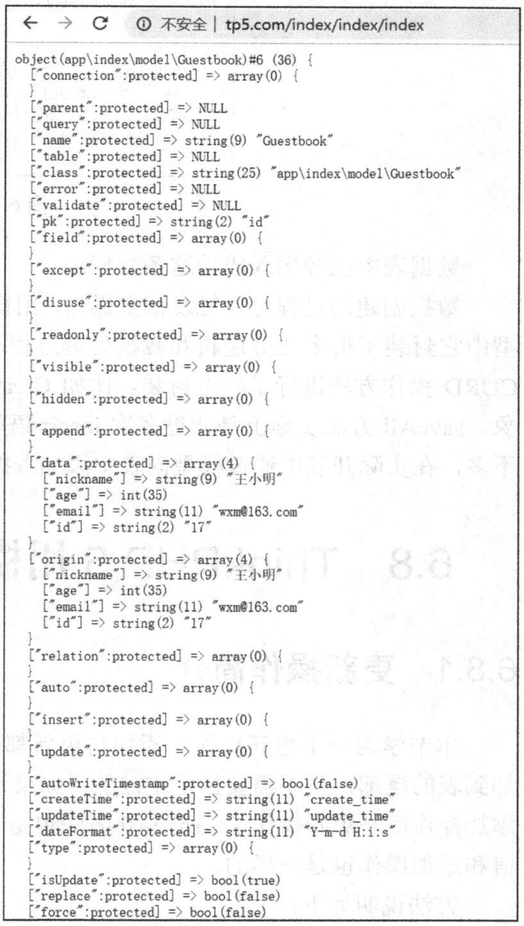

可以看到它也执行了一条插入语句（将当前数据插入表中），返回值也是一个对象。

图 6-43　测试效果

（3）查看原始数据。

数据在对象的 data 属性中，如果想简化一些，可以用 getData 方法输出原始数据。

```
<?php
namespace app\index\controller;
use app\index\model\Guestbook;
class Index
{
    public function index()
    {
        $result=Guestbook::create([
            'nickname'=>'王小明','age'=>35,'email'=>'wxm@163.com'
        ]);
        dump($result->getData());//返回值是模型对象
    }
}
```

（4）执行 tp5.com/index/index/index 访问，如图 6-44 所示。

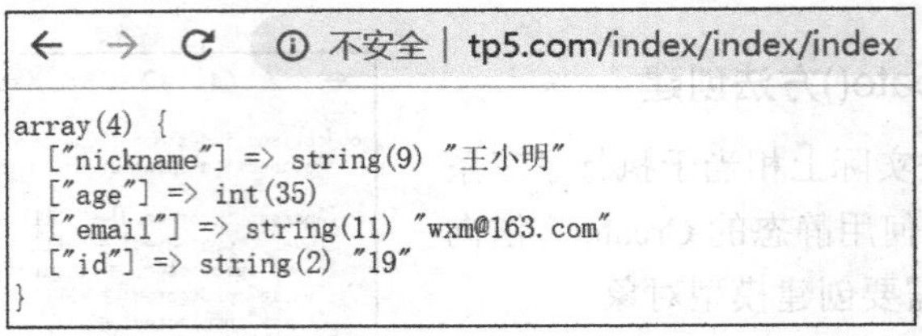
不安全 | tp5.com/index/index/index
array(4) {
["nickname"] => string(9) "王小明"
["age"] => int(35)
["email"] => string(11) "wxm@163.com"
["id"] => string(2) "19"
}

图 6-44　测试效果

数据表中已经插入成功这条数据。

数据创建的过程可以触发很多操作，用模型向表中添加数据比用 Db 类要强大很多。因为在模型中它封装了很多业务逻辑和数据处理过程。静态调用方法的实质仍然是实例化调用，它只是将 CURD 操作方法进行了静态封装。比如 Create 静态方法的底层操作实际上还是创建了一个模型对象，saveAll 方法实际上是通过多次 insert 语句来完成的。在日常开发工作中，saveAll 方法用得并不多，在实际开发中通过模型向表中添加数据，尽可能采用静态方式。

6.8　ThinkPHP 5 用模型来更新数据表中的数据

6.8.1　更新操作简介

本节学习一下更新操作。添加与更新都是写操作，最终都是将结果写到表中。添加是默认添加到表的尾部，是不需要指定主键的。如果设置了条件，比如主键，这时 save 方法执行的就不是添加操作而是更新操作了。saveAll 方法也是一样的。save 和 saveAll 方法都是实例化调用，返回的值和添加操作也是一样的。

方法说明如下：

（1）save($data=[],$where=[])：该方法是单条更新，实例化模型对象调用，返回值是影响记录的条数。

（2）saveAll($data=[],true)：批量更新，实例化模型对象调用，返回值是模型对象数组。

（3）update($data=[],where=[],$field=[])：单条更新，静态调用，返回值是模型对象。

update 是静态调用的更新方法。参数和 save 方法是一样的，但是增加了一个字段参数，可以设置允许更新的字段名称。

6.8.2　模型根据主键进行更新

下面用实例来演示一下更新操作。

更新操作有两种：一种是查询更新，先从表中根据条件读取数据到模型的对象里，然后在模型中对这些数据进行更新操作，再用 save 方法将更新后的数据写回到表中；另一种是手动更新，在更新数据中设定更新条件，通常是主键，用 save 方法更新。它是和实例化调用配合使用的。

1. 不添加更新条件添加操作

（1）实例化模型对象。

```
$guestbook =new guestbook(); //创建一个模型对象
```

（2）创建需要更新的数据，放到一个数组中。

（3）不添加更新条件的添加操作。首先不传入主键，直接用模型对象调用 save 方法，将 data 数据传进去，然后输出当前模型对象 $guestbook 的原始数据 getData。

```
$guestbook=new Guestbook();
$data=['nickname'=>'张真人','age'=>80];
$guestbook->save($data);
dump($guestbook->getData());
```

完整代码如下：

```php
<?php
namespace app\index\controller;
use app\index\model\Guestbook;
class Index
{
    public function index()
    {
        $guestbook=new Guestbook();
        $data=['nickname'=>'张真人','age'=>80];
        $guestbook->save($data);
        dump($guestbook->getData());
    }
}
```

执行 tp5.com/index/index/index 访问，如图 6-45 所示。

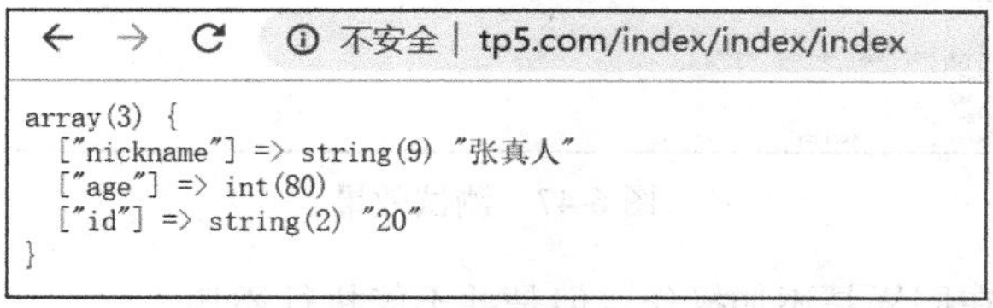

图 6-45　测试效果

查看数据表，如图 6-46 所示，结果执行的是添加操作。

图 6-46　添加数据操作

注意，在当前要更新的数据中没有传入主键的没有传入更新条件，执行的不是更新操作，而是添加操作。

（4）在 $data 数组中增加一个条件 id=20，把姓名、年龄都修改一下，再测试效果。

```
    $data=[
        'id'=>20,
        'nickname'=>'张三丰',
        'age'=>100
    ];
```

完整代码如下：

```php
<?php
namespace app\index\controller;
use app\index\model\Guestbook;
class Index
{
    public function index()
    {
        $guestbook=new Guestbook();
        $data=[
            'id'=>20,
            'nickname'=>'张三丰',
            'age'=>100
        ];
        $guestbook->save($data);
        dump($guestbook->getData());
    }
}
```

执行 tp5.com/index/index/index 访问，如图 6-47 所示。

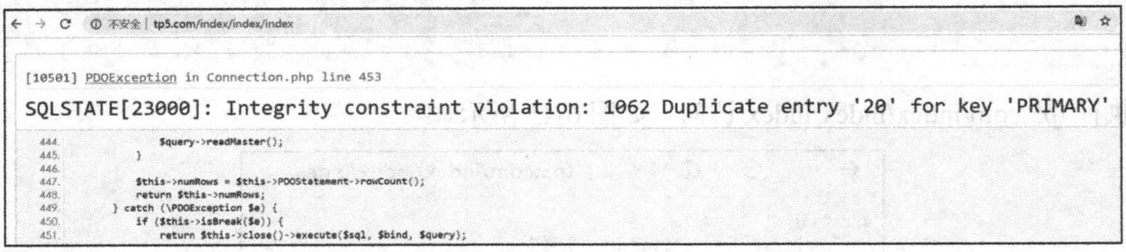

图 6-47　测试效果

执行报错，因为现在同样是添加操作，但是并不能执行添加。

2. 显式指明当前是更新操作

在 save 方法的前面显式说明这是一个更新操作，就能按照更新条件执行更新操作。在 save 方法前面插入一个新的显式操作 isupdate()，用来判断当前是不是更新操作。给它传入一个值 true，指示当前执行的就是更新操作。

代码如下：

```php
<?php
namespace app\index\controller;
use app\index\model\Guestbook;
class Index
{
    public function index()
```

```
    {
        $guestbook=new Guestbook();
        $data=[
            'id'=>18,
            'name'=>'岳不群',
            'age'=>80
        ];
        $guestbook->isUpdate(true)->save($data);
        dump($guestbook->getData());
    }
}
```

执行 tp5.com/index/index/index 访问，如图 6-48 所示。

```
array(3) {
  ["id"] => int(20)
  ["nickname"] => string(9) "张三丰"
  ["age"] => int(100)
}
```

图 6-48 测试效果

数据表中数据已经变更，如图 6-49 所示。

图 6-49 数据已经更新

3．给 save()方法传入第二个参数更新

save 方法的第二个参数是一个更新条件$where。如果传入第二个参数$where，就可以删除前面的显式条件。

如果想根据多个组件来更新数据，可以用 saveAll 方法。save()传入第二个条件，将 id=20 的"张三丰"改为"太极张三丰"：

```
<?php
namespace app\index\controller;
use app\index\model\Guestbook;
class Index
{
    public function index()
    {
        $guestbook=new Guestbook();
        $data=[
            'nickname'=>'太极张三丰',
            'age'=>108
        ];
        $where=['id'=>20];
        $guestbook->save($data,$where);
        dump($guestbook->getData());
    }
}
```

执行 tp5.com/index/index/index 访问，如图 6-50 所示。

```
array(2) {
  ["nickname"] => string(15) "太极张三丰"
  ["age"] => int(108)
}
```

图 6-50　测试效果

查看数据表中的数据已经变更。

6.8.3　使用 update 更新数据

1．saveAll()更新多条数据

要根据多个 ID 来更新数据，首先需要创建一个二维数组，然后将这个二维数组数据放在 saveAll 方法中。saveAll 方法中的第二个条件不需要，可以在前面加一个显式说明。

传入参数 true，就可以实现根据 ID 主键更新多条记录。

将 id=17、18、19 的几条信息更新：

```
<?php
namespace app\index\controller;
use app\index\model\Guestbook;
class Index
{
    public function index()
    {
        $guestbook=new Guestbook();
        $data=[
            ['id'=>17,'nickname'=>"王小明 1 号"],
            ['id'=>18,'nickname'=>"王小明 2 号"],
            ['id'=>19, 'nickname'=>"王小明 3 号"],
        ];
        $guestbook->isUpdate(true)->saveAll($data);
        dump($guestbook);
    }
}
```

执行 tp5.com/index/index/index 访问，查看数据表中的数据已经变更，如图 6-51 所示。

id	nickname	age	email	fa
1	王五	40	41800543@qq.com	
3	陈学平	40	41800543@QQ.COM	
12	网络1801		test@163.com	
6	网络1801	无	test@163.com	
7	钟南山	94	zns@163.coM	
8	李文亮	34	lwl@163.coM	
9	湖北省武汉市	无	hbs@163.coM	
13	张三		zs@163.com	
14	王五		ww@163.coM	
15	李四		ls@163.coM	
16	赵六		zl@163.coM	
17	王小明1号	35	wxm@163.com	
18	王小明2号	35	wxm@163.com	
19	王小明3号	35	wxm@163.com	

图 6-51　数据已经更新

2. update()静态调用更新数据

可以用静态更新方法 update 来更新数据。

（1）update 方法是一个静态方法，不需要模型对象，总共有三个参数：第一个参数是更新数据，第二个参数是更新条件，第三个参数是允许更新的字段。创建要更新的数据，放在一个数组里。

（2）设置更新条件 where，将 id=17 的这条数据更新一下。第三个参数是允许更新的字段 field，也是用一个数字来表示的。在数据中给出三个字段，可以在第三个参数中限制一下，比如只允许 nickname 字段和 age 字段更新，content 不允许更新，将这三个参数设置好以后，可以静态调用 update 方法。

（3）静态方法是用类 guestbook 调用 update 方法。先将更新的数据$data、更新的条件、允许更新的字段放在 update 方法中，然后将更新的结果保存到变量$result 中。用 dump 函数输出更新结果$result，并直接查看原始数据。

```
<?php
namespace app\index\controller;
use app\index\model\Guestbook;
class Index
{
    public function index()
    {
        //update(更新数据，更新条件，允许更新的字段)
        $data=['nickname'=>'王小虎','age'=>59,'content'=>'测试更新'];//更新数据
        $where=['id'=>17];//更新条件
        $fields=['nickname','age'];//允许更新的字段
        //执行更新操作
        $result=Guestbook::update($data,$where,$fields);
        dump($result->getData());
    }
}
```

（4）执行 tp5.com/index/index/index 访问，查看数据表，可以看到只有 nickname、age 字段更新，这是因为只允许更新这两个字段。在数据更新中写了三个字段，而实际返回只有两个字段，说明有一个字段没有更新，因为$fields=['nickname','age'];中限定了允许更新的字段，只允许 nickname 和 age 更新。

数据表的数据已经变更，如图 6-52 所示。

16	赵六		zl@163.coM	1	插入数据3
17	王小虎	59	wxm@163.com	1	
18	王小明2号	35	wxm@163.com	1	
19	王小明3号	35	wxm@163.com	1	

图 6-52　数据已经更新

允许的字段已经更新，而内容字段没有更新，因为没有将 content 这个字段添加到允许更新的自然列表中。

（5）把 content 添加到允许更新的字段中，再次执行一下，就会出现 content 更新值。

```
<?php
namespace app\index\controller;
```

```
use app\index\model\Guestbook;
class Index
{
    public function index()
    {
        //update(更新数据，更新条件，允许更新的字段)
        $data=['nickname'=>'王小虎','age'=>59,'content'=>'测试更新'];//更新数据
        $where=['id'=>17];//更新条件
        $fields=['nickname','age','content'];//允许更新的字段
        //执行更新操作
        $result=Guestbook::update($data,$where,$fields);
        dump($result->getData());

    }
}
```

（6）执行 tp5.com/index/index/index 访问，数据表中的数据已经变更，如图 6-53 所示。

17 王小虎	59	wxm@163.com	1	测试更新
18 王小明2号	35	wxm@163.com	1	
19 王小明3号	35	wxm@163.com	1	

图 6-53　数据已经更新

6.9　ThinkPHP 5 模型的查询操作

上一节学习了如何通过模型对数据表进行新增和更新操作。本节学习如何根据模型对数据表进行查询和删除操作。

6.9.1　ORM 模型简介

1．对象关系映射 ORM 模型

ThinkPHP 5 实现了基于 ActiveRecords 模式的 ORM 模型。

为了更加直观地操作数据表，将一个类和一个表进行绑定，或者说将一个数据表影射到一个类上，这时与表对应的类就叫作模型或者模型类，同时表中的一条记录对应着内容的一个实例化对象。

模型的数据表绑定以后，可以通过操作模型对象的方式来操作数据表。这种方式直观高效，关键是可以在类中通过创建操作方法的方式封装很多针对当前数据表的业务逻辑，实现更多高级的功能。例如，针对当前数据表的一些特殊字段创建一些修改器、读取器、检查器或者验证器等，实现数据安全可靠的写入或者读出。

2．模型对数据表的读取操作

通过模型对数据表的读取操作，主要是通过以下几个方法来实现的。根据读取的记录数量，主要有单条记录的读取（用的是 find 方法和 get 方法）和多条记录的读取（用的是 select 方法和 all

方法）。这两种方法都支持静态调用。读取多条记录时，既支持实例化调用，也支持静态调用，返回的是模型对象数组。读取方法如表 6-1 所示。

表 6-1 模型读取方法

方法	调用方式	返回值
find($where)和 get($where)	实例化/静态	模型对象
select($where)和 all($where)	实例化/静态	模型对象数组

6.9.2 利用 find 和 get 方法读取数据

首先需要创建一个模型对象：

```
$guestbook =new  Guestbook();
```

然后在模型对象中调用 find 方法，接收一个参数（查询条件）。用闭包的方式限定查询字段只输出两个字段，一个是 nickname，一个是 email；然后限定 id=3，查询结果保存到变量$result 中，并用 dump 函数输出一下查询结果。注意，查看原始信息用的是 getData()。

1．使用模型实例化调用 find()和 get()方法

查询 id=3 的信息：

```
D:\phpStudy\WWW\tp5\application\index\controller\Index.php:
<?php
namespace app\index\controller;
use app\index\model\Guestbook;
class Index
{
    public function index()
    {
        //使用模型实例化的方式调用 find(), get()
        $guestbook=new Guestbook();
        $where=function ($query)
        {
            $query->field(['nickname','email'])
                ->where('id','=',3);
        };
        $result=$guestbook->find($where);
        dump($result->getData());
    }
}
```

执行 tp5.com/index/index/index 访问，如图 6-54 所示。

```
← → C  ⓘ 不安全 | tp5.com/index/index/index
array(2) {
  ["nickname"] => string(9) "陈学平"
  ["email"] => string(15) "41800543@QQ.COM"
}
```

图 6-54　测试效果

查询结果中有一条记录符合要求。它也只能查出符合条件的一条记录。

2. 给字段取别名

```php
<?php
namespace app\index\controller;
use app\index\model\Guestbook;
class Index
{
    public function index()
    {
        //使用模型实例化的方式调用find()和get()
        $guestbook=new Guestbook();
        $where=function ($query)
        {
            $query->field(['nickname'=>'姓名','email'=>'邮件'])
                ->where('id','=',3);
        };
        $result=$guestbook->find($where);
        dump($result->getData());
    }
}
```

执行 tp5.com/index/index/index 访问，如图 6-55 所示。

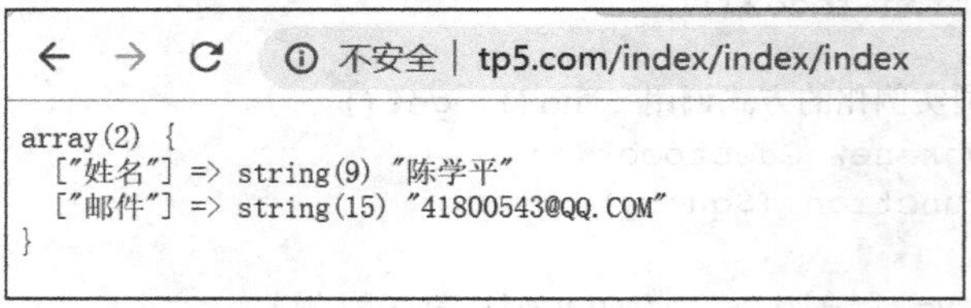

```
← → C  ⓘ 不安全 | tp5.com/index/index/index
array(2) {
  ["姓名"] => string(9) "陈学平"
  ["邮件"] => string(15) "41800543@QQ.COM"
}
```

图 6-55　测试效果

3. find()只会查询到符合条件的第一条数据

查询 id 大于 2 的数据：

```php
<?php
namespace app\index\controller;
use app\index\model\Guestbook;
class Index
{
    public function index()
    {
        //使用模型实例化的方式调用find()和get()
```

```
        $guestbook=new Guestbook();
        $where=function ($query)
        {
            $query->field(['nickname'=>'姓名','email'=>'邮件'])
                ->where("id>2");
        };
        $result=$guestbook->find($where);
        dump($result->getData());
    }
}
```

执行 tp5.com/index/index/index 访问，如图 6-56 所示。

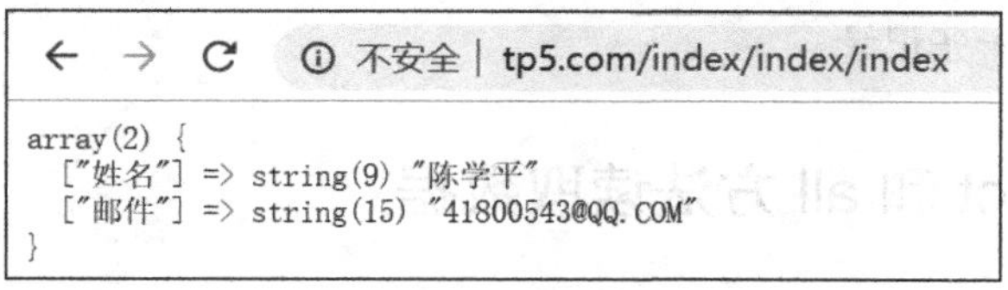

```
array(2) {
    ["姓名"] => string(9) "陈学平"
    ["邮件"] => string(15) "41800543@QQ.COM"
}
```

图 6-56　测试效果

只有 1 条记录，因为无论满足条件的记录有多少条，find 方法都只会返回满足条件的第一条记录。

查看数据表的数据，id>2 的数据很多，如图 6-57 所示。

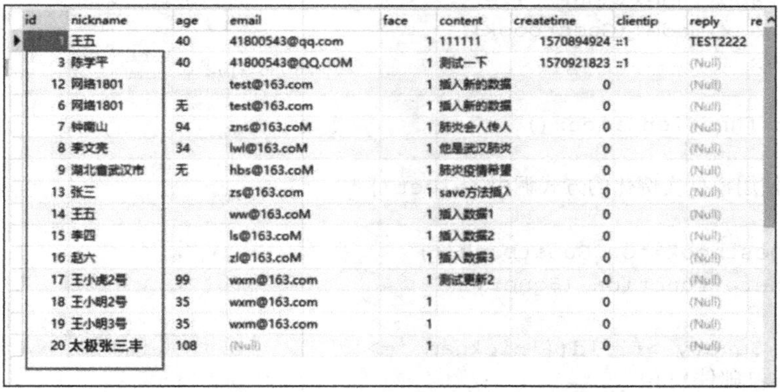

图 6-57　大于 2 的数据

4．get()方法返回满足条件的第一条数据

将 find 方法改成 get 方法，尝试能不能获取到一样的数据：

```
<?php
namespace app\index\controller;
use app\index\model\Guestbook;
class Index
{
    public function index()
    {
        //使用模型实例化的方式调用 find()和 get()
        $guestbook=new Guestbook();
```

```
            $where=function ($query)
            {
                $query->field(['nickname'=>'姓名','email'=>'工资'])
                    ->where("id>2");
            };
            $result=$guestbook->get($where);       //注意这里的代码
            dump($result->getData());
        }
    }
```

执行 tp5.com/index/index/index 访问，交果与图 6-56 一样。

测试结果正常，说明 get 方法已经运行。注意，find 和 get 方法都可以用模型对象来进行调用，都是返回满足条件的第一条记录。

6.9.3 利用 select 和 all 方法读取数据

select 方法和 all 方法可以获取多条满足条件的记录。

将 get 改成 select，就会输出一个结果集。

1. select()方法

```
<?php
namespace app\index\controller;
use app\index\model\Guestbook;
class Index
{
    public function index()
    {
        //使用模型实例化的方式调用 select()
和 all()
        $guestbook=new Guestbook();
        $where=function ($query)
        {
            $query->field(['nickname'=>'姓名','email'=>'邮件'])
                ->where("id>2");
        };
        $result=$guestbook->select($where);
        dump($result);//select()不能使用
getData()，因为返回的是结果集，会报错
    }
}
```

执行 tp5.com/index/index/index 访问，如图 6-58 所示。

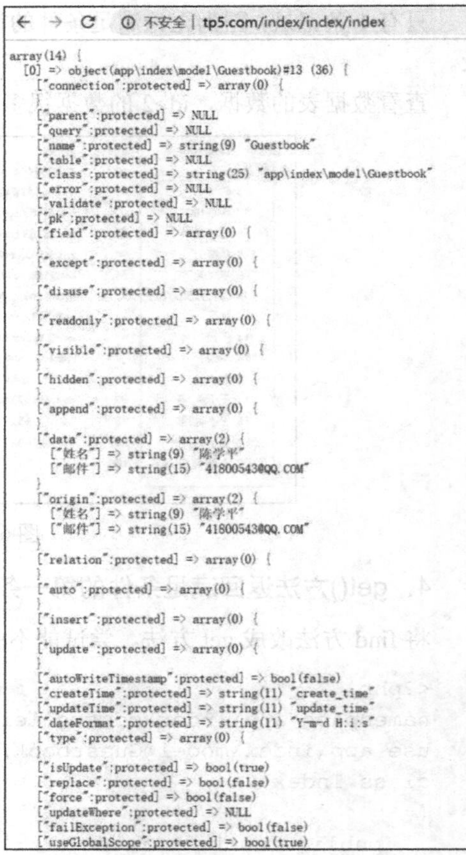

图 6-58　测试效果

2. 使用 foreach 遍历数据

```
<?php
```

```
namespace app\index\controller;
use app\index\model\Guestbook;
class Index
{
    public function index()
    {
        //使用模型实例化的方式调用 select()和 all()
        $guestbook=new Guestbook();
        $where=function ($query)
        {
            $query->field(['nickname'=>'姓名','email'=>'邮件'])
                ->where("email>8000");
        };
        $result=$guestbook->select($where);
        //使用 foreach 遍历数据
        foreach ($result as $value)//给变量$result 一个别名$value
        {
            dump($value);
        }
    }
}
```

执行 tp5.com/index/index/index 访问,与图 6-58 一样。
输出的是对象,data 中有原始数据。

3. 查看原始数据

```
<?php
namespace app\index\controller;
use app\index\model\Guestbook;
class Index
{
    public function index()
    {
        //使用模型实例化的方式调用 select()和 all()
        $guestbook=new Guestbook();
        $where=function ($query)
        {
            $query->field(['nickname'=>'姓名','email'=>'邮件'])
                ->where("id>2");
        };
        $result=$guestbook->select($where);
        //使用 foreach 遍历数据
        foreach ($result as $value)
        {
            dump($value->getData());
        }
    }
}
```

执行 tp5.com/index/index/index 访问,如图 6-59 所示。

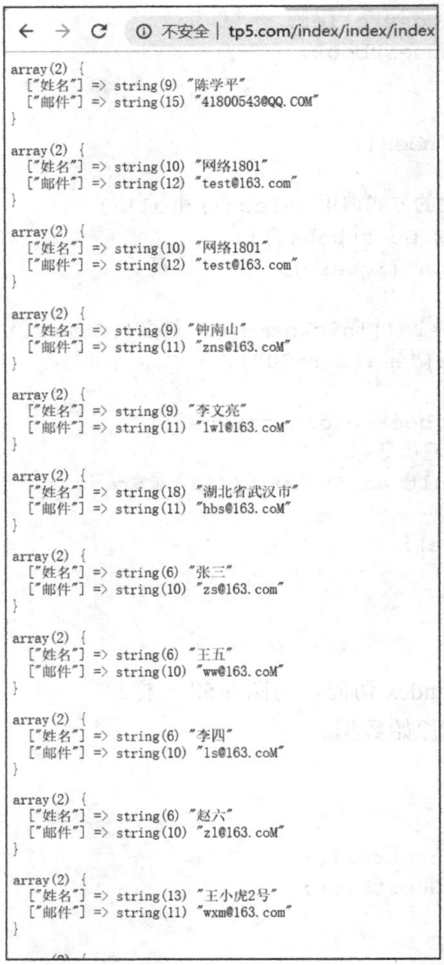

图 6-59 测试效果

4. all()方法

将数据查询方法修改成 all 方法，其他的代码不修改。

```
$result=$guestbook->all($where);
<?php
namespace app\index\controller;
use app\index\model\Guestbook;
class Index
{
    public function index()
    {
        //使用模型实例化的方式调用 select()和 all()
        $guestbook=new Guestbook();
        $where=function ($query)
        {
            $query->field(['nickname'=>'姓名','email'=>'邮件'])
                ->where("id>2");
```

```
    };
    $result=$guestbook->all($where);
    //使用foreach遍历数据
    foreach ($result as $value)
    {
        dump($value->getData());
    }
    }
}
```

执行 tp5.com/index/index/index 访问，效果与图 6-59 一样。

5．格式化输入数据

除了用 dump()函数直接将结果输出以外，还可以以对象访问的方式来格式化输出的结果。

（1）下面简单格式化一下输出的内容。首先拿到键名，作为记录的序号，不用 dump()函数，直接采用 echo。echo 首先输出记录的编号（$key），然后是姓名（$value->nickname）、邮件（$value->email）。

（2）用对象的方式直接访问。每条记录之间加一个换行
。它的序号是从零开始的，给$key 加上 1，从 1 开始排序。

（3）取消字段别名显示，将

```
$query->field(['nickname'=>'姓名','email'=>'邮件'])
```

修改为：

```
    $query->field(['nickname','email'])
```

整体代码如下：

```
<?php
namespace app\index\controller;
use app\index\model\Guestbook;
class Index
{
    public function index()
    {
        //使用模型实例化的方式调用select()和all()
        $guestbook=new Guestbook();
        $where=function ($query)
        {
            $query->field(['nickname','email'])
                ->where("id>2");
        };
        $result=$guestbook->all($where);
        //使用foreach遍历数据
        foreach ($result as $key=>$value)
        {
            echo "第".($key+1)."条记录:姓名是".$value->nickname.",邮件是".$value->email."<br>";
        }
```

```
    }
}
```

执行 tp5.com/index/index/index 访问，如图 6-60 所示。

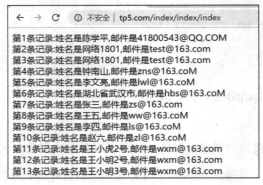

图 6-60　测试效果

测试结果显示，表中查询的数据以格式化输出，在实际开发中非常实用。

6.10　ThinkPHP 5 模型的删除操作

删除操作主要涉及两个方法：第一个是 delete()方法，主要用于实例化调用，根据查询结果从表中删除满足条件的记录；第二个是 destroy()方法，静态调用，参数是删除条件，支持闭包。和 db 类的 delete 方法不一样，db 类的删除操作是不支持闭包的，这点需要注意一下。

本节主要介绍 delete()方法，destroy()方法不做介绍，下面用实例来演示 delete 方法的使用。

（1）从表中获取一条数据，查询 id>17 的数据，并将查询结果保存到变量$result 中。

查看数据表的数据，如图 6-61 所示。

id	nickname	age	email	face	content	createtime	clientip
1	王五	40	41800543@qq.com	1	111111	1570894924	::1
3	陈学平	40	41800543@QQ.COM	1	测试一下	1570921823	::1
12	网络1801		test@163.com	1	插入新的数据	0	
6	网络1801	无	test@163.com	1	插入新的数据	0	
7	钟南山	94	zns@163.coM	1	肺炎会人传人	0	
8	李文亮	34	lwl@163.coM	1	他是武汉肺炎	0	
9	湖北省武汉市	无	hbs@163.coM	1	肺炎疫情希望	0	
13	张三		zs@163.com	1	save方法插入	0	
14	王五		ww@163.coM	1	插入数据1	0	
15	李四		ls@163.coM	1	插入数据2	0	
16	赵六		zl@163.coM	1	插入数据3	0	
17	王小虎2号	99	wxm@163.com	1	测试更新2	0	
18	王小明2号	35	wxm@163.com	1		0	
19	王小明3号	35	wxm@163.com	1		0	
20	太极张三丰	108	(Null)	1		0	

图 6-61　数据库的数据

id 大于 17 的数据有三条，用 get 方法只会返回一条。

（2）用 get 方法查询出数据，并打印原始数据。

```
<?php
namespace app\index\controller;
use app\index\model\Guestbook;
class Index
{
   public function index()
   {
      $result=Guestbook::get(['id'=>['>',17]]);
      dump($result->getData());
   }
}
```

执行 tp5.com/index/index/index 访问，如图 6-62 所示。

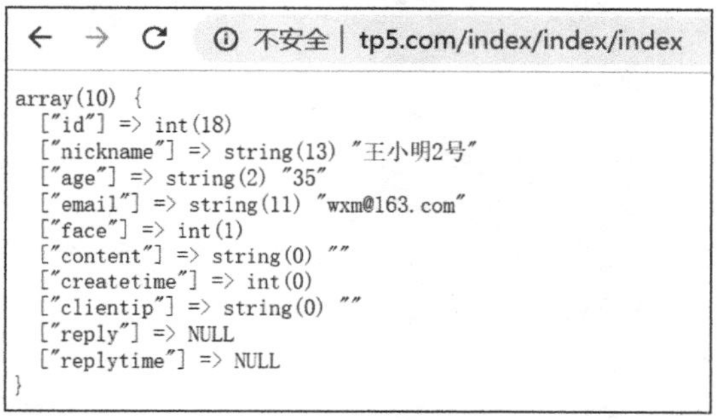
不安全 | tp5.com/index/index/index
array(10) {
["id"] => int(18)
["nickname"] => string(13) "王小明2号"
["age"] => string(2) "35"
["email"] => string(11) "wxm@163.com"
["face"] => int(1)
["content"] => string(0) ""
["createtime"] => int(0)
["clientip"] => string(0) ""
["reply"] => NULL
["replytime"] => NULL
}

图 6-62　测试效果

（3）删除“王小明 2 号”。下面用模型对象直接调用 delete 方法。当执行 delete 方法的时候，应该删除一条，将 delete 方法的结果保存在变量中，然后输出这个变量。

```
$result=$result->delete();
      dump($result);//取消 getData
<?php
namespace app\index\controller;
use app\index\model\Guestbook;
class Index
{
   public function index()
   {
      $result=Guestbook::get(['id'=>['>',17]]);
      $result=$result->delete();
      dump($result);
   }
}
```

执行 tp5.com/index/index/index 访问，查看数据表，王小明 2 号被删除，如图 6-63 所示。

16	赵六		zl@163.coM		1	插入数据3
17	王小虎2号	99	wxm@163.com		1	测试更新2
19	王小明3号	35	wxm@163.com		1	测试更新2
20	太极张三丰	108	wxm@163.com		1	

图 6-63　删除了数据

注意，delete()只能删除一条记录，且 delete()方法不允许有参数。

模型的 CURD 操作是日常开发中最常用的操作，delete 操作 DB 类的方法，不允许传入任何参数，只删除当前模型对应的记录。destroy 方法的删除条件推荐采用闭包的方式。对于删除操作，推荐采用软删除的方式来代替 delete 和 destroy 方法，借用更新的方式来实现删除操作。

第 7 章

ThinkPHP 5 视图

本章技术要点：
- ThinkPHP 5 视图实例化方法
- ThinkPHP 5 模板变量赋值方法
- ThinkPHP 5 模板的渲染方法
- ThinkPHP 5 模板内容替换
- ThinkPHP 5 模板自定义变量输出
- ThinkPHP 5 模板中系统变量输出
- ThinkPHP 5 模板中请求变量的输出
- ThinkPHP 5 模板默认值与运算符
- ThinkPHP 5 模板布局
- ThinkPHP 5 模板继承
- ThinkPHP 5 循环标签输出大量数据
- ThinkPHP 5 比较标签
- ThinkPHP 5 条件判断标签

7.1 ThinkPHP 5 视图实例化方法

在控制器中使用视图来调用模板有三种方法：第一是实例化视图类的规范模式，第二是基类继承的经典模式，第三是助手函数的快捷模式。

7.1.1 直接实例化视图类简介

1. 视图类位置

视图类位置为 D:\phpStudy\WWW\tp5\thinkphp\library\think\View.php。

2. 视图类命名空间

视图类的命名空间和前面介绍的控制器类和模型类的命名空间是一样的，都是 think。

```
Use think\View;
```

3. 实例化视图类方法

实例化视图类有两种方法：
一种是直接用传统的创建对象的方式（用 new 关键字）直接创建视图对象：

```
new View();
```

另一种用视图类封装好一个静态方法（称为 instance 调用静态方法）：

```
View::instance();
```

4. 调用视图的方法

创建视图对象的目的主要是调用里面的方法，常用的主要有下面几种：

（1）fetch 方法，是用来渲染模板的，需要一个模板文件。

```
fetch()      //渲染模板
```

（2）display 方法，可以不创建模板文件，直接渲染内容。

```
Display()    //渲染内容
```

（3）assign 方法，给当前操作对应的模板文件创建变量，并赋值。

```
assign()     //模板赋值
```

7.1.2 动态创建和静态创建视图类

1. 动态创建实例化视图类

在默认控制器中以默认方法 index 来进行演示。

（1）导入视图类的命名空间 use think\view。

（2）动态创建非常简单，直接用 new 关键字加上 view 类。创建好之后，把这个视图对象放到一个变量（view）里。

```
//动态创建
    $view=new View();
```

（3）创建视图对象以后，调用 assign 方法，给模板创建一个变量（domain，用来保存网站的域名），并且赋一个值。

```
//模板赋值
        $view->assign('domain','www.cqcet.edu.cn');
```

（4）将模板渲染输出，同样也是用视图对象来进行调用（调用 fetch 方法就可以）。在默认控制器（地址为 D:\phpStudy\WWW\tp5\application\index\controller\Index.php）中创建视图类，并调用视图文件：

```
<?php
namespace app\index\controller;
use think\View;
class Index
{
    public function index()
    {
        //动态创建
        $view=new View();
        //模板赋值
        $view->assign('domain','www.cqcet.edu.cn');
        //渲染模板
        return $view->fetch();
    }
}
```

（5）为操作创建一个模板（index.html），如果没有给 fetch 方法传入任何参数，系统会按照默认的规则来进行查找。

当前模块 index 默认的视图目录为 view，在这个视图目录下面，每一个文件夹都对应着一个控制器，当前控制器是 index，所以它对应的文件夹就是 index。控制器中有很多方法（或者叫操作），每个操作又对应着一个模板。当前演示操作放到 index 方法中，所以对应的模板为 index.html（html 是模板默认的后缀）。

控制器和视图文件的对应关系如图 7-1 所示。

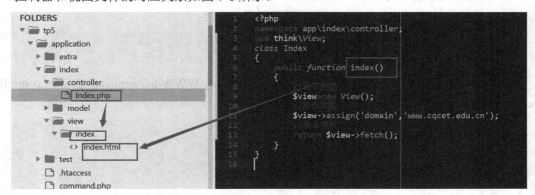

图 7-1 控制器和视图文件的对应关系

创建 index.html 模板，如图 7-2 所示。

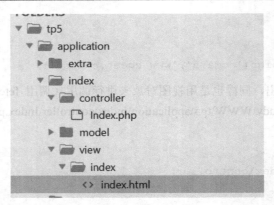

图 7-2　创建模板文件

在这个模板建中输出刚才创建的模板变量 domain，代码如下：

```
<p>网站域名:<span style="color:red">{$domain}</span></p>  //输出红色字体
```

其中，变量名以$开始，然后是在控制器中赋予的标识符名称 domain，并且还要添加一个开始标记和结束标记（也叫定界符号，默认是{}）。

（6）执行 tp5.com/index/index/index/访问，如图 7-3 所示。

图 7-3　输出视图文件内容

在浏览器中访问这个 index 操作，它会输出网站的域名 www.cqcet.edu.cn（模板变量 domain 的值）。

2．视图类调用静态方法创建

（1）静态方法创建非常简单，只要修改一条语句就可以：直接调用类，然后以静态的方式调用 instance()方法。静态方法可以返回一个当前视图类的实例。

```
//静态创建
    $view=View::instance();
```

将当前视图对象放到$view 中，地址为 D:\phpStudy\WWW\tp5\application\index\controller\Index.php：

```
<?php
namespace app\index\controller;
use think\View;
class Index
{
    public function index()
    {
        //静态创建
        $view=View::instance();
        //模板赋值
```

```
        $view->assign('domain','www.cqcet.edu.cn');//视图对象的assign方法
        //渲染模板
        return $view->fetch();
    }
}
```

（2）执行 tp5.com/index/index/index/访问，如图 7-4 所示。

图 7-4 输出视图文件内容

7.1.3 继承控制器 controller 基类创建视图对象

1．控制器类位置
控制器类的位置是 D:\phpStudy\WWW\tp5\thinkphp\library\think\ Controller.php。

2．命名空间
控制器的命名空间和前面介绍的控制器类和模型类的命名空间是一样，都是 think。

```
Use think\Controller;
```

3．实例化视图类方法
在 controller 类里面有一个 view 属性，保存视图类的实例，可以直接用$this->view 的方式来访问 view 类中所有的属性和方法。

4．调用视图的方法
创建视图对象的目的主要是调用里面的方法，和直接实例化视图一样，常用方法主要有 fetch、display、assign 和 engine 方法。

（1）fetch 方法是用来渲染模板的，需要一个模板文件。

```
$this->fetch()渲染模板
```

（2）display 方法可以不创建模板文件，直接渲染内容。

```
$this->Display()    //渲染内容
```

（3）assign 方法给当前操作对应的模板文件创建变量并赋值。

```
$this->assign()     //模板赋值
```

（4）engine 方法用于进行模板引擎的设置。

```
<?php
namespace app\index\controller;
use think\Controller;
class Index extends Controller
{
```

```php
    public function index()
    {
    // 切换到原生 PHP 渲染模板输出
Return $this->engine('php')->fetch();
    }
}
```

engine 方法如果使用字符串表示模板引擎的名称,然后使用默认参数,也可以传入模板引擎的参数数组,例如:

```php
<?php
namespace app\index\controller;
use think\Controller;

class Index extends Controller
{
    public function index()
    {
    // 切换到原生 PHP 渲染模板输出
        return $this->engine([
 'type' => 'php', // 模板后缀
 'view_suffix'=>'php',          // 模板文件名分隔符
'view_depr' => DS,])->fetch();
    }
}
```

视图类提供了一个 public 类型的 engine 属性,可以直接操作模板引擎实例,用来调用模板引擎的其他方法:

```php
<?php
namespace app\index\controller;
use think\Controller;
class Index extends Controller
{
    public function index()
    {
// 调用模板引擎的布局方法
$this->view->engine->layout('layout_name');
// 渲染模板输出
return $this->fetch();
    }
}
```

这几个方法非常常用,直接被封装到 controller 类里面,这样就可以绕过视图对象直接用$this 访问了。

5. 调用控制器基类输出视图文件

(1)在默认的控制器中,不再使用这个视图类,而是直接以继承控制器类的方式来创建视图对象。

```php
class Index extends \think\Controller
```

因为在控制器中已经为用户封装好一个视图对象，所以就不用创建了。

（2）直接用$this 访问一个属性 view 保存视图对象，然后访问视图类中的 assign 方法来给模板进行赋值。

给模板赋一个变量 siteNickname，值为"重庆电子工程职业学院"。注意：$view 的值就是视图对象。

```
//模板赋值
        $this->view->assign('siteNickname','重庆电子工程职业学院');
```

（3）直接渲染模板。渲染模板可以直接用$this，然后调用视图对象，再访问 fetch 方法，进行实例化。

```
//渲染模板
        return $this->view->fetch();
```

（4）创建一个变量 domain。

```
$this->view->assign('domain','www.cqcet.edu.cn');
```

默认的控制器（地址为 D:\phpStudy\WWW\tp5\application\index\controller\Index.php）代码如下：

```
<?php
namespace app\index\controller;
class Index extends \think\Controller
{
    public function index()
    {
        //$this->view:视图对象
        //模板赋值
        $this->view->assign('siteNickname','重庆电子工程职业学院');
        $this->view->assign('domain','www.cqcet.edu.cn');
        //渲染模板
        return $this->view->fetch();
    }
}
```

（5）创建模板文件（地址为 D:\phpStudy\WWW\tp5\application\index\view\index\index.html），并编写代码。

```
<p>网站名称:<span style="color:red">{$siteNickname}</span></p>
<p>网站域名:<span style="color:red">{$domain}</span></p>
```

（6）执行 tp5.com/index/index/index/访问，如图 7-5 所示。

图 7-5 输出视图文件内容

6. 简化代码

输出是用$this，在$this 后面跟一个视图对象 view，然后用视图对象 view 来访问里面的 assign 方法和 fetch 方法。

由于这些方法非常常用，系统已经把这些方法直接封装到控制器类里面，因此不需要 view 属性作为一个中间对象来调用，可以简化代码。

```
//模板赋值
    $this->assign('siteNickname','重庆电子工程职业学院');
    $this->assign('domain','www.cqcet.edu.cn');
//渲染模板
    return $this->fetch();
```

默认控制器代码如下：

```php
<?php
namespace app\index\controller;
class Index extends \think\Controller
{
    public function index()
    {
        //$this->view:视图对象
        //模板赋值
        $this->assign('siteNickname','重庆电子工程职业学院');
        $this->assign('domain','www.cqcet.edu.cn');
        //渲染模板
        return $this->fetch();
    }
}
```

执行 tp5.com/index/index/index/访问，如图 7-6 所示。

图 7-6　输出视图文件内容

输出是正常的，所以大家可以直接用这种方法去掉 view，除非是直接调用当前控制器中没有封装的视图方法，一般用不到 view 属性。

7.2　ThinkPHP 5 模板变量赋值方法

本节学习一下模板赋值的五种方法。

7.2.1 assign()方法

assign 方法既可以用视图类，也可以用控制器类。

（1）单独赋值，将一组名值对作为参数传递给 assign 方法。例如：

```
$this->assign('siteNickname','重庆电子工程职业学院');
```

（2）批量赋值，将要传递给模板的变量打包到一个数组中，然后将这个数组作为参数传递给 assign 方法。

```
$this->assign([
        'nickname'=>'陈学平',
 'kecheng'=>'php'
                    ]);
```

（3）单独赋值，由于继承了 controller，直接用$this 的 assign 方法。第一个参数是模板的变量，创建一个变量 siteNickname，赋值'重庆电子工程职业学院'。再通过批量赋值的方式创建两个模板变量。

（4）用 fetch 方法，将模板渲染输出，代码（地址为 D:\phpStudy\WWW\tp5\application\index\controller\Index.php）如下：

```
<?php
namespace app\index\controller;
class Index extends \think\Controller
{
    public function index()
    {
       //1.单独赋值
       $this->assign('siteNickname','重庆电子工程职业学院');
       //2.批量赋值
       $this->assign([
          'nickname'=>'陈学平',
          'kecheng'=>'php'
       ]);
       //3.渲染模板
       return $this->fetch();
    }
}
```

（5）在视图文件 index.html（地址为 D:\phpStudy\WWW\tp5\application\index\view\index\index.html）中调用控制器文件中的变量：

```
<p>网站名称:<span style="color:red">{$siteNickname}</span></p>
<p>我的名字:<span style="color:red">{$nickname}</span></p>
<p>我学习的课程:<span style="color:red">{$kecheng}</span></p>
```

（6）执行 tp5.com/index/index/index/访问，如图 7-7 所示。

```
                ← → C  ① 不安全 | tp5.com/index/index/index/
                网站名称:重庆电子工程职业学院
                我的名字:陈学平
                我学习的课程:php
```

图 7-7　输出视图文件内容

这就完成了通过 assign 方法向模板中输出变量的过程。

7.2.2　通过 fetch()或者 display()方法传参给模板赋值

1．fetch()或者 display()方法介绍

fetch()和 display()是有区别的，fetch()方法需要一个模板文件， display()是不需要的。fetch()方法的第一个参数是模板文件。display()的第一个参数是要输出的内容，第二个参数就是模板变量数组。

fetch()语法如下：

```
$this->fetch('模板文件',['变量名1'=>'值1', '变量名2'=>'值2'……])
```

例如：

```
return $this->fetch('index',['name'=>'陈学平', 'age'=>50])
```

display 语法如下：

```
$this->display('内容',['变量名1'=>'值1','变量名2'=>'值2'……])
```

例如：

```
return $this->display('姓名：{$name}年龄:{$age}',[
' name' => '陈学平',
'age'=>50
])
```

2．fetch()方法

修改一下 fetch()方法，第一个参数是要渲染的模板文件，第二个参数是需要传递给的模板变量数组。我们把这个数组复制一下放到这里，就可以将它注释掉了。

给 fetch()传递参数（地址为 D:\phpStudy\WWW\tp5\application\index\controller\Index.php）的代码如下：

```
<?php
namespace app\index\controller;
class Index extends \think\Controller
{
    public function index()
    {
        //单独赋值
        $this->assign('siteNickname','重庆电子工程职业学院');
```

```
    //渲染模板
    return $this->fetch('index',[
        'nickname'=>'陈学平',
        'kecheng'=>'php'
    ]);
    }
}
```

执行 tp5.com/index/index/index/ 访问，通过给 fetch 方法传递参数的方式一样可以为模板变量赋值，如图 7-8 所示。

图 7-8　输出视图文件内容

3. display 方法

display 方法的第一个参数不是模板，而是要渲染的内容，比如姓名所对应的变量是 $nickname、课程所对应的变量是 $kecheng，第二个参数仍然是一个变量数组。

默认控制器的代码：

```
display()
D:\phpStudy\WWW\tp5\application\index\controller\Index.php:
<?php
namespace app\index\controller;
class Index extends \think\Controller
{
    public function index()
    {
        //1.单独赋值
        $this->assign('siteNickname','重庆电子工程职业学院');
        return $this->display('姓名：{$nickname},学习的课程：{$kecheng}',[
            'nickname'=>'陈学平',
            'kecheng'=>'php'
        ]);
    }
}
```

视图文件中的代码如下：

```
D:\phpStudy\WWW\tp5\application\index\view\index\index.html:
<p>网站名称：<span style="color:red">{$siteNickname}</span></p>
<p>我的名字：<span style="color:red">{$nickname}</span></p>
<p>我学习的课程：<span style="color:red">{$kecheng}</span></p>
```

执行 tp5.com/index/index/index/ 访问，如图 7-9 所示。

姓名：陈学平,学习的课程：php

图 7-9　输出视图文件内容

现在通过给 display 方法传参的方式完成了给模板变量赋值，在视图文件中没有调用控制器的变量。

7.2.3　用助手函数 view 给模板赋值

1. 方法说明

助手函数既不依赖于控制器，也不依赖于视图类，可以随时调用，跟 share()方法非常像，既可以单独赋值，也可以批量赋值（传递数组参数）。

单独赋值的语法如下：

```
view($name,$value);
```

批量赋值的语法如下：

```
view(['键1'=>'值1','键2'=>'值2'])
```

2. 实例

下面用实例来说明一下。

（1）默认控制器的代码如下：

```
return view('index',[
    'nickname'=>'陈学平',
    'kecheng'=>'web 前端',
    'siteNickname'=>'重庆电子工程职业学院'
]);
```

第一个参数是模板名称，第二个参数是需要传递给模板的变量。比如说第一个变量叫nickname；第二个变量 kecheng，即"Web 前端"，第三个变量是 siteNickname，表示网站的名称。

```
<?php
namespace app\index\controller;
class Index
{
    public function index()
    {
        return view('index',[
            'nickname'=>'陈学平',
            'kecheng'=>'web 前端',
            'siteNickname'=>'重庆电子工程职业学院'
        ]);
    }
}
```

（2）模板文件代码不变。

```
<p>网站名称:<span style="color:red">{$siteNickname}</span></p>
<p>我的名字:<span style="color:red">{$nickname}</span></p>
<p>我学习的课程:<span style="color:red">{$kecheng}</span></p>
D:\phpStudy\WWW\tp5\application\index\controller\Index.php:
```

（3）执行 tp5.com/index/index/index/访问，如图 7-10 所示。

图 7-10　输出视图文件内容

向模板赋值，有多种方式：推荐继承控制器类 controller，使用 assign 方法；传参赋值也是一个不错的选择；不推荐使用助手函数 view。

7.3　ThinkPHP 5 模板的渲染方法

7.3.1　视图渲染简介

本小节学习一下视图渲染的方法，主要是采用 fetch 方法。

1．fetch 方法

fetch 方法最重要的参数主要有两个：第一个是模板文件，第二个是传递给模板文件的模板变量数组。

2．模板文件的位置

模板文件的定位规则是，如果当前的默认模块下面的默认视图目录没有修改，就应该是 view，然后是当前控制器下面的当前操作，扩展名默认是 html。

控制器和模板文件的对应关系如图 7-11 所示。

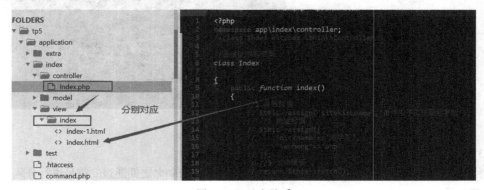

图 7-11　对应关系

3. 模板文件的基本语法

模板文件的基本语法主要有四种方式：

（1）不带任何参数调用

这种方式是最简单的，不传递任何参数，框架会根据默认的定位规则在默认的视图目录下面寻找与当前控制器同名的目录，然后在该目录下面寻找与操作同名的模板文件，例如$this->fetch()。调用模板文件，如图 7-12 所示。

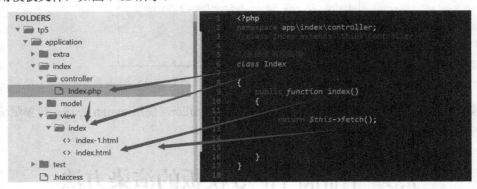

图 7-12　不带参数调用

（2）控制器/操作

这种方式可以实现跨控制器调用，也就是说在当前的模板文件前面添加一个控制器的目录就可以。例如：

```
$this->fetch('user/index');
```

这是调用同一个模块下面另一个控制器 user 对应的目录 user 下面的 index 模板文件，如图 7-13 所示。

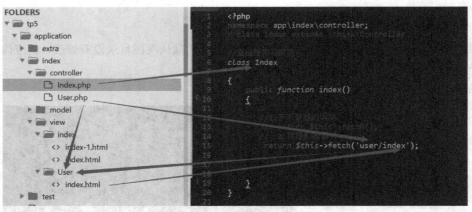

图 7-13　跨控制器调用

（3）跨模块调用

这种方式在控制器目录前面添加一个模块名，模块名和控制名之间通过@符号进行分隔。例如：

```
$this->fetch('admin@user/index');
```

（4）完整的模板文件名

例如：

```
$this->fetch('/public/tpl/user/index.index.html');//绝对地址访问
```

4．进行视图渲染的注意事项

（1）模板文件可以不依赖于任何控制器的操作而独立存在，比如 fetch 目录模板文件，目录和模板文件就可以不对应任何控制器和操作。

（2）渲染模板的时候，可以同时给模板传入变量。

```
<p>网站名称:<span style="color:red">{$siteNickname}</span></p>
```

（3）可以直接读取视图根目录 view 下面的模板，在 5.0.4 版本以后是支持的。

（4）可以直接访问应用入口目录 public 下面的模板，这在之前也是不支持的。注意：当访问 public 下面的模板时，前面一定要用一个点.开头，后面是一个正斜线/，这个模板文件必须添加后缀才可以访问。

（5）注意事项：只要访问的模板不是在视图（view）目录下，就必须要采用完整的模板文件名来访问，也就是说只要这个模板文件不在 view 目录下面，就要给这个模板文件添加后缀（比如.html）来进行访问。

7.3.2　不带参数访问模板视图文件

下面用默认控制器的默认方法来进行演示。

（1）当前的默认控制器是 index，里面的默认方法是 index。当前控制器继承了 controller，直接用$this 访问 fetch()方法就可以了。

默认控制器（地址为 D:\phpStudy\WWW\tp5\application\index\controller\Index.php）代码如下：

```php
<?php
namespace app\index\controller;
class Index extends \think\Controller
{
    public function index()
    {
        //直接渲染模板输出
        return $this->fetch();
    }
}
```

> **注　意**
>
> 当前的 fetch()方法里面没有传入任何参数，它所对应的模板系统的默认规则是在当前的默认模块 index 下面的视图目录是 view（默认的），在 view 下面寻找与当前控制器（index）同名的一个目录，所以找到 index 目录，在这个目录下面再查找是否有与当前操作方法同名的模板文件。

控制器和模板文件对应的关系如图 7-14 所示。

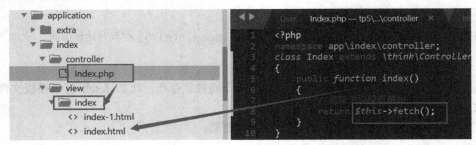

图 7-14　对应关系

（2）当前的操作是 index，在 view 下面的 index 目录下面有一个 index.html 文件，这个文件就是该操作所对应的模板文件。在 D:\phpStudy\WWW\tp5\application\index\view\index\index.html 中编写代码：

```
<p>我是默认控制器 Index 控制器中的 index 操作对应的模板文件</p>
```

（3）执行 tp5.com/index/index/index/ 访问，如图 7-15 所示。

图 7-15　输出视图文件内容

7.4　ThinkPHP 5 模板内容替换

本节学习模板的输出替换功能。

7.4.1　模板替换简介

1. 替换内容

在框架中预定义五个可以替换的常量：

- __ROOT__：对应目录是/。
- __URL__：对应目录是 module/controller。
- __STATIC__：对应目录是/public/static/。
- __CSS__：对应目录是/static/css。
- __JS__：对应目录是/static/js。

其中，ROOT 对应项目的根目录是应用入口；URL 是当前访问地址；STATIC 对应的是当前应用所使用的静态资源目录；CSS 和 JS 是要应用到的资源文件，所对应的目录是 STATIC 下面的 CSS 目录和 JS 目录，由用户自己创建。

这五个预定义常量是在视图类中进行预定义的，地址为 View.php:D:\phpStudy\WWW\tp5\thinkphp\library\think\View.php。找到视图类，在 library\think\view.php 中可以看到一个替换字符串，如图 7-16 所示。

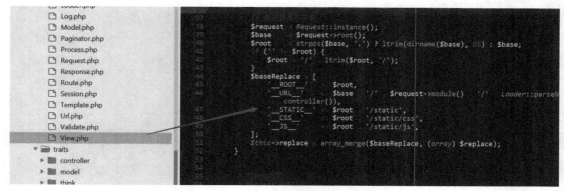

图 7-16　替换字符串

2．替换方式

对于模板中的内容替换，有以下两种方式。

（1）单独替换。通过 fetch()方法或者助手函数 view()对当前模板中的字符串进行替换。

```
return $this->fetch('index',[],['__PUBLIC__'=>'/public/']);
return view('index',[],['__PUBLIC__'=>'/public/']);
```

对于 return $this->fetch，第一个参数是模板的名称，采用默认规则的话可以为空；第二个参数是模板变量数组，没有就写一个空数组，但是不允许不写；第三个参数是需要替换的字符串数组。采用助手函数，它里面的参数是一样的。

（2）全局替换。可以通过在应用配置文件 config.php 中添加一个 view_replace_str 配置项来进行全局替换，这样所有的模板就都可以用了。

```
'view_replace_str'=>[
'__PUBLIC__'=>'/public/',
'__ROOT__'=>'/',
],
```

7.4.2　简单替换和批量替换

1．简单替换

（1）在控制器中创建一个需要替换的字符串。

```
return $this->fetch('',[],[
        'www.cqcet.edu.cn'=>'重庆电子工程职业学院'
    ]);
```

采用默认规则，第一个参数应该是模板名称 index，默认就是 index，可以不写；第二个参数是模板变量，当前没有变量，就写一个空的，但是不能不写；第三个参数是需要替换的字符串。

默认控制器（地址为 D:\phpStudy\WWW\tp5\application\index\controller\Index.php）代码如下：

```php
<?php
namespace app\index\controller;
class Index extends \think\Controller
{
    public function index()
    {
        //使用$this->fetch()替换
        //第一个参数：模板文件
        //第二个参数：模板变量（不能不写，没有就为空数组）
        //第三个参数：替换的规则
        return $this->fetch('',[],[
            'www.cqcet.edu.cn'=>'重庆电子工程职业学院'
        ]);
    }
}
```

（2）建立一个模板文件，如图 7-17 所示。

图 7-17　建立模板文件

在 D:\phpStudy\WWW\tp5\application\index\view\index\index.html 中编写代码：

```
<p>我是 Index 控制器 index 操作的模板文件</p>
<p>www.cqcet.edu.cn</p>
```

（3）执行 tp5.com/index/index/index/ 访问，如图 7-18 所示。

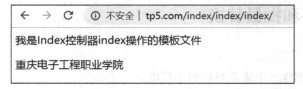

图 7-18　输出替换内容

这样的简单文字替换并不是它的主要用途，主要用途还是对一些静态资源的替换。

2. 用 fetch 实现静态资源的替换

CSS 文件属于系统的静态资源文件。在框架中系统要用到的静态资源文件统一放在入口目录 public 下面的 static 目录下。

（1）先在应用的静态目录 static 下创建 css 目录，再创建样式文件 style.css（见图 7-19）。

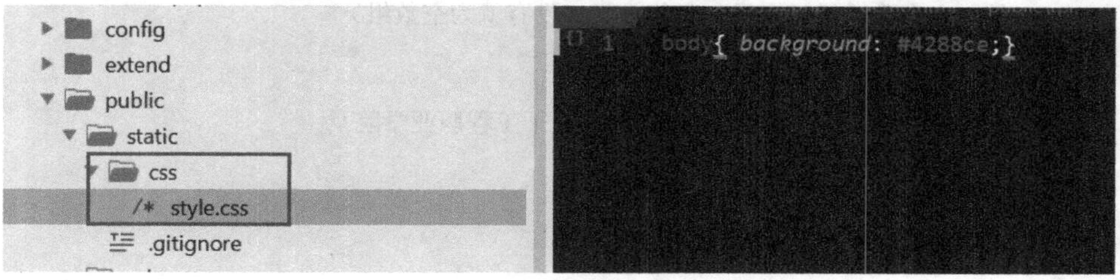

图 7-19 建立 CSS 文件

（2）在模板文件中引用样式文件（地址为 D:\phpStudy\WWW\tp5\application\index\view\index\index.html）：

```
<link rel="stylesheet" href="/static/css/style.css">
<p>我是 Index 控制器 index 操作的模板文件</p>
<p>www.cqcet.edu.cn</p>
```

（3）执行 tp5.com/index/index/index/ 访问，如图 7-20 所示。

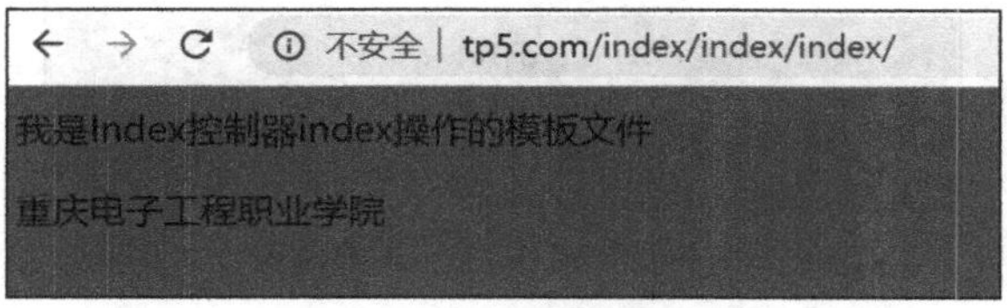

图 7-20 输出蓝色背景内容

将 /static/css 使用字符串替换的步骤如下：

步骤 01 如果要引入很多文件，比如 style.css、style1.css、style2.css、style3.css、style4.css，前面的 /static/css 就可以采用字符串替换的方式，如图 7-21 所示。

```
<link rel="stylesheet" href="/static/css/style.css">
<link rel="stylesheet" href="/static/css/style1.css">
<link rel="stylesheet" href="/static/css/style2.css">
<link rel="stylesheet" href="/static/css/style3.css">
<link rel="stylesheet" href="/static/css/style4.css">
<p>我是Index控制器index操作的模板文件</p>
<p>www.cqcet.edu.cn</p>
```

图 7-21 多个 CSS 文件

步骤 02 修改默认控制器代码（地址为 D:\phpStudy\WWW\tp5\application\index\controller\Index.php）。

```
<?php
namespace app\index\controller;
```

```
class Index extends \think\Controller
{
    public function index()
    {
        //使用$this->fetch()替换
        //第一个参数：模板文件
        //第二个参数：模板变量（不能不写，没有就为空数组）
        //第三个参数：替换的规则
        return $this->fetch('',[],[
            'www.cqcet.edu.cn'=>'重庆电子工程职业学院',
            '__CSS__'=>'/static/css'
        ]);
    }
}
```

步骤03 修改模板文件（地址为 D:\phpStudy\WWW\tp5\application\index\view\index\index.html）：

```
<link rel="stylesheet" href="__CSS__/style.css">
<p>我是Index控制器index操作的模板文件</p>
<p>www.cqcet.edu.cn</p>
```

步骤04 执行tp5.com/index/index/index/访问，如图7-22所示。

图7-22 输出蓝色背景内容

再刷新一下，可以看到效果是一样的。如果项目中有很多这种CSS，只要路径是一样的，就可以通过这种方法迅速替换。

通过fetch方法可以进行模板中的字母替换，还可以用助手函数进行模板替换。

3．使用助手函数替换

（1）使用助手函数将前面的$this->fetch()改成view()，代码（地址为D:\phpStudy\WWW\tp5\application\index\controller\Index.php）如下：

```
<?php
namespace app\index\controller;
class Index
{
    public function index()
    {
        //使用$this->fetch()替换
        //第一个参数：模板文件
        //第二个参数：模板变量（不能不写，没有就为空数组）
        //第三个参数：替换的规则
        return view('',[],[
```

```
        'www.cqcet.edu.cn'=>'重庆电子工程职业学院',
        '__CSS__'=>'/static/css'
    ]);
  }
}
```

（2）执行 tp5.com/index/index/index/访问，如图 7-23 所示。

图 7-23　输出蓝色背景内容

再刷新一下，效果是一样的。

模板内容替换通常是导入外部模板文件时要做的第一件事情，可以通过批量替换方式大大提高页面静态资源引入的速度，提高项目的规范与可维护性。

7.5　ThinkPHP 5 模板中的系统变量输出

本节学习如何在模板中输出系统变量。

7.5.1　系统变量输出简介

系统变量有别于用户自定义变量，不需要在控制器中赋值，可以直接在模板中进行输出。

系统变量有一个特征，就是用$Think 开头，然后用点将后面的参数拼接在一起。注意，$Think 的首字母是大写的。第一个参数是类型，第二个参数是参数。系统变量类型比较多，常用的主要有$_SERVER、$_ENV、$_POST、$_GET、$_REQUEST、$_SESSION、$_COOKIE 以及系统常量 const 和配置参数 config。最后一个参数根据类型来定，通常只输出第一个参数或者只输出一个变量。比如后面是一个数组，那么必须指明输出数组中的哪一个键。

7.5.2　获取$_SERVER

（1）系统中的$_SERVER 变量用 dump 函数来查询：

```
dump($_SERVER);
```

默认的控制器（地址为 D:\phpStudy\WWW\tp5\application\index\controller\Index.php）代码如下：

```
<?php
namespace app\index\controller;
class Index extends \think\Controller
{
```

```
    public function index()
    {
        dump($_SERVER);
    }
}
```

（2）执行 tp5.com/index/index/index/访问，如图 7-24 所示。

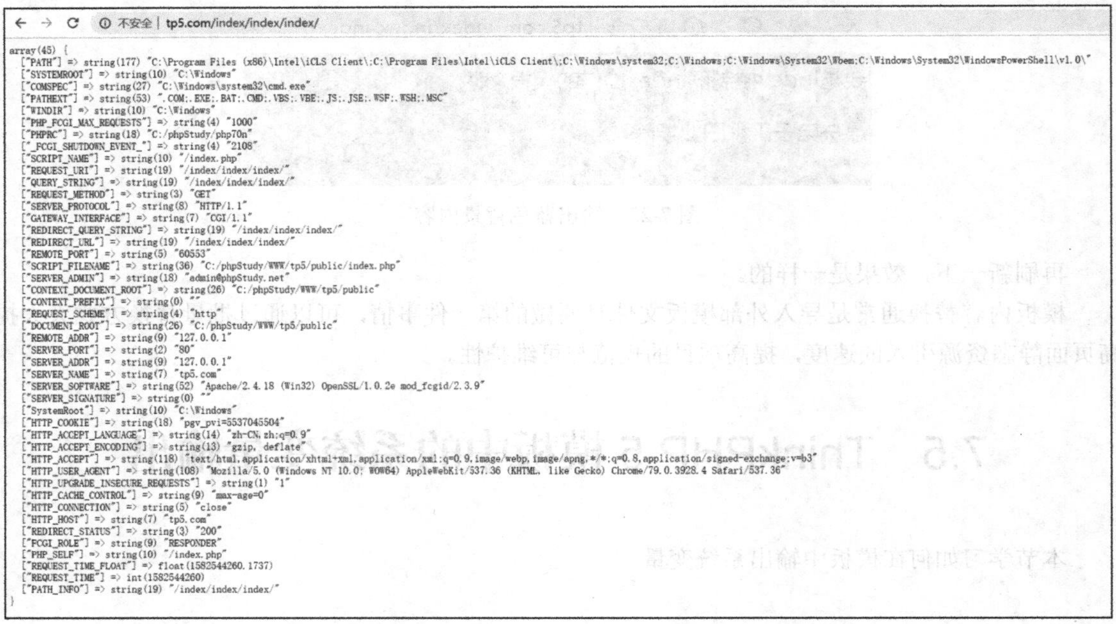

图 7-24　输出视图文件内容

7.5.3　输出 http_host 的内容

（1）默认的控制器（地址为 D:\phpStudy\WWW\tp5\application\index\controller\Index.php）代码如下：

```
<?php
namespace app\index\controller;
class Index extends \think\Controller
{
    public function index()
    {
        return $this->fetch();
    }
}
```

（2）模板文件（地址为 D:\phpStudy\WWW\tp5\application\index\view\index\index.html）中的代码如下：

```
<p>我是 Index 控制器 index 操作的模板文件</p>
<p>server.http_host:{$Think.server.http_host}</p>
```

(3）执行 tp5.com/index/index/index/访问，如图 7-25 所示。

图 7-25　输出视图文件内容

7.5.4　设置 cookie

（1）默认的控制器（地址为 D:\phpStudy\WWW\tp5\application\index\controller\Index.php）代码如下：

```
<?php
namespace app\index\controller;
class Index extends \think\Controller
{
    public function index()
    {
        setcookie('siteNickname','重庆电子工程职业学院');
        return $this->fetch();
    }
}
```

（2）模板文件（地址为 D:\phpStudy\WWW\tp5\application\index\view\index\index.html）代码如下：

```
<p>我是 Index 控制器 index 操作的模板文件</p>
<p>server.http_host:{$Think.server.http_host}</p>
<p>cookie:{$Think.cookie.siteNickname}</p>
```

（3）执行 tp5.com/index/index/index/访问，刷新两遍，如图 7-26 所示。

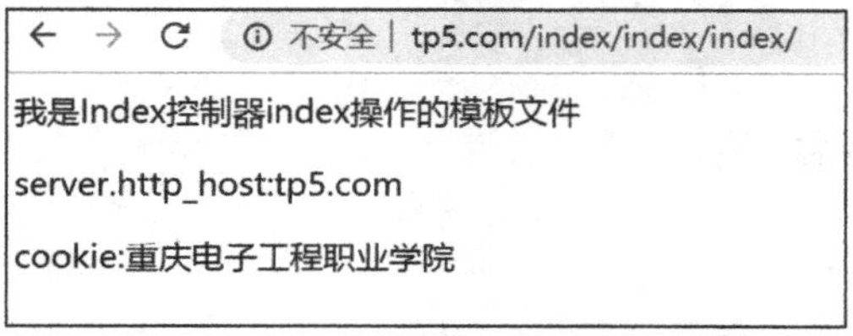

图 7-26　输出视图文件内容

7.5.5　输出系统常量和配置项

（1）修改代码，地址为 D:\phpStudy\WWW\tp5\application\index\view\index\index.html：

```
<p>我是 Index 控制器 index 操作的模板文件</p>
<p>server.http_host:{$Think.server.http_host}</p>
<p>cookie:{$Think.cookie.siteNickname}</p>
<p>get:{$Think.get.id}</p>
```

```
<p>post:{$Think.post.lesson}</p>
<p>系统常量CONF_PATH:{$Think.const.CONF_PATH}</p>
<p>配置项database中的type值:{$Think.config.database.type}</p>//获取数据库类型的值
```

（2）执行 tp5.com/index/index/index/访问，如图 7-27 所示。

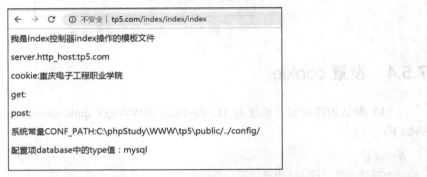

图 7-27 输出视图文件内容

（3）查看 database 配置数组结构，如图 7-28 所示。

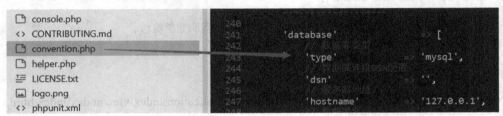

图 7-28 查看配置项

键名 type 的值是 mysql，在模板中输出系统变量或者常量，可以使模板的功能更加强大。

7.6 ThinkPHP 5 模板布局

本节学习模板布局的概念。

7.6.1 公共模板

1．公共模板的概念

在很多页面中都有一些共同的部分，比如头部、尾部和侧边栏等。可以将这些剥离出来，制作成公共文件，在需要的时候直接导入，实现代码的共享，无论是创建新页面还是更新，都非常方便，这样的公共文件叫作公共模板文件，在 ThinkPHP 5 中是用模板布局来解决的。

2．建立 index.html 模板文件

下面用实例演示一下公共模板的概念。

（1）当前模板 index.html 是一个完整的页面，需要添加页头和页尾，为了方便教学，用 H3 标签来替代。先给页头"我是页面的页头 header"加一个背景 lightskyblue，再给页尾"我是页面的尾部 footer"设置背景色。

```
D:\phpStudy\WWW\tp5\application\index\view\index\index.html:
<h3 style="background: lightskyblue">我是页面的页头 header</h3>
<p>我是 Index 控制器 index 操作的模板文件</p>
<h3 style="background: lightskyblue">我是页面的尾部 footer</h3>
```

（2）在默认控制器中（地址为 D:\phpStudy\WWW\tp5\application\index\controller\Index.php）直接渲染输出模板：

```
<?php
namespace app\index\controller;
class Index extends \think\Controller
{
    public function index()
    {
        return $this->fetch();
    }
}
```

（3）执行 tp5.com/index/index/index/访问，如图 7-29 所示。

图 7-29　输出模板内容

3．分离公共的头部与尾部文件

（1）在视图文件夹 view 下面创建公共模板目录 base，然后建立两个文件，并在两个文件中写代码，如图 7-30 所示。

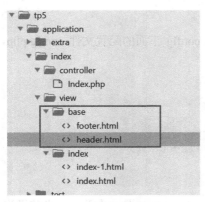

图 7-30　创建公共文件

代码（地址为 phpStudy\WWW\tp5\application\index\view\base\header.html）如下：

```
<h3 style="background: lightskyblue">我是页面的页头 header</h3>
```
D:\phpStudy\WWW\tp5\application\index\view\base\footer.html:
```
<h3 style="background: lightskyblue">我是页面的尾部 footer</h3>
```

（2）修改模板文件，地址为 D:\phpStudy\WWW\tp5\application\index\view\index\index.html：

```
{include file="base/header" /}              //引用头部文件
<p>我是 Index 控制器 index 操作的模板文件</p>
{include file="base/footer" /}              //引用尾部文件
```

（3）执行 tp5.com/index/index/index/访问，如图 7-31 所示。

图 7-31　输出模板内容

7.6.2　全局配置

下面通过全局配置的方式来实现模板布局。

1．全局配置概念

全局配置是通过在配置文件中添加一个配置项 template 来实现的。在配置项中，有三个非常重要的内容：

（1）第一个是 layout_on，这是一个开关，值是 true 时开启模板布局功能。
（2）第二个参数是设置布局模板的文件名称 layout_name，默认是 layout。
（3）第三个参数设置布局模板中的替换字符串 layout_item，默认是 __content__。

开启了模板布局功能以后，模板的渲染流程会跟着发生变化。之前是直接渲染控制器中对应的模板，现在必须先渲染一下布局模板，再将原来的模板内容插入布局模板中进行替换。

2．创建全局配置

（1）打开自定义配置目录 config 下面的配置文件 config.php，在里面进行模板布局的全局配置。

```
<?php
return [
    'template'=>[
        'layout_on'=>true,
        'layout_name'=>'layout'
    ],
];
```

template 的内容是一个数组。layout_on 是一个开关，当前设为 true，再设置一下布局模板的文件名称 layout_name=layout，后面的替换字符串没有设置，采用默认的 content。

（2）创建 layout.html，如图 7-32 所示。

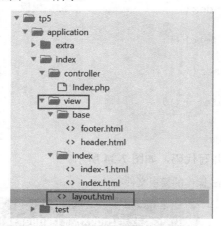

图 7-32　创建布局模板文件

编写代码：

```
{include file="base/header" /}
{__CONTENT__}
{include file="base/footer" /}
```

其中，{__CONTENT__}是要被替换的内容。

（3）对模板文件的代码进行修改，只保留主体内容，地址为 D:\phpStudy\WWW\tp5\application\index\view\index\index.html：

```
<p>我是 Index 控制器 index 操作的模板文件</p>
```

（4）执行 tp5.com/index/index/index/访问，如图 7-33 所示。

图 7-33　输出模板内容

这时的访问流程是：从控制器中渲染模板的时候，并不是直接渲染 index.html 模板文件，而是先渲染布局 layout.html 文件，将公共文件 header 和 footer 导入，然后把 index.html 里面的内容替换为 layout.html 文件中的字符串{__CONTENT__}，从而形成一个模板输出。

3．创建一个 user 操作

（1）回到控制器，创建一个操作 user，地址为 D:\phpStudy\WWW\tp5\application\index\controller\Index.php：

```
<?php
namespace app\index\controller;
class Index extends \think\Controller
```

```
{
    public function index()                    //渲染模板
    {
        return $this->fetch();
    }
    public function user()
    {
        return $this->fetch();
    }
}
```

（2）创建 user 模板文件并写代码，如图 7-34 所示。

`<p>我是 Index 控制器 user 操作的模板文件</p>`

图 7-34　创建 user 模板文件

（3）执行 tp5.com/index/index/user/ 访问，如图 7-35 所示。

图 7-35　输出模板内容

7.6.3　模板配置

1．步骤

（1）关闭模板布局，防止布局的循环。
（2）在 view 目录下面自定义一个布局文件，可以任意定义文件名。
（3）在当前的模板中，直接使用 layout 标签进行模板文件的自定义。

2．模板配置操作

（1）在 config.php 中删掉布局配置：

```
<?php
```

```
return [
//     'template'=>[
//         'layout_on'=>true,
//         'layout_name'=>'layout'
//     ],
];
```

（2）打开模板文件 index.html（地址为 D:\phpStudy\WWW\tp5\application\index\view\index\index.html），用 layout 标签手工添加一个布局文件：

```
{layout name="layout"}         //用 name 属性指出当前的布局文件是 Layout
<p>我是 Index 控制器 index 操作的模板文件</p>
```

（3）执行 tp5.com/index/index/index/访问，如图 7-36 所示。

图 7-36　输出模板内容

7.6.4　在控制器里的配置模板

1．控制器中的配置模板简介

语法如下：

```
$this->view->engine->layout(参数);
```

$this->view（指向符 view）返回的是一个视图对象，然后在视图对象里有一个 engine 属性，engine 属性保存的是模板引擎对象，在该对象中有一个方法 layout，这个方法的参数可以取三个值。当这个参数为 true 时，就采用默认的模板布局，默认的布局文件是 layout.html。如果参数为 false，就可以临时关闭当前的模板布局功能。如果要指定一个文件名，那么还可以加载用户自定义的模板名称。

2．开启模板布局

（1）打开控制器文件，调用视图对象，然后调用引擎对象，再调用里面的 layout 方法。传入一个参数 true，开启模板布局功能，而不依赖于配置文件。

```
$this->view->engine->layout(true);//true 开启模板布局
    return $this->fetch();
```

默认控制器（地址为 D:\phpStudy\WWW\tp5\application\index\controller\Index.php）文件代码如下：

```
<?php
namespace app\index\controller;
class Index extends \think\Controller
{
    public function index()
```

```
        {
            $this->view->engine->layout(true);//参数为true，开启模板布局
            return $this->fetch();
        }
        public function user()
        {
            return $this->fetch();
        }
}
```

（2）模板文件（地址为 D:\phpStudy\WWW\tp5\application\index\view\index\index.html）中的代码如下：

```
<p>我是 Index 控制器 index 操作的模板文件</p>
```

（3）执行 tp5.com/index/index/index/访问，如图 7-37 所示。

图 7-37　输出模板内容

3. 关闭模板布局

（1）在默认控制器（地址为 D:\phpStudy\WWW\tp5\application\index\controller\Index.php）中修改代码：

```
<?php
namespace app\index\controller;
class Index extends \think\Controller
{
    public function index()
    {
        $this->view->engine->layout(false);//修改为false，关闭模板布局
        return $this->fetch();
    }
    public function user()
    {
        return $this->fetch();
    }
}
```

（2）执行 tp5.com/index/index/index/访问，如图 7-38 所示。

图 7-38　输出模板内容

（3）关闭缓存。删除 runtime\temp 下面的模板缓存文件。执行 tp5.com/index/index/index/访问，如图 7-39 所示。

图 7-39　测试效果

4．自定义布局文件

（1）修改默认控制器（地址为 D:\phpStudy\WWW\tp5\application\index\controller\Index.php）代码：

```
<?php
namespace app\index\controller;
class Index extends \think\Controller
{
   public function index()
   {
      $this->view->engine->layout('mylayout');//自定义模板布局文件
      return $this->fetch();
   }
   public function user()
   {
      return $this->fetch();
   }
}
```

（2）创建 mylayout 布局文件，并编写代码，如图 7-40 所示。

```
{include file="base/header" /}
{__CONTENT__}
{include file="base/footer" /}
```

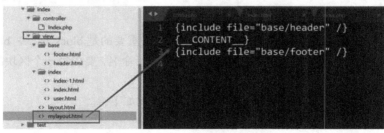

图 7-40　创建自定义布局文件

（3）执行 tp5.com/index/index/index/访问，如图 7-41 所示。（注意：先删除缓存文件。）

图 7-41　输出模板内容

在上面介绍的三种模板布局方案中，全局配置和控制器配置在程序中实现了模板布局，在模板中配置是单纯地通过模板标签实现的。在模板中使用布局，需要根据项目的实际情况来进行安排。

7.7 ThinkPHP 5 模板继承

本节学习模板继承的知识。

7.7.1 模板继承简介

1. 模板继承语法

语法如下：

```
{block} 内容 {/block}
```

（1）模板继承是在父模板中用 block 标签来为子模板的内容预留位置。
（2）子模板中必须将父模板中预留的位置（也叫区块）全部用代码来实现。
（3）在子模板中将 block 区块的内容部分留空的话，将会删除对应父模版中的区块。
（4）区块中还可以使用模板变量，也可以导入外部文件。
（5）子模板中可以用__block__来引用父模板中原区块的内容。

2. 模板继承的原理

（1）制作一个父模板，假定当前父模板的名称是 base.html。在父模板中最典型的结构如下：

```
{include file=" header" /}
{block name='区块1'} 内容 {/block}
{block name='区块2'} 内容 {/block}
……
{include file="footer" /}
```

它主要包括 include 标签和 block 标签两部分，其中最重要的是 block 标签。block 标签将父模板中的每一块内容标记为不同的区块，并且给每个区块进行命名，要求每一个区块的名称必须各不相同。

（2）制作子模板，并在子模板中继承。子模板的结构如下：

```
{extend name=" base" /}
{block name='区块1'} 代码 {/block}
{block name='区块2'} 代码 {/block}
……
```

在子模板中必须要用 extend 标签来指明当前子模板继承的是哪一个父模板，然后在子模板中用 block 标签将当前继承的父模板中的所有的区块全部用代码来实现。

如果当前子模板中对应的区块代码为空，就相当于删除当前父模板中对应的区块。

7.7.2 模板继承操作

1. 创建父模板

（1）在默认的 Index 控制器（地址为 D:\phpStudy\WWW\tp5\application\index\controller\Index.php）中直接渲染输出。

```
<?php
namespace app\index\controller;
class Index extends \think\Controller
{
    public function index()
    {
        return $this->fetch();
    }
}
```

（2）在对应的默认视图目录 view 下面创建模板文件 index.html，地址为 D:\phpStudy\WWW\tp5\application\index\view\index\index.html：

```
<p>index 模板</p>
```

（3）创建一个父模板。在默认控制器对应的默认视图目录 view 下面创建父模板，文件命名为 layoutextend.html。在这个子模板中定义几个区块：第一个区块命名为 nav（导航），第二个区块命名为信息列表 info；第三个区块是链接 link，这样父模板就创建好了。

父模板的位置是 D:\phpStudy\WWW\tp5\application\index\view\index\layoutextend.html，如图 7-42 所示。

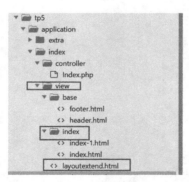

图 7-42 父模板位置

```
<!doctype html>
<html lang="zh">
<head>
    <meta charset="UTF-8">
    <meta name="viewport"
        content="width=device-width, user-scalable=no, initial-scale=1.0, maximum-scale=1.0, minimum-scale=1.0">
    <meta http-equiv="X-UA-Compatible" content="ie=edge">
```

```
        <title>Document</title>
    </head>
    <body>
        {block name="nav"}导航{/block}
        {block name="info"}信息列表{/block}
        {block name="link"}友情链接{/block}
    </body>
</html>
```

2. 分离父模板

父模板中的公共部分可能会在很多地方用到，所以要分离父模板的头部和尾部。

（1）创建公共的模板文件目录 base，并在 base 中创建两个文件，一个是头部文件 header.html，一个是尾部文件 footer.html，如图 7-43 所示。

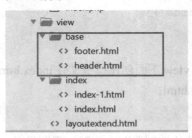

图 7-43　创建公共文件

（2）将 layoutextend.html 中的代码剪切到 header.html（地址为 D:\phpStudy\WWW\tp5\application\index\view\base\header.html）中。

```
从<!doctype html>
<html lang="zh">
<head>
……
</head>
<body>
```

具体代码如下：

```
<!doctype html>
<html lang="zh">
<head>
    <meta charset="UTF-8">
    <meta name="viewport"
        content="width=device-width, user-scalable=no, initial-scale=1.0, maximum-scale=1.0, minimum-scale=1.0">
    <meta http-equiv="X-UA-Compatible" content="ie=edge">
    <title>Document</title>
</head>
<body>
```

（3）将 layoutextend.html 中的最后部分代码剪切到 footer.html（地址为 D:\phpStudy\WWW\tp5\application\index\view\base\footer.html）中。

```
</body>
</html>
```

（4）在父模板 layoutextend.html（地址为 D:\phpStudy\WWW\tp5\application\index\view\layoutextend.html）中引用公共模板。

引用头部文件 {include file="base/header" /}

引用尾部文件 {include file="base/footer" /}

代码如下：

```
{include file="base/header" /}
    {block name="nav"}导航{/block}
    {block name="info"}信息列表{/block}
    {block name="link"}友情链接{/block}
{include file="base/footer" /}
```

（5）子模板就是原来默认的模板文件 index.html，如图 7-44 所示。

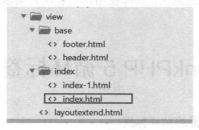

图 7-44 子模板文件

代码如下：

```
{extend name="layoutextend"}
{block name="nav"}
<ul>
    <li>
        <a href="">首页</a>
        <a href="">关于</a>
        <a href="">公司新闻</a>
        <a href="">联系</a>
    </li>
</ul>
{/block}
{block name="info"}
<ul>
    <li>欢迎来到重庆电子工程职业学院</li>
    <li>欢迎来到重庆电子工程职业学院</li>
    <li>欢迎来到重庆电子工程职业学院</li>
    <li>欢迎来到重庆电子工程职业学院</li>
</ul>
{/block}
{block name="link"}
    <a href="http://163.com">163 官网</a>
```

```
        <a href="http://thinkphp.cn">thinkphp 官网</a>
        <a href="http://baidu.com">百度</a>
{/block}
```

3. 测试模板输出

执行 tp5.com/index/index/index/访问，如图 7-45 所示。

图 7-45　输出模板内容

从本质上讲，模板布局只是模板继承的一个特例。当父模板中只有一个需要实现的区块时，推荐使用模板布局，否则使用模板继承，具体使用还要看项目需求，有时用公共模板比使用模板继承更加的方便。

7.8　利用 ThinkPHP 5 循环标签输出大量数据

本节学习 ThinkPHP 5 中内置的循环标签。

7.8.1　循环标签简介

循环标签是所有标签中最重要的一个标签，也是最复杂的一个标签。循环标签一共有三种语法。

1．volist 标签

第一个是 volist 标签，这个标签在很多 PHP 模板引擎中都有，比如 smart 以及之前的版本。
语法如下：

```
{volist name="模板变量" id="临时变量" offset="索引"  length="数量" key="循环变量" empty="提示信息"}
```

volist 标签常用的属性有六个，最重要的主要是前两个：一个是 name，表示是模板变量；一个是 id，是在循环时的一个临时变量。

offset 指定开始的索引，length 设置当前输出的数量。key 和 empty 是循环变量和提示信息。

2．foreach 标签

第二个标签就是 foreach 标签，跟 PHP 原生的 foreach 语法非常像，有两个属性：第一个属性是模板变量，第二个属性是临时的循环变量。
语法如下：

```
{foreach name="模板变量" item="临时变量"}
```

3. for 标签

语法如下：

```
{for start="开始值" end="结束值" comparison="比较关系 lt" step="步进值" name="循环变量名"}
```

for 标签和原生的 for 语法中的参数几乎是一样的，比如也有一个开始值 start、一个结束值 end。for 标签中的比较关系用属性 comparison 来表示，默认开始值和结束值之间的关系是小于的关系。它的步进长度是 1，在原生中是用++来表示的，name 是它的循环变量。

注意，这三个标签全部都是闭合标签。在结尾的地方一定要加上定界符，并且结尾要加上一个正斜线/，然后写上标签名。

结尾：`{/标签名}`

7.8.2 volist 循环

1. 正常输出

（1）创建一个空数组 user，用循环 for 的方式来初始化，并给$user 数组添加十个数据。$user 数组实际上是一个二维数组：第一个字段是姓名 nickname，给一个值，假定前面都是陈小明，后面加一个编号$key；第二个字段是性别 sex 字段，用$Key 来判断；第三个字段是 age 字段，用 rand 函数来生成年龄（在 15 到 40 之间）；第四个字段是 salary，也用 rand 函数来生成，限制在 3200 到 6800 之间。

默认的控制器（地址为 D:\phpStudy\WWW\tp5\application\index\controller\Index.php）代码如下：

```php
<?php
namespace app\index\controller;
class Index extends \think\Controller
{
    public function index()
    {
        $user = [];
        for ($key = 0; $key < 10; $key++)
        {
            $user[]=[
                'nickname'=>'陈小明'.$key."号",
                'sex'=>$key ? "男":"女",
                'age'=>rand(15,40),
                'salary'=>rand(3200,6800)
            ];
        }
        //注意：user 是二维数组
        return $this->view->fetch('',['user'=>$user]);
    }
}
```

（2）创建一个模板文件 index.html（地址为 D:\phpStudy\WWW\tp5\application\index\view\index\index.html）。这个模板文件与默认控制器的 index 操作对应。编写代码 volist 循环，首先将花括号定界符写上{volist。它的第一个属性 name 的值是循环变量，当前的循环变量是 user；第二个属性是它所要用到的中间变量，用 id 来表示，名称为 vo，是一个闭合标签，需要将结束标签写上。

```
{volist name="user" id="vo"}
```

在这个循环体里，要将数据循环输出。

```
<table border="1" cellspacing="0" cellpadding="2" width="40%"align="center">
    <caption style="font-size: 22px;font-weight: bold">员工信息表</caption>
    <tr style="background: lightskyblue">
        <th>编号</th>
        <th>姓名</th>
        <th>性别</th>
        <th>年龄</th>
        <th>工资</th>
    </tr>
    <!--volist 循环-->
    {volist name="user" id="vo"}
    <tr>         //循环变量的第一个是$Key,第二个是姓名$vo.name,第三个是性别,第四个是年龄,第五个是工资
        <td>{$key}</td>
        <td>{$vo.nickname}</td>
        <td>{$vo.sex}</td>
        <td>{$vo.age}</td>
        <td>{$vo. salary }</td>
    </tr>
    {/volist}
</table>
```

（3）执行 tp5.com/index/index/index/访问，如图 7-46 所示。

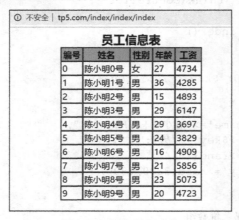

图 7-46　输出循环内容

2. 更改 key 从 1 开始输出

（1）注意 volist 的$key 属性，key 是数组下标，从 0 开始，自定义后从 1 开始。

```
{volist nickname="user" id="vo" key="k"}
    <tr>
        <td>{$k}</td>
```

完整代码（地址为 D:\phpStudy\WWW\tp5\application\index\view\index\index.html）如下：

```
<table border="1" cellspacing="0" cellpadding="2" width="40%"align="center">
    <caption style="font-size: 22px;font-weight: bold">员工信息表</caption>
    <tr style="background: lightskyblue">
        <th>编号</th>
        <th>姓名</th>
        <th>性别</th>
        <th>年龄</th>
        <th>工资</th>
    </tr>
    <!--volist 循环-->
    {volist name="user" id="vo" key="k"}
    <tr>
        <td>{$k}</td>
        <td>{$vo.nickname}</td>
        <td>{$vo.sex}</td>
        <td>{$vo.age}</td>
        <td>{$vo.salary }</td>
</tr>
    {/volist}
</table>
```

（2）执行 tp5.com/index/index/index/访问，如图 7-47 所示。

图 7-47　输出循环内容

说　明
结果中编号已经从 1 开始了。

3．从索引为 2 的数组下标开始输出，输出 5 条数据

（1）修改模板文件中的代码：

```
{volist name="user" id="vo" key="k" offset="2" length="5"}
```

其中，offset 表示索引，length 表示数量。

完整代码（地址为 D:\phpStudy\WWW\tp5\application\index\view\index\index.html）如下：

```html
<table border="1" cellspacing="0" cellpadding="2" width="40%"align="center">
    <caption style="font-size: 22px;font-weight: bold">员工信息表</caption>
    <tr style="background: lightskyblue">
        <th>编号</th>
        <th>姓名</th>
        <th>性别</th>
        <th>年龄</th>
        <th>工资</th>
    </tr>
    <!--volist 循环-->
    {volist name="user" id="vo" key="k" offset="2" length="5"}
    <tr>
        <td>{$k}</td>
        <td>{$vo.nickname}</td>
        <td>{$vo.sex}</td>
        <td>{$vo.age}</td>
        <td>{$vo.salary}</td>
    </tr>
    {/volist}
</table>
```

（2）执行 tp5.com/index/index/index/访问，如图 7-48 所示。

编号	姓名	性别	年龄	工资
1	陈小明2号	男	16	4008
2	陈小明3号	男	26	3778
3	陈小明4号	男	30	6345
4	陈小明5号	男	38	5899
5	陈小明6号	男	17	5718

图 7-48　输出循环内容

4．删除 key 属性，从原始数据查看偏移效果

（1）修改代码：

```html
<table border="1" cellspacing="0" cellpadding="2" width="40%"align="center">
    <caption style="font-size: 22px;font-weight: bold">员工信息表</caption>
    <tr style="background: lightskyblue">
        <th>编号</th>
        <th>姓名</th>
        <th>性别</th>
        <th>年龄</th>
        <th>工资</th>
    </tr>
    <!--volist 循环-->
```

```
    {volist name="user" id= "vo" offset= "2" length = "5"}        //修改部分
    <tr>
        <td>{$key}</td>
        <td>{$vo.nickname}</td>
        <td>{$vo.sex}</td>
        <td>{$vo.age}</td>
        <td>{$vo.salary}</td>
    </tr>
    {/volist}
</table>
```

(2）执行 tp5.com/index/index/index/访问，如图 7-49 所示。

| tp5.com/index/index/index

员工信息表				
编号	姓名	性别	年龄	工资
2	陈小明2号	男	16	4597
3	陈小明3号	男	19	6173
4	陈小明4号	男	25	5974
5	陈小明5号	男	34	6018
6	陈小明6号	男	33	4821

图 7-49　输出循环内容

说　明

结果是从索引为 2 开始输出的，输出了 5 条数据。

5．empty 属性表示表中没有数据时输出的内容

（1）模板文件中的代码是：

```
{volist name="user" id="vo" offset="2" length="5" empty="没有数据"}
```

增加一个属性：

```
empty="没有数据"
```

完整代码（地址为 D:\phpStudy\WWW\tp5\application\index\view\index\index.html）如下：

```
<table border="1" cellspacing="0" cellpadding="2" width="40%"align="center">
    <caption style="font-size: 22px;font-weight: bold">员工信息表</caption>
    <tr style="background: lightskyblue">
        <th>编号</th>
        <th>姓名</th>
        <th>性别</th>
        <th>年龄</th>
        <th>工资</th>
    </tr>
    <!--volist 循环-->
    {volist name="user" id="vo" offset="2" length="5" empty="没有数据"}
    <tr>
        <td>{$key}</td>
```

```
        <td>{$vo.nickname}</td>
        <td>{$vo.sex}</td>
        <td>{$vo.age}</td>
        <td>{$vo.salary}</td>
    </tr>
    {/volist}
</table>
```

（2）在默认控制器（地址为 D:\phpStudy\WWW\tp5\application\index\controller\Index.php）中修改代码。

```
<?php
namespace app\index\controller;
class Index extends \think\Controller
{
    public function index()
    {
        $user = [];
        for ($key = 0; $key < 10; $key++)
        {
            $user[]=[
                'nickname'=>'陈小明'.$key."号",
                'sex'=>$key ? "男":"女",
                'age'=>rand(15,40),
                'salary'=>rand(3200,6800)
            ];
        }
        //注意：user 是二维数组
        return $this->view->fetch('',['user'=>[]]);     //修改数据，使其为空数组
    }
}
```

（3）执行 tp5.com/index/index/index/访问，如图 7-50 所示。

图 7-50 输出循环内容

7.8.3 foreach 循环

在控制器中将 user 变量值由空数组恢复为之前的值。

（1）默认控制器恢复数据：

```
//注意：user 是二维数组
        return $this->view->fetch('',['user'=>$user]);
```

完整代码（D:\phpStudy\WWW\tp5\application\index\controller\Index.php）如下：

```php
<?php
namespace app\index\controller;
class Index extends \think\Controller
{
    public function index()
    {
        $user = [];
        for ($key = 0; $key < 10; $key++)
        {
            $user[]=[
                'nickname'=>'陈小明'.$key."号",
                'sex'=>$key ? "男":"女",
                'age'=>rand(15,40),
                'salary'=>rand(3200,6800)
            ];
        }
        //注意：user 是二维数组
        return $this->view->fetch('',['user'=>$user]);
    }
}
```

（2）在模板文件（D:\phpStudy\WWW\tp5\application\index\view\index\index.html）中使用 foreach。foreach 循环比 volist 的循环要简单。foreach 只有两个属性：一个是 name 属性，就是 user；一个是 item 属性，就是循环的中间变量，指定为 value。foreach 也是一个闭合标签，要把结束标签写上。然后将 volist 的中间循环体复制进来就可以了。

```
<table border="1" cellspacing="0" cellpadding="2" width="40%"align="center">
    <caption style="font-size: 22px;font-weight: bold">员工信息表</caption>
    <tr style="background: lightskyblue">
        <th>编号</th>
        <th>姓名</th>
        <th>性别</th>
        <th>年龄</th>
        <th>工资</th>
    </tr>
    <!--foreach 循环-->
    {foreach name="user" item="value"}            //复制循环体
    <tr>
        <td>{$key}</td>
        <td>{$value.nickname}</td>
        <td>{$value.sex}</td>
        <td>{$value.age}</td>
        <td>{$value.salary}</td>
    </tr>
    {/foreach}
</table>
```

（3）执行 tp5.com/index/index/index/访问，如图 7-51 所示。

tp5.com/index/index/index

员工信息表

编号	姓名	性别	年龄	工资
0	陈小明0号	女	16	4508
1	陈小明1号	男	18	3617
2	陈小明2号	男	18	3938
3	陈小明3号	男	37	6662
4	陈小明4号	男	29	4005
5	陈小明5号	男	17	5330
6	陈小明6号	男	17	3846
7	陈小明7号	男	23	5634
8	陈小明8号	男	33	4975
9	陈小明9号	男	25	5066

图 7-51　输出循环内容

循环标签的几种语法各有不同的用途：volist 适合输出格式比较复杂的数据；foreach 语法简单，适合输出简单数据，具体使用要看项目的需求。

7.9　ThinkPHP 5 比较标签

本节学习在模板中如何使用比较标签。

7.9.1　比较标签简介

1．比较标签概念

比较标签仅用于模板变量和普通值之间的一些简单比较，包括一组标签，用法基本上是一样的。

2．比较标签的语法

语法如下：

```
{比较标签 name="变量" value="值"}
内容
{else/}//可选
内容
{/比较标签}
```

比较标签也是一个闭合标签，需要有结束标签。每一个比较标签都有两个属性：一个是 name 属性，表示模板变量，name 属性是要与当前变量进行比较的值，可以来自一个变量，同时也支持 else 标签（可选）；一个是 value 属性。

3．比较标签支持的比较关系

比较标签支持的比较关系主要包括 eq（等于）、neq（不等于）、gt（大于）、egt（大于等于）、lt（小于）、elt（小于等于）、heq（恒等于）和 nheq（不恒等于）。

7.9.2 比较标签操作

1. 使用 volist 输出数据

在当前模板中,用 volist 的语句将当前的数据进行输出,将全部数据打印出来。

(1)默认控制器输出二维数组数据:

```
//注意:user 是二维数组
       return $this->view->fetch('',['user'=>$user]);
```

默认控制器中的代码(地址为 D:\phpStudy\PHPTutorial\WWW\tp5\application\index\controller\Index.php)如下:

```php
<?php
namespace app\index\controller;
class Index extends \think\Controller
{
    public function index()
    {
        $user = [];
        for ($key = 0; $key < 10; $key++)
        {
            $user[]=[
                'nickname'=>'陈小明'.$key."号",
                'sex'=>$key ? "男":"女",
                'age'=>rand(15,40),
                'salary'=>rand(3200,6800)
            ];
        }
        //注意:user 是二维数组
        return $this->view->fetch('',['user'=>$user]);
    }
}
```

(2)使用 volist 循环输出数据(地址为 D:\phpStudy\PHPTutorial\WWW\tp5\application\index\view\index\index.html):

```html
<table border="1" cellspacing="0" cellpadding="2" width="40%"align="center">
    <caption style="font-size: 22px;font-weight: bold">员工信息表</caption>
    <tr style="background: lightskyblue">
        <th>编号</th>
        <th>姓名</th>
        <th>性别</th>
        <th>年龄</th>
        <th>工资</th>
    </tr>
    <!--volist 循环-->
    {volist name="user" id="vo"}
    <tr>
```

```
            <td>{$key}</td>
            <td>{$vo.nickname}</td>
            <td>{$vo.sex}</td>
            <td>{$vo.age}</td>
            <td>{$vo.salary}</td>
        </tr>
    {/volist}
</table>
```

（3）执行 tp5.com/index/index/index/访问，如图 7-52 所示。

编号	姓名	性别	年龄	工资
0	陈小明0号	女	24	4477
1	陈小明1号	男	27	4999
2	陈小明2号	男	34	3580
3	陈小明3号	男	32	5509
4	陈小明4号	男	22	5398
5	陈小明5号	男	16	4546
6	陈小明6号	男	39	6146
7	陈小明7号	男	34	3219
8	陈小明8号	男	25	4642
9	陈小明9号	男	17	5629

图 7-52 输出所有数据

2．使用比较标签输出成年和未成年数据

（1）刷新网页，每一次数据都不一样。现在以 18 岁作为一个分界线进行判断：当在模板中输出的年龄小于 18 岁时显示未成年，大于等于 18 岁时显示已成年。

（2）在模板文件中进行代码修改。在输出年龄这个地方为加入一个比较标签，当前的比较标签用的是 egt（大于等于），name 就是模板变量 vo.age，比较的值为 18。egt 是一个闭合标签，如果满足条件（大于等于 18），就显示已成年，否则显示未成年（需要一个 else 标签）。

```
<!--egt 的意思是大于等于-->
    <!--年龄大于等于 18 即已成年，否则未成年-->
    {egt name="vo.age" value="18"}
    <td>已成年</td>
    {else /}
    <td>未成年</td>
    {/egt}
```

模板文件中的代码（地址为 D:\phpStudy\PHPTutorial\WWW\tp5\application\index\view\index\index.html）如下：

```
<table border="1" cellspacing="0" cellpadding="2" width="40%"align="center">
    <caption style="font-size: 22px;font-weight: bold">员工信息表</caption>
    <tr style="background: lightskyblue">
        <th>编号</th>
        <th>姓名</th>
        <th>性别</th>
```

```
        <th>年龄</th>
        <th>工资</th>
    </tr>
    <!--volist 循环-->
    {volist name="user" id="vo"}
    <tr>
        <td>{$key}</td>
        <td>{$vo.nickname}</td>
        <td>{$vo.sex}</td>
        <!--egt 的意思是大于等于-->
        <!--年龄大于等于 18 即已成年，否则未成年-->
        {egt name="vo.age" value="18"}
        <td>已成年</td>
        {else /}
        <td>未成年</td>
        {/egt}
        <td>{$vo.salary}</td>
    </tr>
    {/volist}
</table>
```

（3）执行 tp5.com/index/index/index/访问，如图 7-53 所示。

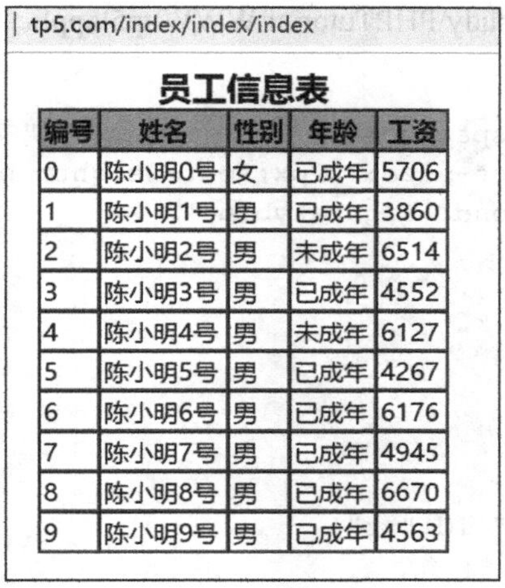

编号	姓名	性别	年龄	工资
0	陈小明0号	女	已成年	5706
1	陈小明1号	男	已成年	3860
2	陈小明2号	男	未成年	6514
3	陈小明3号	男	已成年	4552
4	陈小明4号	男	未成年	6127
5	陈小明5号	男	已成年	4267
6	陈小明6号	男	已成年	6176
7	陈小明7号	男	已成年	4945
8	陈小明8号	男	已成年	6670
9	陈小明9号	男	已成年	4563

图 7-53 输出变量内容

3．比较标签还支持模板变量

在模板中比较标签的 value 属性值除了可以是一个数字或者字符串之外，还支持模板变量。

（1）在当前控制器中增加一个模板变量 age，值为 18。

```
return $this->view->fetch('',['user'=>$user,'age'=>18]);
```

在控制器发送模板变量$age 的模板渲染中增加一个 age 变量，代码（地址为 D:\phpStudy\PHPTutorial\WWW\tp5\application\index\controller\Index.php）如下：

```
<?php
namespace app\index\controller;
```

```
class Index extends \think\Controller
{
    public function index()
    {
        $user = [];
        for ($key = 0; $key < 10; $key++)
        {
          $user[]=[
                'nickname'=>'陈小明'.$key."号",
                'sex'=>$key ? "男":"女",
                'age'=>rand(15,40),
                'salary'=>rand(3200,6800)
            ];
        }
        //注意:user 是二维数组
        return $this->view->fetch('',['user'=>$user,'age'=>18]);
    }
}
```

(2) 现在模板文件中的 value=18,就用模板变量来替换。注意,$age 千万不要加花括号。

```
{egt name="vo.age" value="$age"}
```

完整代码(地址为 D:\phpStudy\PHPTutorial\WWW\tp5\application\index\view\index\index.html)如下:

```
<table border="1" cellspacing="0" cellpadding="2" width="40%"align="center">
    <caption style="font-size: 22px;font-weight: bold">员工信息表</caption>
    <tr style="background: lightskyblue">
        <th>编号</th>
        <th>姓名</th>
        <th>性别</th>
        <th>年龄</th>
        <th>工资</th>
    </tr>
    <!--foreach 循环-->
    {volist name="user" id="vo"}
    <tr>
        <td>{$key}</td>
        <td>{$vo.nickname}</td>
        <td>{$vo.sex}</td>
        <!--egt 的意思是大于等于-->
        <!--年龄大于等于 18 即已成年,否则未成年-->
        {egt name="vo.age" value="$age"}
        <td>已成年</td>
        {else /}
        <td>未成年</td>
        {/egt}
        <td>{$vo.salary}</td>
    </tr>
    {/volist}
```

```
</table>
```

（3）执行 tp5.com/index/index/index/访问，如图 7-54 所示。

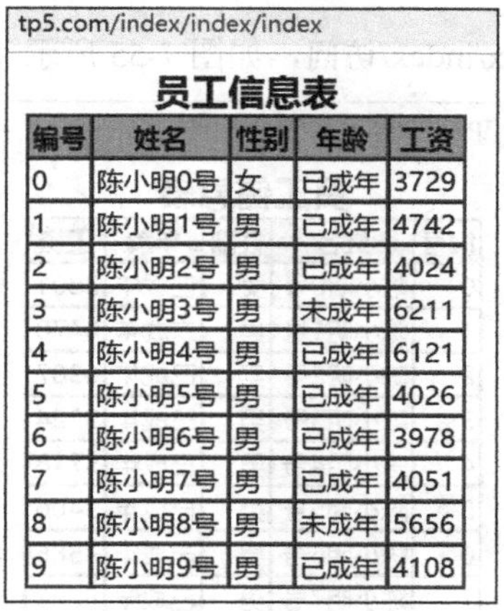

员工信息表

编号	姓名	性别	年龄	工资
0	陈小明0号	女	已成年	3729
1	陈小明1号	男	已成年	4742
2	陈小明2号	男	已成年	4024
3	陈小明3号	男	未成年	6211
4	陈小明4号	男	已成年	6121
5	陈小明5号	男	已成年	4026
6	陈小明6号	男	已成年	3978
7	陈小明7号	男	已成年	4051
8	陈小明8号	男	未成年	5656
9	陈小明9号	男	已成年	4108

图 7-54　输出模板内容

4．compare 标签

比较标签除了 egt、lt、eq 等之外，还有一个更通用的格式——compare 标签。

compare 标签是一个闭合标签，并且有三个属性：第一个属性指明了比较类型，比如大于等于 egt，用 type 属性来指出；后面两个属性与前面介绍的一样。

（1）在模板文件中修改代码（地址为 D:\phpStudy\PHPTutorial\WWW\tp5\application\index\view\index\index.html）：

```
<table border="1" cellspacing="0" cellpadding="2" width="40%"align="center">
    <caption style="font-size: 22px;font-weight: bold">员工信息表</caption>
    <tr style="background: lightskyblue">
        <th>编号</th>
        <th>姓名</th>
        <th>性别</th>
        <th>年龄</th>
        <th>工资</th>
    </tr>
    <!--volist 循环-->
    {volist name="user" id="vo"}
    <tr>
        <td>{$key}</td>
        <td>{$vo.nickname}</td>
        <td>{$vo.sex}</td>
        {compare type="egt" name="vo.age" value="$age"}    //修改部分
        <td>已成年</td>
        {else /}
        <td>未成年</td>
        {/compare}
        <td>{$vo.salary}</td>
    </tr>
```

```
    {/volist}


</table>
```

（2）执行 tp5.com/index/index/index/访问，如图 7-55 所示。

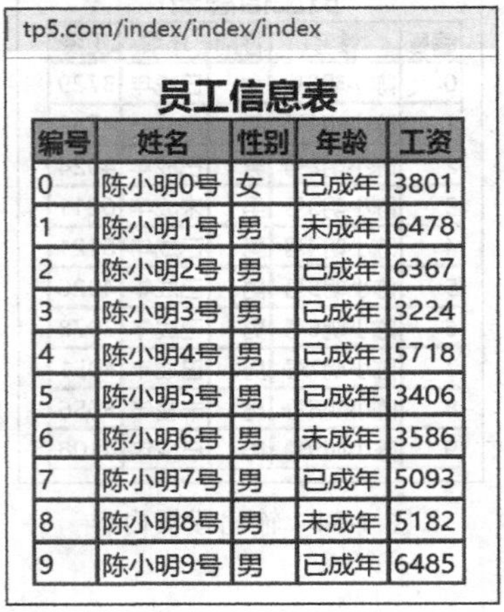

tp5.com/index/index/index

员工信息表

编号	姓名	性别	年龄	工资
0	陈小明0号	女	已成年	3801
1	陈小明1号	男	未成年	6478
2	陈小明2号	男	已成年	6367
3	陈小明3号	男	已成年	3224
4	陈小明4号	男	已成年	5718
5	陈小明5号	男	已成年	3406
6	陈小明6号	男	未成年	3586
7	陈小明7号	男	已成年	5093
8	陈小明8号	男	未成年	5182
9	陈小明9号	男	已成年	6485

图 7-55　测试效果

测试发现显示也是正常的。

注　意

compare 标签比 egt 标签多了一个 type 属性。type 的值是可以更改的，比如改为小于等于 elt。如果小于等于 18，那么显示的就是未成年。

比较标签适于在模板中进行简单的逻辑判断，复杂的还是推荐使用 if 等判断语句来进行，但是无论如何都不推荐在模板中过多地使用这类标签，建议尽可能放在控制器中进行，使模板专注于数据展示。

7.10　ThinkPHP 5 条件判断标签

本节学习如何在模板中使用条件判断标签。

7.10.1　条件判断标签简介

1. if 条件判断标签

最常用的 if 条件判断标签里面只有一个属性，就是 condition 条件，这个 condition 条件是支持 PHP 原生语法的，同时也支持多分支，每个分支用 elseif 来进行二次判断。如果这些都不满足条件，就会执行一个默认分支 elseif。

if 标签的语法如下:

```
{if condition="判断的条件1，支持原生"}内容1
{elseif condition="判断的条件2"/}内容2
{else/}如果都不满足，则执行该分支
{/if}

{if condition="判断的条件"}{/if}
```

condition 条件模板有相等（eq）、不等于（neq）、gt（大于）、egt（大于等于）、lt（小于）、elt（小于等于）。

2. switch 多分支条件判断标签

语法结构如下:

```
{switch name="模板变量"}
    {case value="值" break="0|1"}输出内容1{/case}
    {case value="值2" break="0|1"}输出内容2{/case}
{default /}默认情况
……
{/switch}
```

它主要是根据模板变量当前的值来进行判断的，实际上是一个嵌套标签，里面还有一个 case 标签。

case 标签也是一个封闭标签，需要进行关闭。case 标签有两个属性：一个是 value，一个是 break。其中，break 属性可以省略，默认情况下会自己添加。

value 主要是根据模板变量的值来进行判断，当这些都不满足时会执行 default 分支。

3. 范围判断标签

这种标签可以认为是 if 条件判断的一种快捷方式，最常用的功能是范围判断，语法如下:

```
{range name="模板变量" value="范围"  type="类型"}输出内容1
{else/}内容2
{/range}
```

range 标签用于判断某个变量是否在某个范围之内，包括 in、notin、between、nobetween 标签。

```
 --id 是否在 value 里面
{in name="id" value="1,2,3" }输出内容1{/in}
 --id 是否不在 value 里面
{notin name="id" value="1,2,3" }输出内容2{/notin}
 --in 中的 else 用法
{in name="id" value="1,2,3" }输出内容1{else/}输出内容2{/in}
 --可以替换 in 标签和 notin 的用法
{between name="模板变量" value="范围"  }输出内容1{/ between}
{nobetween name="模板变量" value="范围"  }输出内容1{/nobetween }
```

范围判断标签有一种标准格式，就是 range。它主要有三个属性，和比较标签比较相似，除了必须要用 name 属性和 value 属性来指出模板变量以及所要比较的范围之外，还要用一个 type 属性来指出条件范围判断的类型。

范围判断标签主要有两种：一种是 in 类型，一种是 between 类型。in 类型指定一个模板变量的一个范围（一个离散值），比如 1、2、3、4、5 或者 2、4、6、7、8 等，对于连续的值，用 between 指出来，而且这两个类型快捷标签都有取反操作，也就是 noin 和 nobetween。

4．对模板变量进行存在或者空值判断

（1）使用 present 标签来判断模板变量是否已经赋值：

```
<present name="name">name 已经赋值</present>
```

（2）判断模板变量还没有赋值：

```
<notpresent name="name">name 还没有赋值</notpresent>
```

（3）用 else 把（1）、（2）中的两个标签合并：

```
<present name="name">name 已经赋值<else /> name 还没有赋值</present>
```

（4）可以使用 empty 标签判断模板变量是否为空：

```
<empty name="name">name 为空值</empty>
```

（5）判断变量不为空值：

```
<notempty name="name">name 不为空</notempty>
```

（6）把（4）、（5）中的两个标签合并：

```
<empty name="name">name 为空<else /> name 不为空</empty>
```

（7）define 标签用于在模板中定义常量：

```
<define name="MY_DEFINE_NAME" value="3" />
```

（8）defined 标签用于判断某个常量是否有定义：

```
<defined name="NAME">NAME 常量已经定义</else>NAME 常量没有被定义</defined>
```

其中，有三个是成对出现的，而且是互为取反的，比如第一个 present 标签只有一个属性，name 值就是当前的模板变量，用来判断变量是否定义。下面两个判断变量是否为空或者不为空，标签是 empty，属性只有一个，就是模板变量的值。最后两个标签是用来进行常量定义判断的。defined 标签的属性只有一个，就是 name，它的值是当前要判断的常量名称，也有一个取反操作，就是 nodefined。

7.10.2 条件判断标签操作准备

（1）进行性别判断。

对控制器中的性别 sex 做一些简单修改，比如 sex 为 0 表示男、为 1 表示女。对循环变量$K 做一个取模（对二取模操作就可以：如果除尽，余数为 0，就是男；如果除不尽，余数为 1，就是女。

```
'sex'=>($key%2)? "男":"女",//性别：0，女；1，男
```

（2）进行姓名判断。

首先创建一个姓名数组，命名为$nickname：

```
$nickname=['cqcet','jack','maria','alex'];
```

然后随机取姓名：

```
'nickname'=>$nickname[rand(0,3)],//随机取姓名
```

它的索引用一个随机整数。上面定义的姓名数组有四个值，所以下标是 0 到 3。

（3）增加一个 level 字段。

level 表示的是用户级别，赋给它四个级别（一个随机数，1 到 4）。

（4）增加一个字段 home，表示用户的籍贯。Rand 取 1 到 3，假定只有三种变化。

（5）默认的控制器代码（地址为 D:\phpStudy\PHPTutorial\WWW\tp5\application\index\controller\Index.php）如下：

```php
<?php
namespace app\index\controller;
class Index extends \think\Controller
{
    public function index()
    {
        $user = [];
        $nickname=['cqcet','jack','maria','alex'];
        for ($key = 0; $key < 10; $key++)
        {
            $user[]=[
                'nickname'=>$nickname[rand(0,3)],//随机取姓名
                'sex'=>($key%2)? "男":"女",//性别：0，女；1，男
                'age'=>rand(15,40),
                'salary'=>rand(3200,6800),
                'level'=>rand(1,4),//用户级别1-4
                'home'=>rand(1,3)//用户籍贯
            ];
        }
        //注意：user 是二维数组
        return $this->view->fetch('',['user'=>$user,'age'=>18]);
    }
}
```

（6）修改模板文件（地址为 D:\phpStudy\PHPTutorial\WWW\tp5\application\index\view\index\index.html）。

打开对应的模板，增加两个表格的标题，将增加的字段显示出来：第一个是级别，第二个是籍贯。同样还要在这个表格的后面再增加两列，输出 level 和 home。

```
<table border="1" cellspacing="0" cellpadding="2" width="40%"align="center">
    <caption style="font-size: 22px;font-weight: bold">员工信息表</caption>
    <tr style="background: lightskyblue">
        <th>编号</th>
```

```
            <th>姓名</th>
            <th>性别</th>
            <th>年龄</th>
            <th>工资</th>
            <th>级别</th>
            <th>籍贯</th>
        </tr>
        <!--volist 循环-->
        {volist name="user" id="vo"}
        <tr>
            <td>{$key}</td>
            <td>{$vo.nickname}</td>
            <td>{$vo.sex}</td>
            {compare type="egt" name="vo.age" value="$age"}
            <td>已成年</td>
            {else /}
            <td>未成年</td>
            {/compare}
            <td>{$vo.salary}</td>
            <td>{$vo.level}</td>
            <td>{$vo.home}</td>
        </tr>
        {/volist}


</table>
```

（7）执行 tp5.com/index/index/index/访问，如图 7-56 所示。

编号	姓名	性别	年龄	工资	级别	籍贯
0	cqcet	女	已成年	6513	1	2
1	alex	男	已成年	3875	1	2
2	cqcet	女	已成年	4495	1	1
3	cqcet	男	未成年	6293	2	1
4	cqcet	女	已成年	6299	4	1
5	alex	男	已成年	4530	1	2
6	alex	女	已成年	5682	4	3
7	alex	男	已成年	4092	4	1
8	jack	女	已成年	3473	4	3
9	cqcet	男	已成年	6442	4	1

图 7-56 输出模板内容

测试发现男、女已经实现了区别显示，名字也发生了变化，级别、籍贯也已经显示出来，后面再进行判断。

7.10.3 范围条件判断

如果工资在 3000 元到 5000 元之间，就认为是中等收入，在单元格中显示"中等收入"，否则显示"高收入"。

（1）找到工资字段，用 between 标签来限制条件范围。between 标签也是一个封闭标签，需要封闭。

```
<!--between 标签-->
    //name 是模板变量，value 是范围
    {between name="vo.salary" value="3000,5000"}
    <td>中等收入</td>
    {else/}
    <td>高收入</td>
    {/between}
```

（2）删除 salary 字段。

用 between 标签实现此功能的完整代码（地址为 D:\phpStudy\PHPTutorial\WWW\tp5\application\index\view\index\index.html）如下：

```
<table border="1" cellspacing="0" cellpadding="2" width="40%"align="center">
    <caption style="font-size: 22px;font-weight: bold">员工信息表</caption>
    <tr style="background: lightskyblue">
        <th>编号</th>
        <th>姓名</th>
        <th>性别</th>
        <th>年龄</th>
        <th>工资</th>
        <th>级别</th>
        <th>籍贯</th>
    </tr>
    <!--volist 循环-->
    {volist name="user" id="vo"}
    <tr>
        <td>{$key}</td>
        <td>{$vo.nickname}</td>
        <td>{$vo.sex}</td>
        {compare type="egt" name="vo.age" value="$age"}
        <td>已成年</td>
        {else /}
        <td>未成年</td>
        {/compare}

        <!--between 标签-->
        {between name="vo.salary" value="3000,5000"}
        <td>中等收入</td>
        {else/}
        <td>高收入</td>
        {/between}

        <td>{$vo.level}</td>
        <td>{$vo.home}</td>
    </tr>
    {/volist}
```

```
</table>
```

（3）执行 tp5.com/index/index/index/访问，如图 7-57 所示。

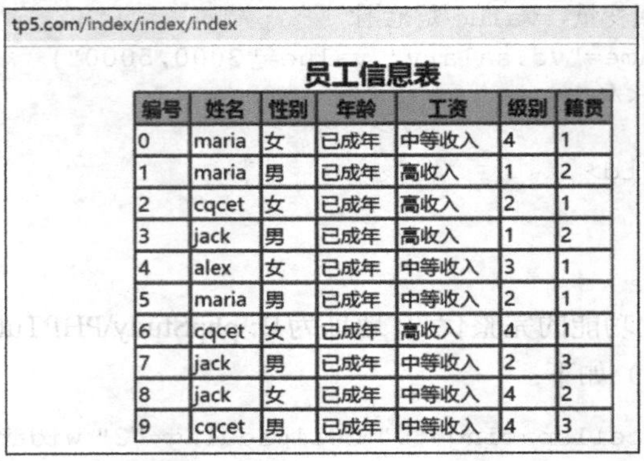

员工信息表

编号	姓名	性别	年龄	工资	级别	籍贯
0	maria	女	已成年	中等收入	4	1
1	maria	男	已成年	高收入	1	2
2	cqcet	女	已成年	高收入	2	1
3	jack	男	已成年	高收入	1	2
4	alex	女	已成年	中等收入	3	1
5	maria	男	已成年	中等收入	2	1
6	cqcet	女	已成年	高收入	4	1
7	jack	男	已成年	中等收入	2	3
8	jack	女	已成年	中等收入	4	2
9	cqcet	男	已成年	中等收入	4	3

图 7-57　输出模板变量内容

显示结果直接提示中等收入或者高收入，显示中等收入的工资应该是 3000 元到 5000 元，显示高收入的工资都高于 5000 元。

7.10.4　使用 switch 实现用户级别判断

按级别来划分人员，1 为钻石，2 为金牌，3 为银牌，4 为铜牌。

根据当前的用户级别设置一个有意义的字段，比如一级认为是钻石用户，显示的应该是“钻石”，三级用户对应的应该是“银牌”，四级用户对应的是“铜牌”，二级用户对应的是“金牌”。

（1）找到 level，对它进行一些操作，需要用到 switch 标签。它所处理的模板变量是 vo.level。该标签也是一个封闭标签，里面内嵌一个 case 标签。

（2）使用 switch 来实现的代码（地址为 D:\phpStudy\PHPTutorial\WWW\tp5\application\index\view\index\index.html）如下：

```
<table border="1" cellspacing="0" cellpadding="2" width="80%"align="center">
   <caption style="font-size: 22px;font-weight: bold">员工信息表</caption>
   <tr style="background: lightskyblue">
      <th>编号</th>
      <th>姓名</th>
      <th>性别</th>
      <th>年龄</th>
      <th>工资</th>
      <th>级别</th>
      <th>籍贯</th>
   </tr>
   <!--volist 循环-->
   {volist name="user" id="vo"}
   <tr>
      <td>{$key}</td>
      <td>{$vo.nickname}</td>
```

```
        <td>{$vo.sex}</td>
        {compare type="egt" name="vo.age" value="$age"}
        <td>已成年</td>
        {else /}
        <td>未成年</td>
        {/compare}

        <!--between 标签-->
        {between name="vo.salary" value="3000,5000"}
        <td>中等收入</td>
        {else/}
        <td>高收入</td>
        {/between}

        <!--switch 标签-->
        {switch name="vo.level"}
        {case value="1"}<td>钻石</td>{/case}
        {case value="2"}<td>金牌</td>{/case}
        {case value="3"}<td>银牌</td>{/case}
        {case value="4"}<td>铜牌</td>{/case}
        {/switch}

        <td>{$vo.home}</td>
    </tr>
    {/volist}

</table>
```

（3）执行 tp5.com/index/index/index/访问，如图 7-58 所示。

tp5.com/index/index/index

员工信息表

编号	姓名	性别	年龄	工资	级别	籍贯
0	maria	女	已成年	高收入	钻石	2
1	cqcet	男	已成年	中等收入	金牌	1
2	cqcet	女	已成年	中等收入	钻石	1
3	alex	男	已成年	中等收入	钻石	3
4	maria	女	未成年	高收入	钻石	2
5	maria	男	已成年	高收入	银牌	3
6	jack	女	已成年	高收入	金牌	2
7	cqcet	男	未成年	高收入	金牌	3
8	alex	女	已成年	高收入	铜牌	2
9	jack	男	已成年	高收入	金牌	1

图 7-58　输出模板变量内容

7.10.5　用 if 判断籍贯

根据用户籍贯的三种状态进行判断：1，重庆；2，外省；3，外国人。

（1）可以用 if 根据 1、2、3 来显示不同的值：当前它的籍贯状态等于 1，就认为是重庆的；如果是 2，就是外省的；如果是 3，就是外国人。

（2）if 只有一个属性：condition。

（3）对当前模板变量的值进行判断：如果等于1，那么输出的内容是"重庆"；如果等于2，那么应该输出"外省"；如果都不满足，应该用 else 输出"外国"。

（4）将原来的籍贯字段删除。

（5）使用 condition 来实现，代码（地址为 D:\phpStudy\PHPTutorial\WWW\tp5\application\index\view\index\index.html）如下：

```html
<table border="1" cellspacing="0" cellpadding="2" width="50%"align="center">
    <caption style="font-size: 22px;font-weight: bold">员工信息表</caption>
    <tr style="background: lightskyblue">
        <th>编号</th>
        <th>姓名</th>
        <th>性别</th>
        <th>年龄</th>
        <th>工资</th>
        <th>级别</th>
        <th>籍贯</th>
    </tr>
    <!--foreach 循环-->
    {volist name="user" id="vo"}
    <tr>
        <td>{$key}</td>
        <td>{$vo.nickname}</td>
        <td>{$vo.sex}</td>
        {compare type="egt" name="vo.age" value="$age"}
        <td>已成年</td>
        {else /}
        <td>未成年</td>
        {/compare}

        <!--between 标签-->
        {between name="vo.salary" value="3000,5000"}
        <td>中等收入</td>
        {else/}
        <td>高收入</td>
        {/between}

        <!--switch 标签-->
        {switch name="vo.level"}
        {case value="1"}<td>钻石</td>{/case}
        {case value="2"}<td>金牌</td>{/case}
        {case value="3"}<td>银牌</td>{/case}
        {case value="4"}<td>铜牌</td>{/case}
        {/switch}

        <!--condition 标签-->
        {if condition="$vo.home==1"}
        <td>重庆</td>
        {elseif condition="$vo.home==2"}
```

```
            <td>外省</td>
            {else /}
            <td>外国</td>
            {/if}
        </tr>
        {/volist}

    </table>
```

注意，condition 里面的变量有一个$符号。

（6）执行 tp5.com/index/index/index/访问，如图 7-59 所示。

员工信息表

编号	姓名	性别	年龄	工资	级别	籍贯
0	cqcet	女	已成年	中等收入	金牌	外国
1	maria	男	已成年	高收入	银牌	外国
2	cqcet	女	已成年	中等收入	铜牌	外省
3	jack	男	已成年	中等收入	钻石	重庆
4	alex	女	已成年	高收入	银牌	外省
5	cqcet	男	未成年	中等收入	铜牌	外省
6	cqcet	女	已成年	中等收入	银牌	重庆
7	alex	男	已成年	高收入	银牌	外国
8	maria	女	已成年	高收入	金牌	重庆
9	maria	男	已成年	高收入	钻石	重庆

图 7-59　输出模板变量内容

刷新以后，“籍贯”中应该根据数字显示对应的中文：如果当前为 1，就显示“重庆”；如果当前为 2，就显示“外省”；当前为 3，就显示“外国”。

由于是随机数，因此每次的运行结果都是不一样的。建议在开发项目时把这些判断内容放到控制器里完成。

第 8 章

网站房产信息系统开发实例

本章技术要点：
- ThinkPHP 5 开发环境简介
- 网站数据库建立及数据库连接
- 后台管理员权限管理的实现
- 后台管理员的管理
- 中介用户注册功能
- 用户管理功能的实现
- 找回密码的处理

本章用 ThinkPHP 5 开发一个网站房产信息管理系统，包括登录模块、后台管理模块、用户管理模块的开发等，基本涵盖了一般 Web 信息管理系统的功能和开发流程，据此读者可以掌握常见网站信息管理系统的开发方法和技巧。

8.1 ThinkPHP 5 开发环境简介

8.1.1 ThinkPHP 5 房产信息管理开发环境搭建

本系统使用 ThinkPHP 5 框架进行开发。

（1）使用 phpStudy 2016 集成开发环境，如图 8-1 所示。
（2）切换 PHP 版本为 7.0，如图 8-2 所示。

第 8 章 网站房产信息系统开发实例

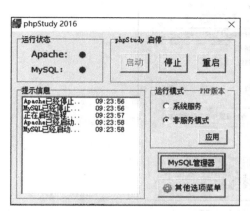

图 8-1　开发环境

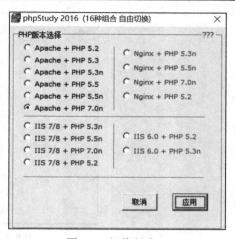

图 8-2　切换版本

（3）设置网站的主目录。phpStudy 安装完成后，默认 www 文件夹为站点的主目录。这是默认的，可以不设置。如果要更改，就单击"其他选项菜单"｜"phpStudy 设置"｜"端口常规设置"选项，在"phpStudy 设置"对话框中设置 httpd 端口和网站目录，如图 8-3 所示。

图 8-3　设置网站目录

（4）建立虚拟主机。

①在网站的主目录 www 下面建立一个文件夹 house，并将从网上下载的 ThinkPHP 5.0.24 文件全部复制到 house 下面。

②打开 phpStudy 软件，单击"其他选项"｜"站点域名设置"，在打开的"站点域名设置"对话框中，在"网站域名"栏中填写"house.com"，在"网站目录"文本框中选择网站的目录，比如 C:\phpStudy\www\house\public，如图 8-4 所示。

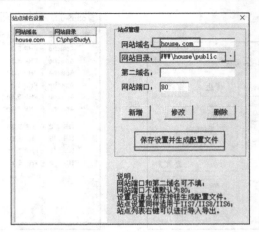

图 8-4 站点域名设置

③修改 hosts 文件。打开"其他选项"|"打开 hosts"选项,增加一行代码"127.0.0.1 house.com",如图 8-5 所示。

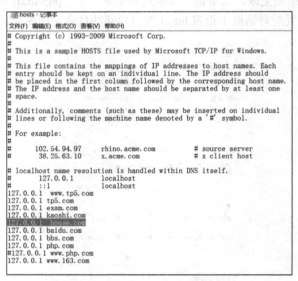

图 8-5 增加代码

> **注 意**
>
> 里面有很多其他域名,是笔者要调试的其他网站。增加的这行代码不能直接保存到原文件处,可以保存在自己的电脑桌面上。这个文件的名称是 hosts.txt,是一个记事本文件。将后缀名删除,这个文件就会成为一个系统文件,然后将这个系统文件复制到 C:\Windows\System32\drivers\etc 目录,按照提示允许替换即可。

④重新启动 phpStudy 中的 Apache 和 MySQL。
⑤在浏览器的地址栏中输入"house.com/index/index/index",按回车键,测试的效果如图 8-6 所示。

第 8 章 网站房产信息系统开发实例

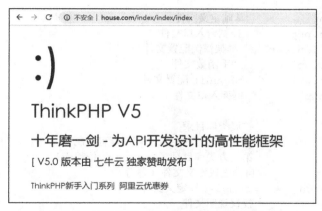

图 8-6 已经正常显示 ThinkPHP 5 配置成功

8.1.2 ThinkPHP 5 默认的目录结构

ThinkPHP 5 文件夹初始的目录结构如下：

```
www   Web 部署目录（或者子目录）
├─application           应用目录
│  ├─common             公共模块目录（可以更改）
│  ├─module_name        模块目录，默认是 index
│  │  ├─config.php      模块配置文件
│  │  ├─common.php      模块函数文件
│  │  ├─controller      控制器目录
│  │  ├─model           模型目录
│  │  ├─view            视图目录
│  │  └─ ...            更多类库目录
│  │
│  ├─command.php        命令行工具配置文件
│  ├─common.php         公共函数文件
│  ├─config.php         公共配置文件
│  ├─route.php          路由配置文件
│  ├─tags.php           应用行为扩展定义文件
│  └─database.php       数据库配置文件
│
├─public                Web 目录（对外访问目录）
│  ├─index.php          入口文件
│  ├─router.php         快速测试文件
│  └─.htaccess          用于 apache 的重写
│
├─thinkphp              框架系统目录
│  ├─lang               语言文件目录
│  ├─library            框架类库目录
│  │  ├─think           Think 类库包目录
│  │  └─traits          系统 Trait 目录
│  │
│  ├─tpl                系统模板目录
```

```
|   ├─base.php              基础定义文件
|   ├─console.php           控制台入口文件
|   ├─convention.php        框架惯例配置文件
|   ├─helper.php            助手函数文件
|   ├─phpunit.xml           phpunit 配置文件
|   └─start.php             框架入口文件
|
├─extend                    扩展类库目录
├─runtime                   应用的运行时目录（可写，可定制）
├─vendor                    第三方类库目录（Composer 依赖库）
├─build.php                 自动生成定义文件（参考）
├─composer.json             composer 定义文件
├─LICENSE.txt               授权说明文件
├─README.md                 README 文件
├─think                     命令行入口文件
```

对于这个默认的框架目录，这里不做过多的描述。

8.2 网站数据库建立及数据库连接

8.2.1 网站需要的数据库设计

要实现房产信息的管理，需要使用数据库，这些数据可以在开发项目之前先将数据库设计完成。设计数据库可以通过 phpStudy 集成的 phpMyAdmin 进行设计，也可以通过 navicat 进行设计。

1. 建立数据库

（1）在浏览器地址栏中输入"localhost/phpmyadmin"后按回车键，可以打开默认的数据库登录页面首页，如图 8-7 所示。输入用户名和密码（root,root）即可成功登录。

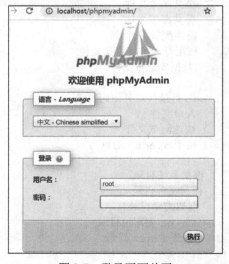

图 8-7 登录页面首页

（2）登录成功后，就可以创建数据库了。本项目创建的数据库名称为 house。单击数据库，就可以创建数据库，如图 8-8 所示。

图 8-8 创建数据库

2．创建数据库中的表

基于 ThinkPHP 5 框架的房屋管理系统，数据库设计表的结构设计如下，其中各列的含义是字段名、字段类型、取值、说明。

（1）管理员表 admin

```
id              int(11)           PRIMARY KEY    主键 ID
username        varchar(20)       NULL           登录名
truename        varchar(33)       NULL           真实姓名
password        varchar(50)       NULL           密码
sex             tinyint(1)        1              性别(1，男；2，女)
email           varchar(33)       NULL           邮箱
user_img        varchar(255)      NULL           用户头像
tel             varchar(20)       NULL           手机号
type            tinyint(1)        1              用户类型(1，中介；2，管理员)
card            varchar(33)       NULL           身份证(中介)
company         varchar(33)       NULL           所属公司(中介)
store           varchar(33)       NULL           分店(中介)
status          tinyint(1)        1              状态（0，禁用；1，正常）
add_time        int(11)           NULL           添加时间
```

（2）权限表 admin_oath

```
id              int(11)           PRIMARY KEY    主键 ID
controller      varchar(33)       NULL           控制器
name            varchar(33)       NULL           名称
desc            varchar(33)       NULL           描述
add_time        varchar(33)       NULL           添加时间
```

（3）关注表 attention

```
id              int(11)           PRIMARY KEY    主键 ID
house_id        int(11)           NULL           房子 ID
user_id         int(11)           NULL           用户 ID
add_time        int(11)           NULL           添加时间
```

（4）租房表 house

id	int(11)	PRIMARY KEY	主键 ID
admin_id	int(11)	NULL	发布者 ID
title	varchar(50)	NULL	房屋标题
name	varchar(50)	NULL	小区名称
desc	text	NULL	描述
type1	int(11)	NULL	室
type2	int(11)	NULL	厅
type3	int(11)	NULL	卫
acreage	int(11)	NULL	面积
direction	varchar(33)	NULL	朝向
decoration	tinyint(1)	NULL	装修情况（1，精装修；2，普通装修；3，毛坯房）
floor	tinyint(1)	NULL	所在楼层（1，底层；2，低楼层；3，中楼层；4，高楼层；5，顶层）
floor_count	int(11)	NULL	共几层
way	tinyint(1)	NULL	租赁方式（1，整租；2，合租）
config	varchar(50)	NULL	房屋配置
money	double(10,2)	0.00	租金
status	tinyint(1)	NULL	状态（0，待审核；1，通过；2，拒绝）
username	varchar(33)	NULL	发布者姓名
on_sale	tinyint(1)	0	上架状态（0，下架；2，上架）
address	varchar(255)	NULL	地址
attention	int(11)	0	关注量
house_sn	varchar(33)	NULL	房子编号
heating_method	tinyint(1)	NULL	供暖方式（1，自供暖；2，集体供暖）
add_time	int(11)	NULL	添加时间

（5）租房-图片关联表 house_img

id	int(11)	PRIMARY KEY	主键 ID
house_id	int(11)	NULL	房子 ID
filename	varchar(255)	NULL	图片路径
add_time	int(11)	NULL	添加时间

（6）租房-配置表 house_config

id	int(11)	PRIMARY KEY	主键 ID
name	varchar(33)	NULL	名称
filename	varchar(255)	NULL	图片路径
add_time	int(11)	NULL	添加时间

（7）租房-委托表 house_depute

id	int(11)	PRIMARY KEY	主键 ID
title	varchar(50)	NULL	小区名称
acreage	int(11)	NULL	面积
house_type	varchar(100)	NULL	户型
money	double(10,2)	NULL	期望租金
username	varchar(50)	NULL	联系人姓名
tel	varchar(11)	NULL	联系人电话

is_take	tinyint(1)	1	接单状态(1,未接单; 2,已接单)
take_name	varchar(100)	NULL	接单人
take_id	int(11)	NULL	接单人ID
take_type	tinyint(1)	NULL	接单人类型(1,中介; 2,管理员)
building	int(11)	NULL	楼栋号
unit	int(11)	NULL	单元号
doorplate	int(11)	NULL	门牌号
add_time	int(11)	NULL	添加时间

（8）用户服务协议表 protocol

id	int(11)	PRIMARY KEY	主键ID
content	text	NULL	内容
add_time	int(11)	NULL	添加时间

（9）预约看房表 reservations

id	int(11)	PRIMARY KEY	主键ID
admin_id	int(11)	NULL	房子发布者ID
user_id	int(11)	NULL	用户ID
username	varchar(50)	NULL	用户姓名
house_id	int(11)	NULL	房子ID
title	varchar(33)	NULL	房子标题
name	varchar(33)	NULL	小区名称
building_acreage	double(10,2)	NULL	建筑面积
money	int(11)	NULL	售价
status	tinyint(1)	0	状态(0,未处理;1,已处理)
tel	varchar(11)	NULL	电话
add_time	int(11)	NULL	添加时间

~~~

（10）售房表 selling_house

id	int(11)	PRIMARY KEY	主键ID
admin_id	int(11)	NULL	发布者ID
title	varchar(50)	NULL	房屋标题
name	varchar(50)	NULL	小区名称
desc	text	NULL	描述
shi	int(11)	NULL	室
ting	int(11)	NULL	厅
chu	int(11)	NULL	厨
wei	int(11)	NULL	卫
building_acreage	int(11)	NULL	建筑面积
inner_acreage	int(11)	NULL	室内面积
direction	varchar(33)	NULL	朝向
decoration	tinyint(1)	NULL	装修情况(1,精装修; 2,普通装修;3,毛坯房)
floor	tinyint(1)	NULL	所在楼层(1,底层;2,低楼层; 3,中楼层;4,高楼层;5,顶层)
floor_count	int(11)	NULL	共几层

字段	类型	默认/键	说明
money	double(10,2)	0.00	每平多少钱
total_money	double(10,2)	0.00	房屋售价
status	tinyint(1)	NULL	状态（0，待审核；1，通过；2，拒绝）
username	varchar(33)	NULL	发布者姓名
on_sale	tinyint(1)	0	上架状态（0，下架；2，上架）
address	varchar(255)	NULL	地址
attention	int(11)	0	关注量
house_sn	varchar(33)	NULL	房子编号
heating_method	tinyint(1)	NULL	供暖方式（1，自供暖；2，集体供暖）
see_house_time	tinyint(1)	NULL	预约看房时间（1，有租户需要预约；2，提前预约随时可看）
years	int(11)	NULL	产权年限
building_type	tinyint(1)	NULL	建筑类型（1，塔楼；2，板楼；3，塔板结合）
family_structure	tinyint(1)	NULL	户型结构（1，平层；2，跃层）
building_structure	tinyint(1)	NULL	建筑结构（1，钢混结构；2，钢结构；3，砖混结构）
ti	int(11)	NULL	梯
hu	int(11)	NULL	户
type	tinyint(1)	NULL	房产类型（1，二手房；2，新房）
add_time	int(11)	NULL	添加时间

（11）售房-图片关联表 selling_house_img

字段	类型	默认/键	说明
id	int(11)	PRIMARY KEY	主键 ID
selling_house_id	int(11)	NULL	房子 ID
filename	varchar(255)	NULL	图片路径
add_time	int(11)	NULL	添加时间

（12）用户表 user

字段	类型	默认/键	说明
id	int(11)	PRIMARY KEY	主键 ID
username	varchar(20)	NULL	登录名
password	varchar(50)	NULL	密码
sex	tinyint(1)	1	性别（1，男；2，女）
email	varchar(33)	NULL	邮箱
user_img	varchar(255)	NULL	用户头像
tel	varchar(20)	NULL	手机号
status	tinyint(1)	1	状态（0，禁用；1，正常）
add_time	int(11)	NULL	添加时间

3. 完成的数据库表（见图 8-9）

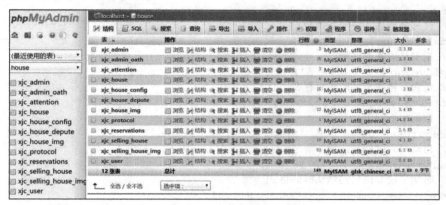

图 8-9　完成的数据库表

注意，表的前面加了 xjc_。

8.2.2　建立数据库的连接

（1）建立网站文件夹后，先建立网站的数据连接。

（2）打开 application 应用目录下面的 database.php 文件，在里面建立数据库连接。

```php
<?php
return [
    // 数据库类型
    'type'            => 'mysql',
    // 服务器地址
    'hostname'        => '127.0.0.1',
    // 数据库名
    'database'        => 'house',
    // 用户名
    'username'        => 'root',
    // 密码
    'password'        => 'root',
    // 端口
    'hostport'        => '',
    // 连接dsn
    'dsn'             => '',
    // 数据库连接参数
    'params'          => [],
    // 数据库编码默认采用utf8
    'charset'         => 'utf8',
    // 数据库表前缀
    'prefix'          => 'xjc_', //因为我们在前面的数据表中加了前缀 xjc_
    // 数据库调试模式
    'debug'           => true,
    // 数据库部署方式:0, 集中式(单一服务器); 1, 分布式(主从服务器)
    'deploy'          => 0,
```

```
            // 数据库读写是否分离，主从式有效
            'rw_separate'       => false,
            // 读写分离后，主服务器数量
            'master_num'        => 1,
            // 指定从服务器序号
            'slave_no'          => '',
            // 是否严格检查字段是否存在
            'fields_strict'     => true,
            // 数据集返回类型
            'resultset_type'    => 'array',
            // 自动写入时间戳字段
            'auto_timestamp'    => false,
            // 时间字段取出后的默认时间格式
            'datetime_format'   => 'Y-m-d H:i:s',
            // 是否需要进行SQL性能分析
            'sql_explain'       => false,
];
```

8.3 房产信息系统后台管理员登录功能的实现

8.3.1 建立 admin 后台管理模块

在 admin 下面建立 4 个文件夹：controller、model、validate、view。其中，controller 用来写后台管理的控制器文件，model 用来写数据库查询的文件，validate 用来写验证文件，view 用来写模板文件。建立的文件夹如图 8-10 所示。

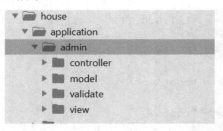

图 8-10 建立后台管理的文件夹

8.3.2 建立登录控制器文件 Login.php

Login.php 的首字母是大写的。

（1）控制器的真实路径如下：

```
namespace app\admin\controller;
```

（2）使用 think 下面的控制器基类。

（3）使用 app\admin\model 下面的 Admin 模型，并重命名为 AdminModel。

（4）使用 app\admin\validate 下面的 Login 验证器，并重命名为 LoginValidate。
（5）定义控制器类名称 Login，并继承控制器基类。

```
class Login extends Controller
```

（6）创建一个默认的操作 index，并渲染输出。

```php
<?php
namespace app\admin\controller;
use think\Controller;
use  app\admin\model\Admin as AdminModel;
use app\admin\validate\Login as LoginValidate;
class Login extends Controller
{
    /**
     * 登录页面
     * @return mixed
     */
    public function index()
    {
    return $this->fetch();
    }
}
```

8.3.3 建立模型、验证器和模板文件

建立 Admin 模型文件 Admin.php、Login 验证器 Login.php 和 Login 控制器相对应的 index 模板文件，如图 8-11 所示。

图 8-11 建立相关的几个文件

8.3.4 建立静态资源文件

在 Web 发布目录 Public 下面放置静态资源文件（可以直接使用本书资源中提供的，不需要自己创建），如图 8-12 所示。

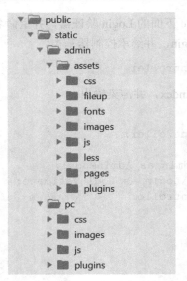

图 8-12 静态资源文件

8.3.5 建立模板文件 index.html

使用提供的模板文件即可。

（1）注意引用资源路径的写法，比如__ADMIN__/assets/css/。

（2）注意__ADMIN__/assets/js 的路径。

```
<link href="__ADMIN__/assets/css/bootstrap.min.css" rel="stylesheet" type="text/css" />
    <link href="__ADMIN__/assets/css/core.css" rel="stylesheet" type="text/css" />
    <link href="__ADMIN__/assets/css/components.css" rel="stylesheet" type="text/css" />
    <link href="__ADMIN__/assets/css/icons.css" rel="stylesheet" type="text/css" />
    <link href="__ADMIN__/assets/css/pages.css" rel="stylesheet" type="text/css" />
    <link href="__ADMIN__/assets/css/responsive.css" rel="stylesheet" type="text/css" />
    <script src="__ADMIN__/assets/js/modernizr.min.js"></script
```

（3）注意 form 表单的含义：

```
<form class="form-horizontal m-t-20" action="{:url('Login/index')}" method="post">
```

这个表单的提交链接使用的是 url 助手函数{:url('Login/index')}，提交到 Login/index，提交方式是 post。

表单元素代码分析：

```
<div class="col-xs-12">
```

```
    <input name="username" class="form-control" type="text"  placeholder="
用户名" maxlength="25" required value="{$username|default=''}">
    <small class="text-danger"></small>
  </div>
```

上面这段代码是 bootstrap 的 HTML5 标签和 CSS 样式代码，重点是 input 标签。其中，name 是 input 标签的名称，即 username，一般情况下和数据库字段的名称一样；type 是指标签的类型，这里是文本框；placeholder 属性提供可描述输入字段预期值的提示信息（hint），该提示会在输入字段为空时显示，并会在字段获得焦点时消失。

说　　明
placeholder 属性适用于 text、search、url、telephone、email 和 password 这些<input>类型。

required 属性规定必须在提交之前填写输入字段。如果使用该属性，则字段是必填（或必选）的。

required value="{$username|default=''}"的含义是必须填写用户名称，default=''是指定的默认值，为空，表示没有指定默认值。

说　　明
required 属性适用于 text、search、url、telephone、email、password、date pickers、number、checkbox、radio 和 file 这些<input>类型。

`<small class="text-danger"></small>`强调填写的字体颜色

（4）登录密码的表单元素代码如下：

```
<div class="form-group">
<div class="col-xs-12">
  <input name="password" class="form-control" type="password" required="" placeholder="登录密码">
  <small class="text-danger"></small>
</div>
</div>
```

这段代码的分析与用户名没有多大区别，不再赘述。

（5）下面是验证码的代码：

```
<div class="form-group">
                <div class="col-sm-6">
                    <input name="captcha_code" class="form-control" type="text" placeholder="验证码" style="width: 100%" >
</div>
    <div class="col-sm-6" >
      <a href="#" onclick="refreshVerify()">
          <img class="verify-img" src="{:captcha_src()}" alt="验证码" style="height:36px;"/>
      </a>
    </div>
```

```
        </div>
<div class="form-group" style="padding-left:13px;">
    <small class="text-danger"></small>
</div>
```

> **注 意**
>
> name="captcha_code"是后台进行验证的字段名称，onclick="refreshVerify()"表示单击鼠标刷新验证码，src="{:captcha_src()}"是指出生成验证码的源文件。

验证码是通过 ThinkPHP 5 框架的一个验证码扩展文件产生的，这个验证文件需要通过 composer 在网上下载。

下面补充介绍一下安装 think-captcha 扩展包的要点。

（1）composer 有一个安装文件，直接双击安装文件安装。注意，安装选择路径时要选择 PHP 版本文件夹下面的 php.exe，本书介绍的是 PHP 7.0，安装 composer 就选择 php.exe 文件，如图 8-13 所示。

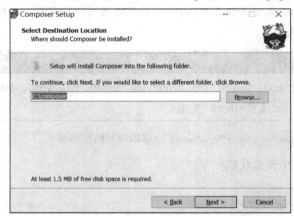

图 8-13　安装路径选择

（2）选择对应版本下面的 php.exe，如图 8-14 所示。

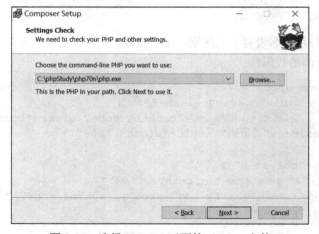

图 8-14　选择 PHP 7.0 下面的 php.exe 文件

第 8 章 网站房产信息系统开发实例 | 279

（3）单击 Next 按钮继续安装，提示配置出错，如图 8-15 所示。

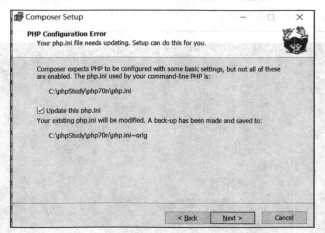

图 8-15　提示配置出错

（4）单击 Next 按钮继续执行，直到出现 Install，单击 Install 按钮，如图 8-16 所示。

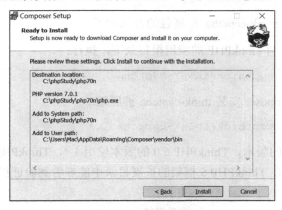

图 8-16　单击安装

（5）单击 Finish 按钮完成安装，如图 8-17 所示。

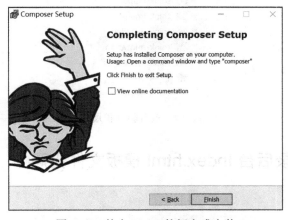

图 8-17　单击 Finish 按钮完成安装

（6）检验 composer 是否安装成功。打开 cmd，然后在里面输入"composer"，如果出现如图 8-18 所示的 composer 图片，表示安装成功。

图 8-18　composer 安装成功

使用 composer 安装 think-captcha 扩展包的方法如下：

（1）使用 cmd 切换到 ThinkPHP 的应用根目录下，执行：

```
composer require topthink/think-captcha
```

注意，首先使用 Composer 安装 think-captcha 扩展包：

```
composer require topthink/think-captcha 1.*
```

请特别留意 captcha 的版本，ThinkPHP 5.0 的版本使用 1.*，ThinkPHP 5.1 的版本使用 2.*！

（2）安装完成后，在 ThinkPHP 5 框架的扩展目录中能够看到验证扩展包，如图 8-19 所示。

图 8-19　查看验证扩展包

8.3.6　管理员登录后台 Index.html 模板文件代码

（1）代码：

```
<div class="form-group m-t-15 m-b-0">
```

```
            <div class="col-sm-8">
             <a href="{:url('pc/agency/index')}" class="text-dark"><i class="fa
fa-user m-r-5"></i>中介注册</a>
            </div>
            <div class="col-sm-4">
            <a href="javascript:void(0)" onclick="sendEmail();"
class="text-dark"><i class="fa fa-lock m-r-5"></i> 忘记密码?</a>
            </div>
           </div>
          </form>
```

<a href="{:url('pc/agency/index')}"> 通过 url 助手函数指出中介注册的链接。在 pc/agency/index 中，pc 是前台模块，agency 是中介注册功能的控制器，index 是操作（通过这个操作对应的模板文件进行注册，不过注册功能的实现要到后面再讲）。

onclick="sendEmail();"是当用户忘记密码时实现找回密码的功能（后面再介绍实现方法）。

（2）测试后台登录。

执行 http://house.com/admin/login/index 测试，效果如图 8-20 所示。

（3）不填写用户名就进行测试，如图 8-21 所示。

图 8-20　后台登录效果

图 8-21　提示请填写此字段

> **注　意**
>
> 单击验证码图标不能刷新验证码，只有刷新网页才能刷新验证码，需要对 index.html 代码进行修改，其他的用户名、密码字段也需要修改（具体修改的内容后面介绍）。

8.3.7　在控制器文件 Login.php 中继续编写代码

（1）定义一个操作：

```
public function index()//定义一个操作 index
    {
    //对提交方式进行判断
    if (request()->isPost()) {
          $validate = new LoginValidate;//实例化验证器
```

```php
            $admin = new AdminModel;//实例化模型
            //批量验证表单中填写的内容是否符合验证规则,然后将验证结果返回给$result 变量
            $result = $validate->batch()->check(input('post.'));
            //保存用户名
            $this->assign('username',input('post.username'));
            //对用户登录数据进行校验
            if ($result === false) {//数据错误,输出错误信息
                $this->assign('validate', $validate->getError());
            } else {
                //通过 admin 模型的 login 方法获取表单中的用户名和密码,然后赋值给$uid 变量
                $uid = $admin->login($_POST['username'],input('post.password'));
                if ($uid > 0) { //登录成功
                    $this->redirect('Index/index'); //跳转至网站主页面
                } else {
                    switch ($uid) {//通过 switch 进行循环
                        case -1:
                            $error = '用户不存在!';
                            break; //系统级别禁用
                        case -2:
                            $error = '密码错误!';
                            break;
                        case -3:
                            $error = '该用户被禁用!';
                            break;
                        default:
                            $error = '未知错误!';
                            break;
                    }
                    $this->assign("error", $error);
                }
            }
        }
        return $this->fetch();
    }
}
```

(2)只填写用户名和密码测试一下,如图 8-22 所示(验证码不起作用,没有填)。

图 8-22 测试界面

（3）按回车键，测试结果如图8-23所示。

```
[0] ThrowableError in Login.php line 16
致命错误: Class 'app\admin\validate\Login' not found
7.  {
8.      /**
9.       * 登录页面
10.      * @return mixed
11.      */
12.     public function index()//定义一个操作index
13.     {
14.         //对提交方式进行判断
15.         if (request()->isPost()) {
16.             $validate = new LoginValidate;//实例化验证器
```

图8-23　提示错误

因为在Login.php控制器的代码中有实例化验证器，现在没有写验证器的代码。

8.3.8　编写验证器代码

（1）编写验证器的代码：

```php
<?php
namespace app\admin\validate;
use think\Validate;

class Login extends Validate//定义一个验证器文件继承验证器
{
    protected $rule = [ //定义验证规则
        'username' => 'require|max:25',//定义用户名字段必须填，最多不超过25字符
        'password' => 'require|min:6|max:16',//定义密码字段必须填，最少不低于6个字符，最多不超过16字符
        'captcha_code' => 'require|captcha',//定义验证码必须填
    ];

    protected $message = [//定义提示信息
        'username.require' => '名称必须',
        'username.max' => '名称最多不能超过25个字符',
        'password.require'    => '密码不能为空',
        'password.min'        => '密码为6~16位字符',
        'password.max'        => '密码为6~16位字符',
        'captcha_code.require' => '请输入验证码',
        'captcha_code.captcha' => '验证码错误',
    ];
}
```

（2）刷新页面测试，提示没有模型文件，如图8-24所示。

图 8-24　提示没有模型文件

8.3.9　编写模型文件

（1）在 Admin.php 模型文件中继续编写代码：

```
<?php
namespace app\admin\model;//模型文件的真实路径
use think\Model;//使用模型类
class Admin extends Model//定义 Admin 模型文件并继承 Model
{

}
```

（2）刷新 http://house.com/admin/login/index.html，测试结果如图 8-25 所示。

图 8-25　提示请输入验证码

> **注　意**
>
> 只填用户名和密码，不填写验证码，是不能提交的，提示必须输入验证码。

输入错误的验证码，再次测试，如图 8-26 所示。
输入错误的验证码，提示出错，如图 8-27 所示。

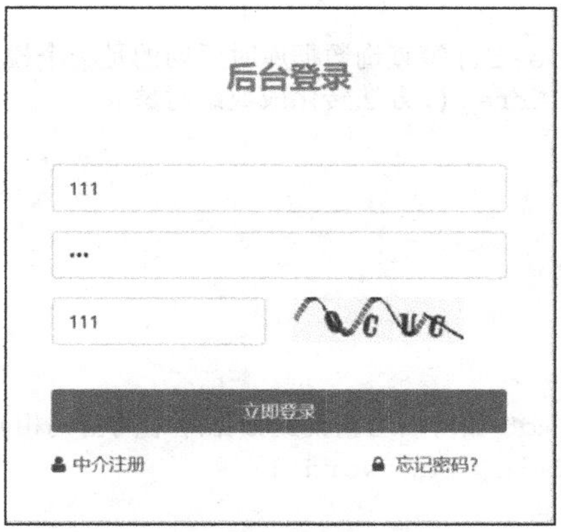

图 8-26　输入验证码 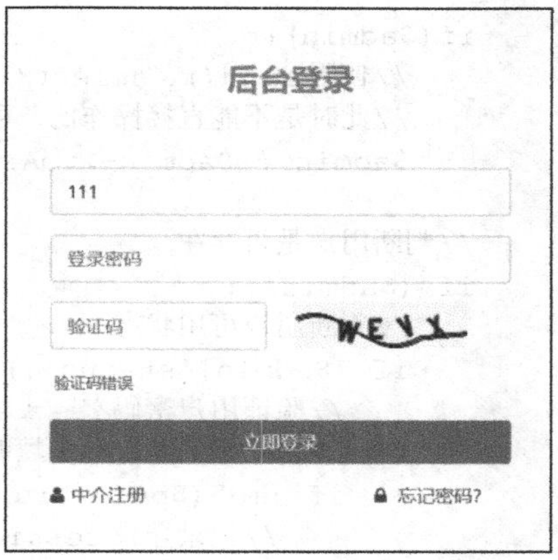　　　　　　　图 8-27　提示验证码错误

输入正确的验证码，如图 8-28 所示。

图 8-28　输入正确的验证码

单击"立即登录"按钮，并没有跳转到后台首页，因为程序还没有完成。

8.3.10　完善模型 Admin.php 文件中的代码

（1）在 login 操作中增加代码：

```php
/**
 * 登录
 * @param $username
 * @param $password
 * @return int
 */
//定义一个login方法，在方法中传入两个参数
public function login($username, $password)
{
    //获取用户数据：通过where查询username字段数据，为真时赋值给$admin变量
    $admin = $this->where('username', $username)->field(true)->find();
```

```php
    if($admin){
        //使用 find()、select()、get()、all()等查询数据库时返回的是一个模型对象,
        //此时是不能直接操作的,可以使用 toArray()方法转化成数组对象
        $admin = $admin->toArray();
    }
    //判断用户是否存在
    if ($admin) {
        //判断用户可用状态
        if ($admin['status']) {
            //验证用户密码
            //密码正确,表单中填的密码通过 md5 加密后与查询到数据库中的密码相同
            if (md5($password) === $admin['password']) {
                //记录登录 session
             session('admin', $admin);
            session('admin_sign', dataAuthSign($admin));//存储管理员标记和签名数据
                return $admin['id']; //登录成功,返回用户 ID
            } else {
                return -2; //用户密码错误
            }
        } else {
            return -3; //用户被禁用
        }
    } else {
        return -1; //用户不存在
    }
}
```

(2)输入正确的用户名和密码,进行测试,测试结果如图 8-29 所示。

```
[0] HttpException in App.php line 394
控制器不存在:app\admin\controller\Index
385.        // 设置当前请求的控制器、操作
386.        $request->controller(Loader::parseName($controller, 1))->action($actionName);
387.
388.        // 监听module_init
389.        Hook::listen('module_init', $request);
390.
```

图 8-29 测试结果

8.3.11 在公共函数文件中编写代码

(1)打开公开函数文件 common.php,编写代码:

```php
<?php
// 应用公共文件
include('common/common/function.php');
```

在 application 目录下面建立公共函数文件夹和文件(common/common/function.php),如图 8-30 所示。

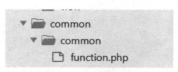

图 8-30　建立公共文件

（2）在 function.php 中编写代码：

```php
<?php
use think\PHPMailer;//调用邮件组件
/**
 * 数字签名认证
 * @param string $data 被认证的数据
 * @return string 签名
 */
function dataAuthSign($data)
{
    $code = http_build_query($data); //url编码并生成query字符串
    $sign = sha1($code); //生成签名

    return $sign;
}
```

8.3.12　建立基础控制器 BaseController.php 文件

这个中间控制器继承基类控制器。

（1）建立命名空间：

```php
<?php
namespace app\admin\controller;
use think\Controller;
//use app\admin\model\AdminOath as AdminOathModel;
class BaseController extends Controller
{
    /**
     * 后台控制器初始化
     */
```

（2）初始化：

```php
public function _initialize()
    {
        $status = self::isLogin();//引用self::方法判断是否登录
        if (!$status) { //还没登录，跳转到登录页面
            $this->redirect('Login/index');
        }



    }
```

（3）检查用户登录：

```php
/**
 * 检查用户是否登录
 * @return bool|mixed
 */
public function isLogin()
{
    $admin = session('admin');//变量$admin 等于存储的 admin
    if (empty($admin)) {
        return false;
    } else {
    //输出存储的 admin 登录标记
        return session('admin_sign') == dataAuthSign($admin) ? $admin["id"] : false;
    }
}
```

8.3.13 建立 admin 模块的控制器和视图文件

在 admin 模块的 controller 中建立一个控制器 Index.php（后台首页的控制器），同时建立模板文件。

（1）编写后台首页的控制器 Index.php 的代码：

```php
<?php
namespace app\admin\controller;
use think\Controller;
use think\Db;//调用 Db 数据库类
class Index extends BaseController
{
    public function index()
    {
      return $this->fetch();//输出到后台首页模板文件
    }
}
```

（2）建立与 Index.php 控制器对应的模板文件，如图 8-31 所示。
（3）在后台首页写几个字，再测试，如图 8-32 所示。

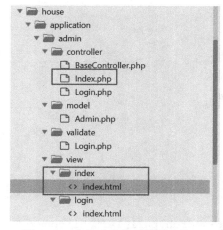

图 8-31　建立后台首页模板文件

图 8-32　测试效果

8.3.14　在 Index.php 控制器中建立一个 main 方法

（1）建立一个操作：

```
public function main(){
    //获取 admin 的数据
    $mysql = Db::name('admin')->query("select VERSION() as version");
    $mysql = $mysql[0]['version'];//查询数据库版本
    $info = [
     '操作系统'        =>  PHP_OS,
     '运行环境'        => $_SERVER["SERVER_SOFTWARE"],//通过$_SERVER获取运行环境
        'PHP 运行方式'   => php_sapi_name(),
        'PHP 版本'       => phpversion(),
        'MYSQL 版本'     => $mysql,
        'ThinkPHP'       => 'ThinkPHP 5.0.24',
        '上传附件限制'   =>ini_get('upload_max_filesize'),
        '执行时间限制'   => ini_get('max_execution_time') . "s",
        '剩余空间'   => round((@disk_free_space(".") / (1024 * 1024)), 2) . 'M'
    ];
    $this->assign('info',$info);//渲染输出

    $info1 = [
        '开发者'     => 'zwj',
        '邮箱'       => 'xxxx@qq.com',
        '电话'       => '136xxxx',
    ];
    $this->assign('info1',$info1);
    echo $this->fetch();
}
```

（2）修改 view\index 目录下面的 index.html 文件，并建立一个 main.html 文件，如图 8-33 所示。

图 8-33 建立文件

8.3.15 编写 Index.html 中的代码

（1）头部区域的设计

搜索的代码如下：

```
<form role="search" class="navbar-left app-search pull-left hidden-xs">
  <input type="text" placeholder="Search..." class="form-control">
    <a href=""><i class="fa fa-search"></i></a>
  </form>
```

（2）右上角的个人设置部分代码

这里面有一个变量$type，就是管理员表中的用户类型，需要先在后台 Index.php 控制器中进行定义。

```
<ul class="dropdown-menu">
{if condition="$type eq 1"}//如果$type=1 是中介
//修改中介的信息
    <li><a href="{:url('admin/agency/set')}?id={$id|default=''}" data-loader
="true" data-title="个人设置"><i class="ti-settings m-r-5" ></i> 个人设置</a></li>
{else/}//否则是管理员
//修改管理员的信息
    <li><a href="{:url('admin/Admin/set')}?id={$id|default=''}" data-loader
="true" data-title="个人设置"><i class="ti-settings m-r-5" ></i> 个人设置</a></li>
    {/if}
//设置退出链接
    <li><a href="{:url('Login/logout')}"><i class="ti-power-off m-r-5"></i> 退出</a></li>
</ul>
```

8.3.16 控制器 Index.php 中的部分代码

```
<?php
namespace app\admin\controller;
use think\Controller;
use think\Db;
class Index extends BaseController
{
    public function index()
    {

        //$this->assign('admin','admin');
```

```
        //登录者id
        $id = $_SESSION['think']['admin']['id'];
        //登录者类型, 1表示中介, 2表示管理员
        $type = $_SESSION['think']['admin']['type'];
        $this->assign('type',$type);
        $this->assign('id',$id);
        return $this->fetch();
    }
}
```

如果没有定义这个变量后面的$type就会出错, 如图8-34所示。

图 8-34 提示出错

后台首页的左侧区域直接使用提供的模板:

```
<!-- ========== Left Sidebar Start ========== -->
    <div class="left side-menu">
```

8.3.17 Main.html 页面的设计

(1) 编写代码:

```
<div class="panel panel-default">
<div class="panel-heading">
<h3 class="panel-title">系统信息</h3>
</div>
<div class="panel-body home-info">
<ul class="list-unstyled">
//通过volist循环输出系统信息, name是模板数据, id是临时变量
{volist name="info" id="vo"}
    <li class="main_info"><em>{$key}</em> <span>{$vo}</span></li>
{/volist}
</ul>
</div>
</div>

<div class="panel panel-default">
<div class="panel-heading">
<h3 class="panel-title">基本信息</h3>
</div>
<div class="panel-body home-info">
<ul class="list-unstyled">
//通过volist循环输出系统信息, name是模板数据, id是临时变量
```

```
{volist name="info1" id="vo"}
    <li class="main_info"><em>{$key}</em> <span>{$vo}</span></li>
{/volist}
</ul>
</div>
</div>
```

（2）测试效果如图 8-35 所示。

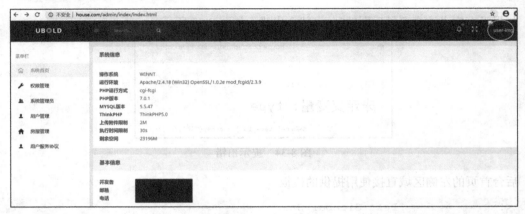

图 8-35　测试效果

（3）单击右上角的 user-img，进入个人设置界面。现在不能进行个人设置，单击退出按钮也不能退出。

8.3.18　在 Login.php 文件中编写退出登录代码

（1）编写退出代码，增加一个 logout()操作：

```
/**
 * 退出登录
 */
public function logout(){
    session('admin',null);
    session('admin_sign',null);
    $this->redirect('Login/index');
}
```

（2）测试退出（见图 8-36），回到登录界面，如图 8-37 所示。

图 8-36　测试退出

图 8-37　回到登录页面

8.3.19　刷新验证码

在登录页面（login\index.html）的下面增加代码，单击图片刷新验证码。

（1）login\index.html 中的验证码刷新的写法如下：

```
<div class="col-sm-6" >
   <a href="#" onclick="refreshVerify()">
   <img class="verify-img" src="{:captcha_src()}" alt="验证码" style="height:36px;"/>
     </a>
 </div>
增加的代码
<script>
   // refreshVerify()是 login\index.html 刷新验证码中的动作
   function refreshVerify() {
      var ts = Date.parse(new Date()) / 1000;
      $(".verify-img").attr('src', '/captcha?id=' + ts);
   }
</script>
```

（2）测试验证码。单击图片刷新，不需要再去刷新网页，就可以刷新验证码。

8.4　后台管理员权限管理的实现

管理员登录后，可以进行后台管理，下面介绍其中的权限管理。

8.4.1　Index.html 模板文件修改

通过 in 语法来设置访问条件：

```
{in name="adminoath" value="$oath"}
```

```html
            <li><a href="javascript:void(0);" class="waves-effect"><i class="glyphicon glyphicon-wrench"></i> <span> 权限管理 </span>
            </a>
                <ul class="list-unstyled">
                    <li class="active">
                    //设置访问权限列表
                        <a id="admin_oath" href="/admin/admin_oath/index" data-loader="true" data-title="权限管理">权限列表</a>
                    </li>
                </ul>
            </li>
    {/in}
```

8.4.2 建立 AdminOath.php 控制器文件

代码如下:

```php
<?php
namespace app\admin\controller;
use think\Controller;
use app\admin\model\AdminOath as AdminOathModel;
class AdminOath extends BaseController
{
    /**
     * 初始化判断是否有访问该控制器的权限
     */
    public function _initialize(){
        $oath = strtolower(request()->controller());
        session_start();
        $oathArr = $_SESSION['oath'];
        if(!in_array($oath,$oathArr)){
            exit('很抱歉,您没有该访问权限!');
        }
    }
    /**
     * 权限列表
     */
    public function index(){
        $bread = array(
            '0' => array(
                'name' => '权限管理',
                'url' => ''
            ),
            '1' => array(
                'name' => '权限列表',
                'url' => '/admin/admin_oath/index'
            )
        );
        $this->assign('breadhtml', $this->getBread($bread));
```

```
        //搜索条件
        $where = array();
        $type = input('get.type');
        if($type){
            $where['type'] = $type;
            $this->assign('type',$type);
        }
        //定义AdminOath的model实例
        $adminOath = new AdminOathModel;
        //获取用户权限类表
        $list = $adminOath->getList($where);
        //定义list的模板变量，传输到模板视图中
        $this->assign('list',$list);
        // 返回当前控制器对应的视图模板 index.html
        echo $this->fetch();
    }
}
```

8.4.3 建立模型文件 AdminOath.php

代码如下：

```
<?php
/**
 * table:admin_oath
 * Created by PhpStorm.
 * User: Administrator
 * Date: 2017/12/23
 * Time: 21:02
 */
namespace app\admin\model;
use think\Model;
class AdminOath extends Model
{
    //获取权限列表--多条
    public function getList($where=array(),$order="id desc"){
        return $this->where($where)->order($order)->select();
    }
}
```

8.4.4 在后台首页控制器 Index.php 的 index 操作中增加代码

代码如下：

```
    public function index()
    {
    $oath = $_SESSION['oath_str'];
        $this->assign('adminoath','adminoath');//将数据输出到模板
```

```
        $this->assign('oath',$oath);
}
```

8.4.5 基础控制器和后台控制器代码

（1）在基础控制器 BaseController.php 中增加导入模型文件：

```
use app\admin\model\AdminOath as AdminOathModel;
```

（2）在后台控制器 Index.php 的初始化部分再增加权限设置代码：

```
//权限处理
    $type = $_SESSION['think']['admin']['type'];
    $adminOath = new AdminOathModel;
    $admin_oath = $adminOath->where(['type'=>$type])->select();
    $oath = array();
    foreach($admin_oath as $v){
        $oath[] = strtolower($v->controller);
    }
    $_SESSION['oath'] = $oath;
    //implode()函数用于返回一个由数组元素组合成的字符串
    $_SESSION['oath_str'] = implode(',',$oath);
//拼装面包导航
public function getBread($bread)
{
    if ($bread) {
        $this->assign('bread', $bread);
        return $this->fetch('base/bread');
    } else {
        $this->error('请传入面包导航！');
    }
}
```

8.4.6 建立一个 view\base\bread.html 的公共模板文件

代码如下：

```
<div class="row">
    <div class="col-sm-12">
        <ol class="breadcrumb">
{volist name="bread" id="b"}// volist 输出
{if condition="$b.url eq ''"}// 通过 condition 进行条件判断
            <li>
                <span>{$b.name}</span>
            </li>
            {else/}
            <li>
    <a href="{$b.url}" data-loader="true"
data-title="{$b.name}">{$b.name}</a>
```

```
        </li>
    {/if}
    {/volist}
</ol>
        </div>
</div>
```

8.4.7 建立权限管理的模板文件 Admin_oath\index.html

(1) 定义标题:

```
<div id="page-title">
    {$breadhtml}
</div>
```

(2) 添加按钮的代码:

```
//添加使用的是 set 方法
    <a  class="btn btn-default btn-md waves-effect waves-light m-b-0"
href="/admin/admin_oath/set" data-loader="true" data-title="权限设置">添加 <i
class="fa fa-plus"></i> </a>
```

注意,链接是"/admin/admin_oath/set",需要在控制器建立 set 方法,还需要建立一个 set.html 的模板文件。

(3) 下面是搜索区域的代码,注意 form 表单及提交的动作。

```
<form action="" id="app-form">
                <div class="col-sm-3">
                    <div class="dataTables_length">
    <label for="type"
style="width:40px;float:left;height:20px;line-height:28px;">类型</label>
     <select name="type" id="type" class="form-control input-sm"
style="width:40%;float:left;">
        {empty name="$type"}//空标签判断
          <option value="0">请选择</option>
         <option value="1">中介</option>
         <option value="2">管理员</option>
    {else/}//如果不是空标签,执行下面的操作
<option value="0" {if condition="$type eq 0"}selected{/if}>请选择</option>
<option value="1" {if condition="$type eq 1"}selected{/if}>中介</option>
<option value="2" {if condition="$type eq 2"}selected{/if}>管理员</option>
   {/empty}
</select>
//设置权限列表页面的链接
//注意搜索的 id, id="app-search",有一个 ajax 操作
    <a  id="app-search" class="btn btn-default waves-effect waves-light "
style="margin-left:13px;" href="/admin/admin_oath/index" data-loader="true"
data-title="权限管理">搜索 </a>
   </div>
   </div>
```

```
</form>
```

(4)主体内容区的代码如下：

```
<table id="demo-foo-filtering" data-toggle="table"
data-page-size="10"
data-pagination="true" class="table-bordered ">
<thead>
//下面是表格的表头
<tr>
<th data-checkbox="true"></th>
<th data-switchable="false">类型</th>
<th>控制器</th>
<th>名称</th>
<th>描述</th>
<th>添加时间</th>
<th class="text-center">操作</th>
</tr>
</thead>

<tbody>
//下面是表格的内容信息列表
{volist name="list" id="vo"}//name=list 是模板变量，vo 是临时变量
```

这个 list 变量是 AdminOath.php 控制器中定义的变量。这部分的代码如下：

```
(
//定义 AdminOath 的 model 实例
    $adminOath = new AdminOathModel;
    //获取用户权限类表
    $list = $adminOath->getList($where);
    //定义 list 的模板变量，传输到模板视图中
    $this->assign('list',$list);
    // 返回当前控制器对应的视图模板 index.html
    echo $this->fetch();
)
<tr>
<td></td>
<td>
//对用户类型进行判断
  {if condition="$vo.type eq 1"}
    中介
  {elseif condition="$vo.type eq 2"/}
   管理员
  {/if}
</td>
//获取控制器、名称、描述、时间
<td>{$vo.controller}</td>
<td>{$vo.name}</td>
<td>{$vo.summary}</td>
<td>{$vo.add_time|date='Y-m-d',###}</td>
<td>
```

```
    //定义操作：一个是定义删除功能 delete，一个是定义编辑功能 set
    <a title="删除" href="javascript:;" onclick="adminoath_del(this,'{$vo.id}')"
class="btn btn-danger btn-xs " style="padding-top:2px ;padding-bottom:2px ;
font-size:14px;width:50px;height:28px; color:red"><i class="Hui-iconfont"></i>
删除</a>

    <a  class="btn btn-info waves-effect waves-light m-l-10"
href="/admin/admin_oath/set?id={$vo.id}" data-loader="true" data-title="权限设置
" style="padding-top:2px !important;padding-bottom:2px !important;">编辑</a>



    </td>
    </tr>
    {/volist}
    </tbody>
    </table>
```

（5）测试，效果如图 8-38 所示。

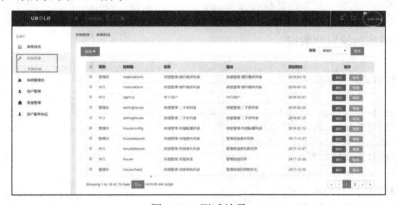

图 8-38　测试效果

8.4.8　为 AdminOath.php 控制器编写代码

（1）定义 set 操作方法

```
/**
 * 权限添加和编辑页面
 */
public function set(){
    $id = input('get.id');
    $bread = array(
        '0' => array(
            'name' => '权限管理',
            'url' => ''
        ),
        '1' => array(
            'name' => '权限列表',
```

```php
                'url' => '/admin/admin_oath/index'    //定义链接
            ),
            '2' => array(
                'name' => '权限设置',
                'url' => '/admin/admin_oath/set?id='.$id
            )
        );
        $this->assign('breadhtml', $this->getBread($bread));
        //处理编辑界面
        if ($id) {
            //创建 AdminOath 的 model 实例
            $adminOath = new AdminOathModel;
            //获取权限信息
            $data = $adminOath->findById($id);
            //定义 data 模板变量，传输到模板视图中
            $this->assign('data', $data);
        }
        // 返回当前控制器对应的视图模板 index.html
        echo $this->fetch();
    }
```

（2）保存添加和编辑的数据

```php
    /**
     * 添加和编辑的保存
     */
    public function save(){
        //创建 AdminOath 的 model 实例
        $adminOath = new AdminOathModel;
        //获取提交的数据
        $id = input('post.id');
        $data = input('post.');
        if (request()->isPost()) {

            $data = input('post.');
            if($id){   //保存编辑的数据
                $where = array('id'=>$id);
                //更新数据
                $re = $adminOath->updateData($data,$where);
                if($re!==FALSE){
                    ajaxReturn('','保存成功',1);
                }else{
                    ajaxReturn('','保存失败',1);
                }
            }else{   //保存添加的数据
                $data['add_time'] = time();
                //插入数据
                $re = $adminOath->addData($data);
                if($re>0){
                    ajaxReturn('','保存成功',1);
                }else{
```

```
                ajaxReturn('','保存失败',1);
            }
        }
    }
}
```

(3) 删除数据的处理

```
    /**
     * 通过主键 id 删除数据
     */
//定义一个 delete()方法接收前端提交的请求
    public function delete(){
        $id = input('post.id');
        //创建 AdminOath 的 model 实例
        $adminOath = new AdminOathModel;
        //删除数据
        $re = $adminOath->deleteById($id);
        if($re){
            ajaxReturn('','删除成功',1);
        }else{
            ajaxReturn('','删除失败',0);
        }
    }
    //刷新页面
    public function refresh(){
        //搜索条件
        $where = array();
        $type = input('get.type');
        if($type){
            $where['type'] = $type;
            $this->assign('type',$type);
        }
        //创建 adminOath 的 model 实例
        $adminOath = new AdminOathModel;
        //获取权限列表
        $list = $adminOath->getList($where);
        //定义 list 模板变量，传输到模板视图中
        $this->assign('list',$list);
        ajaxReturn($this->fetch('ajaxPage'),'刷新成功',1);
    }
```

8.4.9 在 AdminOath.php 模型文件中编写代码

(1) 查询数据

```
//通过主键 id 获取一条数据
    public function findById($id){
        return $this->where(['id'=>$id])->find();
    }
```

(2) 删除数据

```
//通过主键id删除数据
public function deleteById($id){
    return $this->where(['id'=>$id])->delete();
}
```

(3) 插入数据

```
//插入数据
public function addData($data){
    return $this->isUpdate(false)->data($data, true)->save();
}
```

(4) 更新数据

```
//更新数据
public function updateData($data,$where){
    $this->isUpdate(true)->save($data,$where);
}
```

8.4.10　创建 set.html 模板文件

set.html 模板文件可实现添加和修改功能，继续编写代码：

```
<!-- Page-Title -->
<div id="page-title">
    {$breadhtml}
</div>
<!--============================================================-->
<div class="custom-modal-text text-left" style="width:40%;">
    <form role="form" id="form">
        //设置隐藏按钮，传送一个id值
        <input type="hidden" value="{$data.id|default=''}" name="id">
        <div class="form-group">
            <label for="type">类型</label>
            <select class="form-control" name="type" id="type" style="width:33%;">
                {empty name="$data.type"}// empty 判断数据
                <option value="1">中介</option>
                <option value="2">管理员</option>
                {else/}
                    //如果 eq=1，显示中介和管理员
                    {if condition="$data.type eq 1"}
                    <option value="1" selected>中介</option>
                    <option value="2">管理员</option>
                //如果 eq=2，显示中介和管理员
                    {elseif condition="$data.type eq 2"/}
                    <option value="1">中介</option>
                    <option value="2" selected>管理员</option>
                    {/if}
```

```
                {/empty}
            </select>
        </div>
    //以下是修改的数据
        <div class="form-group">
            <label for="controller">控制器</label>
            <input type="text" class="form-control" id="controller"
placeholder="请输入控制器" name="controller" required
value="{$data.controller|default=''}">
        </div>

        <div class="form-group">
            <label for="name">名称</label>
            <input type="text" class="form-control" id="name" placeholder="请
输入名称" required name="name" value="{$data.name|default=''}">
        </div>

        <div class="form-group">
            <label for="summary">描述</label>
            <input type="text" class="form-control" id="summary" placeholder="
请输入描述内容" name="summary" value="{$data.summary|default=''}">
        </div>

        <button type="submit" class="btn btn-default waves-effect waves-light"
id="submit">保存</button>  //保存的设置
        <a  class="btn btn-danger waves-effect waves-light m-l-10"
href="/admin/admin_oath/index" data-loader="true" data-title="权限列表">返回</a>
    </form>
</div>
<!--========================================================-->
```

下面是模板文件中的 ajax 代码。

```
<script>
    $(function () {
        $('#submit').click(function () {//获取保存的 id 号$('#submit')
            $.ajax({
                url:"{:url('admin/admin_oath/save')}",//传送到 admin 模块下面的
admin_oath 控制器中的 save 方法,可参考 admin_oath.php 中的 save 方法

                type:'post',
                data:$('form').serialize(),
                dataType:'json',
                success:function (data) {
                    if (data.code == 1) {
                        layer.msg(data.msg, {
                            icon:6,
                            time:2000
                        }, function () {
                            location.href = data.url;
```

```
                });
            }else {
                layer.open({
                    title:'添加失败',
                    content:data.msg,
                    icon:5,
                    anim:6
                });
            }
        }
    });
    return false;
  });
});
</script>
```

8.4.11 完善 admin_oath 下面的模板文件 view

继续完善如图 8-39 所示的文件。

图 8-39 完善文件

（1）搜索功能

```
<script>
    //搜索
    $('#app-search').click(function(){
        var form = $('#app-form').serialize();
        var href = "/admin/admin_oath/index?" + form;
        $(this).attr('href',href);
    })
</script>
```

注意，此时的搜索设置如图 8-40 所示。

图 8-40 搜索的 id

（2）删除功能

在 index.html 中删除的 ID 设置如图 8-41 所示。

```
< title="删除" href="javascript:;" on
click="adminoath_del(this,'{$vo.id}')"
class="btn btn-danger btn-xs " style="
    padding-top:2px ;padding-bottom:2px ;
    font-size:14px;width:50px;height:28px;
    color:red"><i class="Hui-iconfont"></
i>删除</i>
```

图 8-41 设置 ID 的值

提交删除的前端页面 AJAX。

```
<script type="text/javascript">
function adminoath_del(obj,id){//获取表单中的id值
layer.confirm('确认要删除吗？',function(index){
$.ajax({
type:'POST',
url:"{:url('admin/admin_oath/delete')}",//提交到控制器的delete方法中
data:{'id':id},
dataType:'json',
success:function(data){
$(obj).parents("tr").remove();
layer.msg('已删除!',{icon:1,time:1000});
},
error:function(data) {
console.log(data.msg);
},
});
});
}
</script>
```

8.4.12 测试权限管理

（1）权限列表如图 8-42 所示。

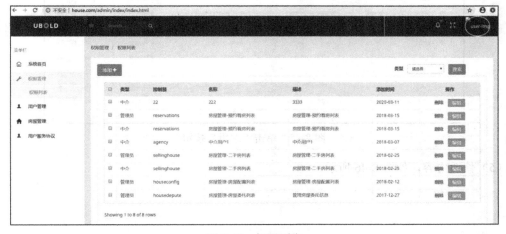

图 8-42 权限列表

（2）单击"添加"按钮，如图 8-43 所示。

图 8-43　添加界面

（3）保存成功，如图 8-44 所示。

图 8-44　保存成功

（4）单击"编辑"按钮，如图 8-45 所示。

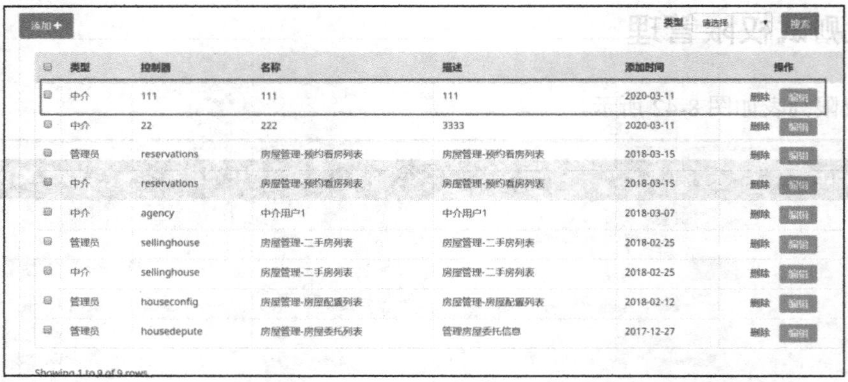

图 8-45　单击"编辑"按钮

（5）修改内容，如图 8-46 所示。

第 8 章 网站房产信息系统开发实例 | 307

图 8-46 修改内容

（6）修改后的效果如图 8-47 所示。

图 8-47 修改后的效果

（7）测试删除，如图 8-48 所示。

图 8-48 提示是否删除

（8）提示删除成功，如图 8-49 所示。

图 8-49 提示删除成功

（9）已经删除成功，如图 8-50 所示。

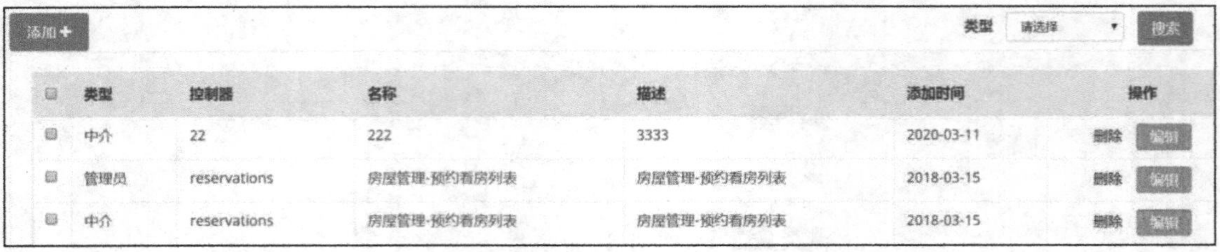

图 8-50　删除成功

（10）测试搜索中介，如图 8-51 所示。

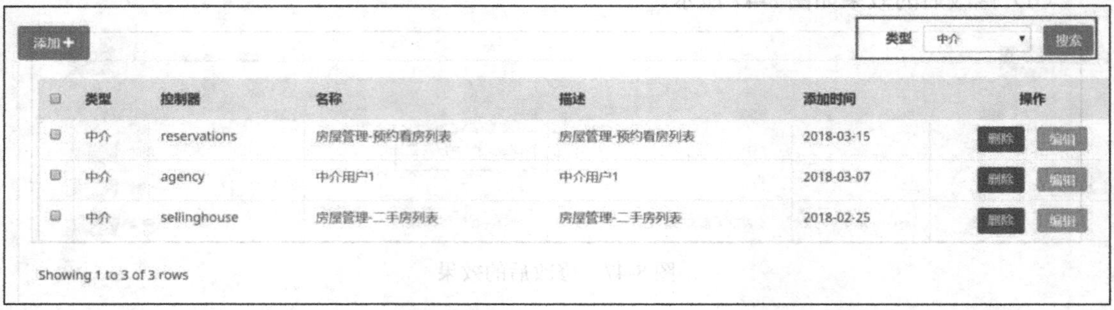

图 8-51　搜索中介

（11）搜索管理员，如图 8-52 所示。

图 8-52　搜索管理员

8.5　后台管理员的管理

8.5.1　后台管理员管理的文件结构

进行后台管理员和普通用户的管理，需要建立如图 8-53 和图 8-54 所示的文件夹结构。

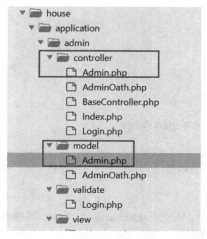

图 8-53 建立控制器和模型文件　　　　图 8-54 建立后台管理员视图文件

8.5.2 后台管理员控制器

（1）建立命名空间、引用模型文件和基础控制器文件

```
<?php
namespace app\admin\controller;
use think\Controller;
use app\admin\model\Admin as AdminModel;
class Admin extends BaseController
```

（2）初始化管理员控制器

```
/**
    * 初始化判断是否有访问该控制器权限
    */
    public function _initialize(){
        $admin = session('admin');
        if(empty($admin)){
            $this->error('您还未登录，请登录后再来',url('login/index'),0);
        }
    }
```

（3）管理员列表功能

```
/**
    * 管理员列表
    */
    public function index(){
        $admin_id = $_SESSION['think']['admin']['id'];
        $this->assign('admin_id',$admin_id);

        $bread = array(
            '0' => array(
                'name' => '系统管理员',
                'url' => ''
```

```php
        ),
        '1' => array(
            'name' => '管理员列表',
            'url' => '/admin/admin/index'
        )
    );
    //输出到公共模板文件breadhtml
    $this->assign('breadhtml', $this->getBread($bread));
    //搜索条件
    $where = array();
    $where['type'] = 2;//1表示中介,2表示管理员
    $username = input('get.username');
    if($username){
        $where['username'] = array('like','%'.$username.'%');//模糊查询
        //定义username模板变量,传输到模板视图中
        $this->assign('username',$username);
    }
    //创建admin的model实例
    $admin = new AdminModel;
    //获取管理员列表
    $list = $admin->getList($where);
    //定义list模板变量,传输到模板视图中
    $this->assign('list',$list);
    // 返回当前控制器对应的视图模板index.html
    echo $this->fetch();
}
```

8.5.3 后台管理员模型文件

（1）建立命名空间并使用模型类和DB类

```php
<?php
namespace app\admin\model;//模型的真实路径

use think\Model;//使用模型类
use think\Db;

class Admin extends Model//定义Admin模型文件并继承Model
{
```

（2）定义获取权限列表的操作

```php
//获取权限列表--多条
    public function getList($where=array(),$order="id desc"){
        return $this->where($where)->order($order)->select();
    }
}
```

8.5.4 后台首页的模板文件

（1）view\index 下面的后台首页的视图文件 index.html 的左侧代码如图 8-55 所示。

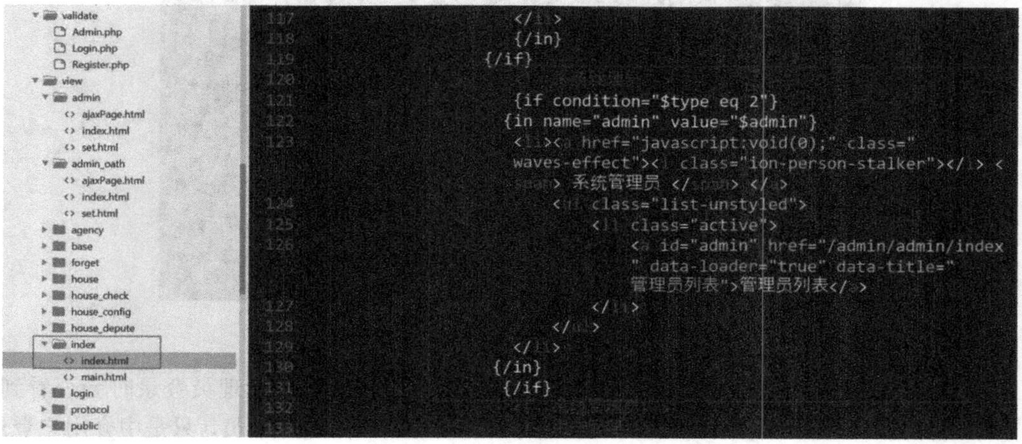

图 8-55　左侧代码

在下面的代码中，{in name="adminoath" value="$adminoath"}用来设置条件，in 标签用来判断模板变量是否是设置的模板。

```
<!--系统管理员-->
            {in name="adminoath" value="$adminoath"}
            <li><a href="javascript:void(0);" class="waves-effect"><i class="ion-person-stalker"></i> <span> 系统管理员 </span> </a>
        <ul class="list-unstyled">
            <li class="active">
        <a id="admin" href="/admin/admin/index" data-loader="true" data-title="管理员列表">管理员列表</a>
            </li>
        </ul>
        </li>
    {/in}
<!--系统管理员-->
```

（2）设置用户管理列表的代码，如图 8-56 所示。

图 8-56　显示用户管理的列表

（3）管理员登录和中介用户登录能管理的内容是不一样的，当管理员登录时会查看到如图 8-57 所示的界面。在图 8-57 中，管理员可以进行所有管理。当不是管理员，只是中介用户登录时，不能看到管理员的管理内容，只能看到如图 8-58 所示的界面。

图 8-57　管理员登录的界面

图 8-58　中介用户管理的界面

8.5.5　后台管理员的模板文件

1. 管理员首页的模板文件

View\admin 下面的 index.html 文件如图 8-59 所示。

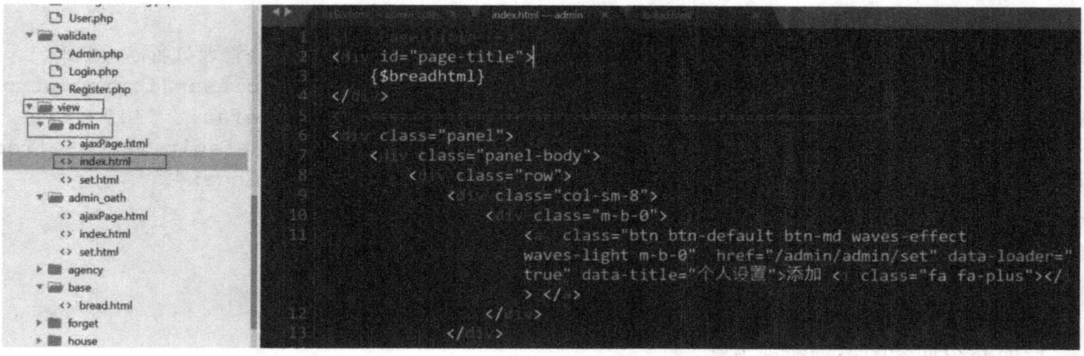

图 8-59 管理员列表首页

管理员列表文件中有两部分：一部分是公共文件，如图 8-60 所示；另一部分是添加区域，设置添加按钮的显示和链接。

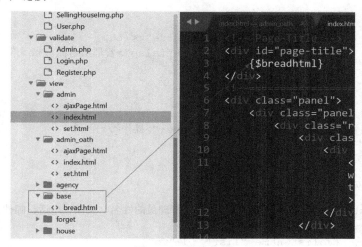

图 8-60 公共文件

注意，添加区域部分的链接是 href="/admin/admin/set"，即调用管理员控制器的 set 方法，代码如下：

```
<div class="m-b-0">
    <a class="btn btn-default btn-md waves-effect waves-light m-b-0" href="/admin/admin/set" data-loader="true" data-title="个人设置">添加 <i class="fa fa-plus"></i> </a>
    </div>
```

2. 管理员列表文件中的其他区域

（1）管理员搜索区域

注意一下搜索的 form 表单，同时要注意的是搜索按钮的 id 为 id="app-search"、链接为 href="/admin/admin/index"，相当于在管理员列表页中实现搜索。

```
<form action="" id="app-form">
    <div class="col-sm-4">
        <div class="dataTables_length">
```

```
                        <label for="username"
style="width:90px;float:left;height:28px;line-height:30px;">管理员名称</label>
                        <input type="text" name="username" class="form-control
input-sm" style="width:40%;float:left;" value="{$username|default=''}">
                        <a id="app-search" class="btn btn-default waves-effect
waves-light " style="margin-left:13px;" href="/admin/admin/index"
data-loader="true" data-title="管理员列表">搜索 </a>
                    </div>
                </div>
            </form>
```

后面介绍搜索的控制实现方法。

（2）管理员列表页的标题部分

这部分主要是 html 代码：

```
<thead>
                <tr>
                    <th data-checkbox="true"></th>
                    <th data-switchable="false">管理员名称</th>
                    <th>头像</th>
                    <th>电话</th>
                    <th>email</th>
                    <th>添加时间</th>
                    <th class="text-center">操作</th>
                </tr>
            </thead>
```

（3）管理员列表页的内容部分

```
//通过 volist 循环输出管理员列表，然后获取管理员的姓名、头像、电话、邮件、操作权限
  <tbody>
                {volist name="list" id="vo"}
                    <tr>
                        <td></td>
                        <td>{$vo.username}</td>
                        <td><img src="/upload/{$vo.user_img}" alt=""
                         style="width:50px;height:50px;"></td>
                        <td>{$vo.tel}</td>
                        <td>{$vo.email}</td>
                        <td>{$vo.add_time|date='Y-m-d',###}</td>
                        <td>
//通过 condition 来进行判断：如果管理员 id 等于$vo.id，就只显示一个"编辑"；
//如果不相等，就会显示"删除"和"编辑"两个按钮
  {if condition="$admin_id eq $vo.id"}
                            {else/}
        <a title="删除" href="javascript:;" onclick="admin_del(this,
'{$vo.id}')" class="btn btn-danger btn-xs " style="padding-top:2px ;
padding-bottom:2px ;font-size:14px;width:50px;height:28px; color:red"><i
class="Hui-iconfont"></i>删除</a>
                            {/if}
                            <a  class="btn btn-info waves-effect waves-light
```

```
m-l-10" href="/admin/admin/set?id={$vo.id}" data-loader="true" data-title="权限
设置" style="padding-top:2px !important;padding-bottom:2px !important;">编辑</a>
                    </td>
                </tr>
            {/volist}
        </tbody>
```

3. 管理员列表的显示效果

用管理员账号登录，测试管理员列表页，如图 8-61 所示。

图 8-61　管理员列表页面显示效果

8.5.6　管理员列表页的搜索功能

上面介绍了搜索区域的表单代码，下面介绍搜索区域的控制代码。

（1）搜索代码

```
//检查当前函数，在本页实现搜索
    $('#app-search').click(function(){
        var form = $('#app-form').serialize();
        var href = "/admin/admin/index?" + form;
        $(this).attr('href',href);
    });
```

（2）测试搜索

测试效果如图 8-62 所示。

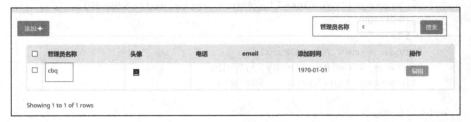

图 8-62　测试效果

输入一个"C"，能够搜索到 cbq 这个管理员。

8.5.7 管理员列表页的添加功能

1. 添加功能的链接

管理员列表页中的代码如下,这段代码指出链接是"/admin/admin/set",即调用管理员控制器的 set 方法。

```
<div class="m-b-0">
            <a class="btn btn-default btn-md waves-effect waves-light m-b-0" href="/admin/admin/set" data-loader="true" data-title="个人设置">添加 <i class="fa fa-plus"></i> </a>
        </div>
```

2. 管理员控制器 Admin.php 文件

控制器的 set 方法如下:

```php
/**
 * 权限添加和编辑页面
 */
//定义一个 set 操作方法
   public function set(){
       $id = input('get.id');
       $bread = array(
           '0' => array(
               'name' => '系统管理员',
               'url' => ''
           ),
           '1' => array(
               'name' => '管理员列表',
               'url' => '/admin/admin/index'
           ),
           '2' => array(
               'name' => '管理员设置',
               'url' => '/admin/admin/set?id='.$id
           )
       );
       $this->assign('breadhtml', $this->getBread($bread));
       //处理编辑界面
       if ($id) {
           $admin = new AdminModel;
           $data = $admin->findById($id);
           $this->assign('data', $data);
       }
       echo $this->fetch();
   }
```

3. 与 Admin.php 文件中的 set 方法相对应的 set.html 视图文件

set.html 文件实现添加功能,同时还要实现编辑功能(后面再介绍)。保存区域的代码如下:

```html
<!--=====================================================-->
<div class="custom-modal-text text-left" style="width:40%;">
    <form role="form" id="form">//需要使用一个表单
        //使用了一个隐藏按钮,传送一个id
        <input type="hidden" value="{$data.id|default=''}" name="id">
//定义表单元素,如管理员名称、管理员密码、管理员头像、管理员手机号、管理员邮件
        <div class="form-group">
            <label for="username">管理员名称</label>
            <input type="text" class="form-control" placeholder="请输入管理员名称" name="username" value="{$data.username|default=''}">
        </div>
        {notempty name="data.id"}
        <div class="form-group">
            <label for="username">管理员密码</label>
            <input type="password" class="form-control" placeholder="请输入管理员密码" name="password" >
        </div>
        {else/}
        <div class="form-group">
            <label for="username">管理员密码</label>
            <input type="password" class="form-control" placeholder="请输入管理员密码" name="password" value="{$data.password|default=''}">
        </div>
        {/notempty}
        <div class="form-group">
            <label for="user_img">头像</label>
            <input type="file" class="form-control" id="user_img" name="user_img" value="{$data.user_img|default=''}">
        </div>

        <div class="form-group">
            <label for="tel">手机号</label>
            <input type="tel" class="form-control" placeholder="请输入名称" name="tel" value="{$data.tel|default=''}">
        </div>

        <div class="form-group">
            <label for="email">email</label>
            <input type="email" class="form-control" placeholder="请输入email" name="email" value="{$data.email|default=''}">
        </div>
//定义一个 id="submit",然后进行提交判断
        <button type="submit" class="btn btn-default waves-effect waves-light" id="submit">保存</button>
        <a class="btn btn-danger waves-effect waves-light m-l-10" href="/admin/admin/index" data-loader="true" data-title="管理员列表">返回</a>
    </form>
```

4. 保存区域的处理

模板文件中的 Ajax 提交处理:

```
<script>
    /*表单提交*/
//对于提交的数据进行判断
    $('#submit').click(function(e){
        e.preventDefault();
        var username = $("input[name='username']").val();
        var password = $("input[name='password']").val();
        var tel = $("input[name='tel']").val();
        var email = $("input[name='email']").val();
        var  tel_reg =/^1[3|4|5|6|7|8|9][0-9]{9}$/;
        var email_reg = /^[a-zA-Z0-9_-]+@[a-zA-Z0-9_-]+(\.[a-zA-Z0-9_-]+)+$/;
        var password_reg = /^([A-Z]|[a-z]|[0-9]|[`~!@#$%^&*()+=
|{}':;',\\\\[\\\\].<>?~!@#¥%……&*()——+|{}【】‘;:”“'。、?]){6,20}/;
        if(username.length<2||username.length>20){
            swal('账号字符在 2-20 个之间');
            return false;
        }
        if(!password_reg.test(password)){
            swal('密码格式不正确');
            return false;
        }
        if(!tel_reg.test(tel)){
            swal('手机号格式不正确');
            return false;
        }
        if(!email_reg.test(email)){
            swal('邮箱格式不正确');
            return false;
        }
        var data = new FormData(document.getElementById('form'));
        //下面是 ajax 提交,保存的提交是提交到管理员控制器的 save 方法中去处理
    $.ajax({
            url:"/admin/admin/save",
            type:"post",
            data:data,
            dataType:"json",
            contentType: false,
            processData: false,
            success:function(data){
                if(data.status==1){
                    swal({
                        title: "保存成功",
                        type: 'success',
                        confirmButtonText: '确认'
                    },function() {
                        $('#admin').click();
                    });
                }else{
                    swal(data.msg, " ","error");
                }
```

```
        },
    });
});
```

5. 上传图像处理

```
var url = null ;
    if (window.createObjectURL!=undefined) { // basic
        url = window.createObjectURL(file) ;
    } else if (window.URL!=undefined) { // mozilla(firefox)
        url = window.URL.createObjectURL(file) ;
    } else if (window.webkitURL!=undefined) { // webkit or chrome
        url = window.webkitURL.createObjectURL(file) ;
    }
    return url ;
}

$('#user_img').change(function() {
    var eImg = $('<img />');
    eImg.attr('src', getObjectURL($(this)[0].files[0])); // 或
this.files[0]  this->input
    $(this).after(eImg);});
```

6. 回到管理员控制器中实现数据的保存和修改

```
/**
 * 添加和编辑的保存
 */
//定义一个 save 方法，同时实现数据的保存和修改
    public function save(){
    //定义一个实例化对象
        $admin = new AdminModel;
    //接收编辑传来的 id
        $id = input('post.id');
        $data = input('post.');
        if (request()->isPost()) {

            $data = input('post.');
            if($data['password']==''){
                unset($data['password']);
            }else{
                $data['password'] = md5($data['password']);
            }
    //编辑的保存
            if($id){
                $where = array('id'=>$id);
                // 获取表单上传文件,例如上传了 001.jpg
                $file = request()->file('user_img');

                // 移动到框架应用根目录/public/upload 下
                if($file){
```

```php
            $info = $file->move(ROOT_PATH . 'public' . DS . 'upload');
            if($info){
                // 成功上传后获取上传信息；
                // 输出 XXXXX.jpg 信息
                $data['user_img'] = $info->getSaveName();
            }else{
                // 上传失败获取错误信息
                $this->error('图片上传失败！');
                //ajaxReturn('','图片上传失败',1);
            }
        }
        $re = $admin->updateData($data,$where);
        if($re!==FALSE){
            $this->success('保存成功！');

            }else {
              $this->error('保存失败！');
            }
    }else{   //下面是添加的保存
        $data['add_time'] = time();
        $data['password'] = md5($data['password']);
        $data['type'] = 2;
        // 获取表单上传文件，例如 001.jpg
        $file = request()->file('user_img');

        // 移动到框架应用根目录/public/upload下
        if($file){
            $info = $file->move(ROOT_PATH . 'public' . DS . 'upload');
            if($info){
                // 成功上传后获取上传信息；
                // 输出 20171224/42a79759f284b767dfcb2a0197904287.jpg
                $data['user_img'] = $info->getSaveName();
            }else{
                // 上传失败获取错误信息
                 $this->error('图片上传失败！');
            }
        }
        $re = $admin->addData($data);
        if($re>0){
            $this->success('保存成功！');

           }else {
                $this->error('保存失败！');
            }
        }
    }
}
```

注意 save 方法的代码。

7. 在后台管理员模型文件 Admin.php 中实现插入数据

```
//插入数据
    public function addData($data){
        return $this->isUpdate(false)->data($data, true)->save();
    }
```

模型文件和代码的对应如图 8-63 所示。

图 8-63　后台管理员模型文件插入数据

8. 测试管理员添加

（1）单击"保存"按钮，弹出保存对话框，不输入管理员名称，提示输入信息，如图 8-64 所示。

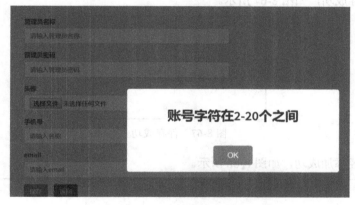

图 8-64　提示输入账号

（2）不输入密码，提示密码格式，如图 8-65 所示。

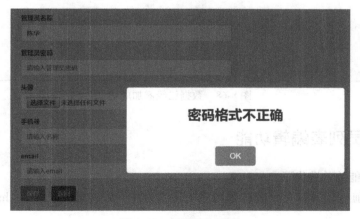

图 8-65　提示输入密码

（3）输入信息后，单击"保存"按钮，如图8-66所示。

图8-66　输入信息

（4）提示保存成功，如图8-67所示。

图8-67　保存成功

（5）数据已经添加成功，如图8-68所示。

图8-68　数据已经添加成功

8.5.8　管理员列表编辑功能

（1）编辑功能的前端代码

编辑功能的前端代码在后台管理员列表视图文件中，注意编辑的链接 href="/admin/admin/set?id={$vo.id}"。

```
    <a  class="btn btn-info waves-effect waves-light m-l-10"
href="/admin/admin/set?id={$vo.id}" data-loader="true" data-title="权限设置"
style="padding-top:2px !important;padding-bottom:2px !important;">编辑</a>
```

（2）后台管理员列表控制器 Admin.php 中的 set 方法

控制器中的方法与前面介绍的保存添加一样，同时有一个对应的 set 页面（与保存页面共用）。

（3）后台管理员列表模型文件 Admin.php 的代码

```
//通过主键 id 获取一条数据
    public function findById($id){
        return $this->where(['id'=>$id])->find();
    }
    //更新数据
    public function updateData($data,$where){
        $this->isUpdate(true)->save($data,$where);
    }
```

（4）测试更新

①单击管理员列表的陈华，输入“陈华 2 号”，如图 8-69 所示。

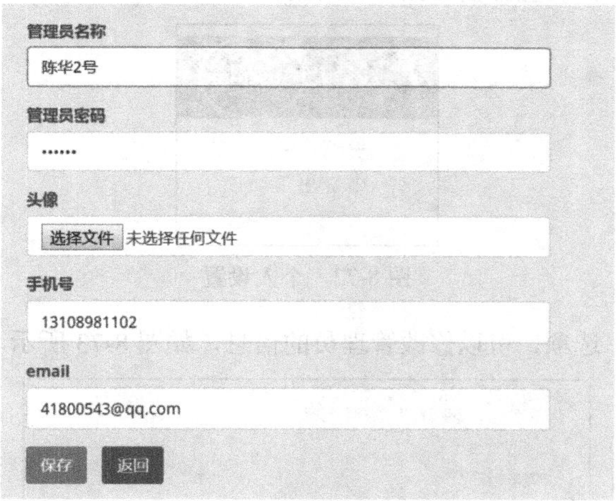

图 8-69　输入修改数据

②单击“保存”按钮，数据修改成功，正常显示修改的数据，如图 8-70 所示。

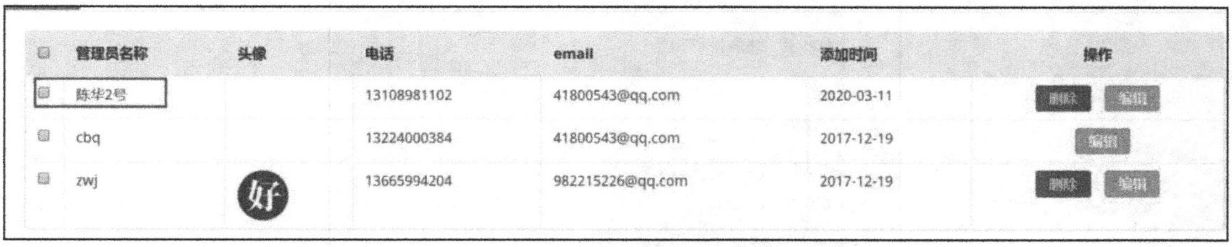

管理员名称	头像	电话	email	添加时间	操作
陈华2号		13108981102	41800543@qq.com	2020-03-11	删除 编辑
cbq		13224000384	41800543@qq.com	2017-12-19	编辑
zwj	好	13665994204	982215226@qq.com	2017-12-19	删除 编辑

图 8-70　显示修改的数据

（5）个人设置处理

①个人设置的功能是更新数据，先设置个人设置的链接，如图 8-71 所示。

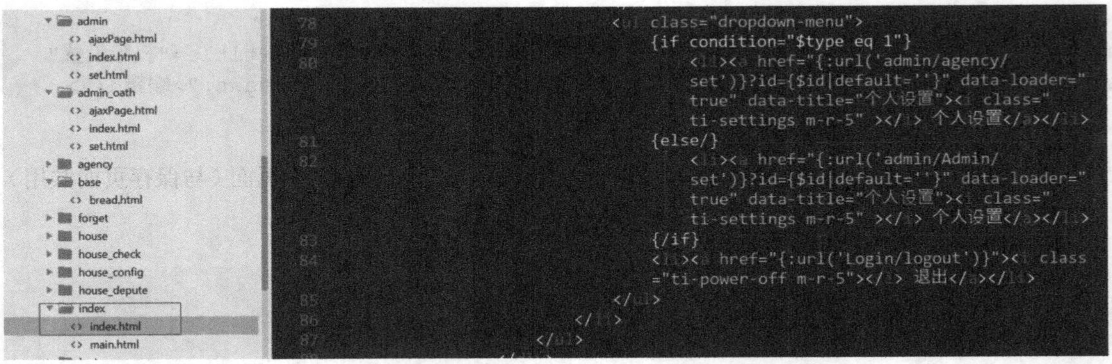

图 8-71 设置个人设置的链接

个人设置同样是调用管理员列表控制器中的 set 方法：

```
<li><a href="{:url('admin/Admin/set')}?id={$id|default=''}" data-loader="true" data-title="个人设置"><i class="ti-settings m-r-5" ></i> 个人设置</a></li>
```

②管理员登录后的个人设置界面如图 8-72 所示。

图 8-72 个人设置

③单击"个人设置"选项，可以修改管理员的信息，如图 8-73 所示。

图 8-73 修改管理员的信息

8.5.9 管理员列表删除功能

（1）管理员模板文件中的删除代码

设置删除的弹出提示检查：

```
<a title="删除" href="javascript:;" onclick="admin_del(this,'{$vo.id}')"
class="btn btn-danger btn-xs "
style="padding-top:2px ;padding-bottom:2px ;font-size:14px;width:50px;height:2
8px; color:red"><i class="Hui-iconfont"></i>删除</a>
                              {/if}
```

（2）删除的 DIV 按钮设置

设置 CLASS 的 id，如图 8-74 所示。

```
<div class="card-box" id="adminTableWrapper">
```

<div class="row">
<div class="col-sm-12">
<div class="card-box" id="adminTableWrapper">
<table id="demo-foo-filtering" data-toggle="table"
    data-page-size="10"
    data-pagination="true" class="table-bordered ">
<thead>
<tr>
<th data-checkbox="true"></th>
<th data-switchable="false">管理员名称</th>
<th>头像</th>
<th>电话</th>
<th>email</th>
<th>添加时间</th>
<th class="text-center">操作</th>
</tr>
</thead>

图 8-74　设置删除的 id

（3）删除按钮的控制设置

在管理员列表页面实现删除提示，同时提交到控制器进行处理：

```
<script>
    /* 删除点击事件*/
    $('#adminTableWrapper').on('click','.delete',function(){
        var id = $(this).data('id');
        swal({
            title: "确定删除吗?",
            type: "warning",
            showCancelButton: true,
            confirmButtonColor: "#DD6B55",
            confirmButtonText: "确定",
            cancelButtonText: '取消',
            closeOnConfirm: false
        }, function(){
            $.ajax({
                url : "{:url('admin/delete')}",
                type: "post",
```

```
                data:{id:id},
                dataType:"json",
                success:function(data){
                    if(data.status==1){
                        swal({
                            title: "您已成功删除这条信息",
                            type: 'success',
                            confirmButtonText: '确认'
                        },function() {
                            var form = $('#app-form').serialize();
                            ajaxReturnPage("/admin/admin/refresh?"+form, 'post', {}, '#adminTableWrapper');
                        });
                    }else{
                        swal(data.msg, "", "error")
                    }
                }
            });
        });

    });
</script>
```

(4)管理员列表控制器 Admin.php 文件中的删除功能代码

```
/**
 * 通过主键id删除数据
 */
//定义一个删除方法 delete()
public function delete(){
    $id = input('post.id');
    $admin = new AdminModel;
    $re = $admin->deleteById($id);
    if($re){
        $this->success('删除成功!','admin/index/index');

    }else {
        $this->error('删除失败!');
    }
}
```

(5)管理员列表模型 Admin.php 文件中的删除功能代码

```
//通过主键id删除数据
    public function deleteById($id){
        return $this->where(['id'=>$id])->delete();
    }
```

(6)测试删除

①删除"陈华2号",提示"确定删除吗?",如图 8-75 所示。

②提示删除成功,如图 8-76 所示。

图 8-75　提示是否删除

图 8-76　删除成功

③ "陈华 2 号"已经删除，如图 8-77 所示。

图 8-77　已经删除数据

8.6　中介用户注册功能

1. 中介用户注册的控制器文件 Register.php

```php
<?php
namespace app\admin\controller;//使用命名空间
use think\Controller; //使用基类控制器
use app\admin\model\Admin as AdminModel;//导入模型类
use app\admin\validate\Register as RegisterValidate;//导入验证器类
class Register extends Controller//定义一个控制器类名并继续于基类控制器
{
    /**
     * 注册页面
     * @return mixed
     */
//定义一个操作
    public function index()
    {
        if (request()->isPost()) {//接收表单的数据
            $validate = new RegisterValidate;//实例化验证器类
            $admin = new AdminModel;//实例化模型类
            $result = $validate->batch()->check($_POST);//检查提交的数据
            //保存用户名
            $this->assign('username', $_POST['username']);
            //对用户注册数据进行校验
            if ($result === false) {//数据错误，输出错误信息
                $this->assign('validate', $validate->getError());
            }else {
                $flag = $admin->register($_POST["username"],
```

```
$_POST["password"]);
                if ($flag > 0) { //注册成功
// $this->success("注册成功", "index/index");
                    $this->redirect("login/index");
                } else {
                    switch ($flag) {
                        case -1:
                            $error = '用户已存在，请重新输入用户名！';
                            break;
                        default:
                            $error = '未知错误！';
                            break;
                    }
                    $this->assign("error", $error);
                }
            }
        }
        return $this->fetch();
    }
}
```

2. 中介用户注册的模型文件 Admin.php

在模型中，Admin.php 模型中的代码如下：

```
/**
 * 注册
 * @param $username
 * @param $password
 * @return int
 */
//定义一个 register 操作，传送两个参数：一个是用户名，一个是密码
    public function register($username, $password)
    {
        $data = array();
        //查询用户是否存在
        if ($user = $this->where('username', $username)->find()) {
            return -1; //用户已存在
        } else { //用户不存在
            $data["username"] = $username;
            $data["password"] = md5($password);
            $data['type'] = 1;//1 表示中介，2 表示管理员
            $data['add_time'] = time();
            $this->save($data);

            return 1; //注册成功
        }
    }
}
```

3. 定义一个视图文件

这个文件在 view\register\index.html 下面，注意模板文件的链接路径，同时注意<!-- jQuery -->代码。

```html
<!DOCTYPE html>
<html>
<head>
    <meta charset="utf-8">
    <meta name="viewport" content="width=device-width, initial-scale=1.0">
    <meta name="description" content="house.loves.org.cn">
    <meta name="author" content="house.loves.org.cn">

    <link rel="shortcut icon" href="__ADMIN__/assets/images/favicon_1.ico">

    <title>后台注册</title>
//注意下面的几个链接路径
    <link href="__ADMIN__/assets/css/bootstrap.min.css" rel="stylesheet" type="text/css" />
    <link href="__ADMIN__/assets/css/core.css" rel="stylesheet" type="text/css" />
    <link href="__ADMIN__/assets/css/components.css" rel="stylesheet" type="text/css" />
    <link href="__ADMIN__/assets/css/icons.css" rel="stylesheet" type="text/css" />
    <link href="__ADMIN__/assets/css/pages.css" rel="stylesheet" type="text/css" />
    <link href="__ADMIN__/assets/css/responsive.css" rel="stylesheet" type="text/css" />

    <script src="__ADMIN__/assets/js/modernizr.min.js"></script>

</head>
<body>

<div class="account-pages"></div>
<div class="clearfix"></div>
<div class="wrapper-page">
    <div class=" card-box">
        <div class="panel-heading">
            <h3 class="text-center">    <strong class="text-custom">后台注册</strong> </h3>
        </div>

        <div class="panel-body">
            <form class="form-horizontal m-t-20" action="{:url('Register/index')}" method="post">

                <div class="form-group ">
                    <div class="col-xs-12">
```

```html
                        <input name="username" class="form-control" type="text" required="" placeholder="用户名" value="{$username|default=''}">
                        <small class="text-danger">{$validate.username|default=''}</small>
                    </div>
                </div>

                <div class="form-group">
                    <div class="col-xs-12">
                        <input name="password" class="form-control" type="password" required="" maxlength="16" placeholder="登录密码">
                        <small class="text-danger">{$validate.password|default=''}</small>
                    </div>
                </div>

                <div class="form-group">
                    <div class="col-xs-12">
                        <input name="repassword" class="form-control" type="password" required="" maxlength="16" placeholder="重复登录密码">
                        <small class="text-danger">{$validate.repassword|default=''}</small>
                    </div>
                </div>

                <div class="form-group">
                    <div class="col-xs-12">
                        <div class="checkbox checkbox-primary">
                            <input id="checkbox-signup" type="checkbox" checked="checked">
                            <label for="checkbox-signup">我接受 <a href="#">条款和条件</a></label>
                        </div>
                    </div>
                </div>

                <div class="form-group text-center m-t-20">
                    <div class="col-xs-12">
                        <button class="btn btn-pink btn-block text-uppercase waves-effect waves-light" type="submit">立即登录</button>
                        <span class="text-danger">{$error|default=''}</span>
                    </div>
                </div>

            </form>

        </div>
    </div>
```

```html
        <div class="row">
            <div class="col-sm-12 text-center">
                <p>
                    已有账号?<a href="{:url('login/index')}" class="text-primary m-l-5"><b>立即登录</b></a>
                </p>
            </div>
        </div>

    </div>

    <script>
        var resizefunc = [];
    </script>

    <!-- jQuery -->
    <script src="__ADMIN__/assets/js/jquery.min.js"></script>
    <script src="__ADMIN__/assets/js/bootstrap.min.js"></script>
    <script src="__ADMIN__/assets/js/detect.js"></script>
    <script src="__ADMIN__/assets/js/fastclick.js"></script>
    <script src="__ADMIN__/assets/js/jquery.slimscroll.js"></script>
    <script src="__ADMIN__/assets/js/jquery.blockUI.js"></script>
    <script src="__ADMIN__/assets/js/waves.js"></script>
    <script src="__ADMIN__/assets/js/wow.min.js"></script>
    <script src="__ADMIN__/assets/js/jquery.nicescroll.js"></script>
    <script src="__ADMIN__/assets/js/jquery.scrollTo.min.js"></script>
    <!-- jQuery -->

    <script src="__ADMIN__/assets/js/jquery.core.js"></script>
    <script src="__ADMIN__/assets/js/jquery.app.js"></script>

    <script>
        function refreshVerify() {
            var ts = Date.parse(new Date()) / 1000;
            $(".verify-img").attr('src', '/captcha?id=' + ts);
        }
    </script>
</body>
</html>
```

4. 测试中介用户注册

（1）输入"http://house.com/admin/register/index"进行中介用户注册测试，如图8-78所示。

（2）输入信息，如图8-79所示。

图 8-78 后台注册　　　　　　　图 8-79 输入相关信息

（3）提示出错，如图 8-80 所示。

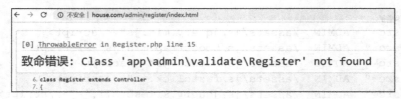

图 8-80 提示出错

出错的原因是没有添加验证器文件。

5. 添加验证器文件

添加验证器文件并编写代码，如图 8-81 所示。

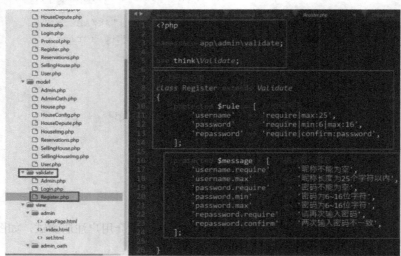

图 8-81 添加验证器代码

代码如下：

```
<?php
namespace app\admin\validate;
```

```
use think\Validate;
//注册验证类
class Register extends Validate
{
    protected $rule = [ //验证规则
        'username'   => 'require|max:25',
        'password'   => 'require|min:6|max:16',
        'repassword' => 'require|confirm:password',
    ];

    protected $message = [ //错误提示信息
        'username.require'   => '昵称不能为空',
        'username.max'       => '昵称长度为25个字符以内',
        'password.require'   => '密码不能为空',
        'password.min'       => '密码为6~16位字符',
        'password.max'       => '密码为6~16位字符',
        'repassword.require' => '请再次输入密码',
        'repassword.confirm' => '两次输入密码不一致',
    ];
}
```

6. 再次进行注册

（1）注册后，会直接到 http://house.com/admin/login/index.html 进行登录，如图8-82所示。

（2）登录后的界面与管理员登录界面不同，因为此时的用户不是管理员，只是中介用户，如图8-83所示。

图8-82　进行登录

图8-83　中介用户登录后的界面

7. 中介用户注册

（1）可以直接单击后台管理登录界面中的"中介注册"按钮进行注册，如图8-84所示。

图 8-84 选择中介注册

（2）出现中介注册的界面，填写用户名和密码，可以直接注册中介用户，如图 8-85 所示。

图 8-85 直接注册中介

（3）直接注册一个用户即可，如注册 CCC 中介用户、密码为 123456。
（4）中介用户登录后，可以修改个人设置等，如图 8-86 所示。

图 8-86 个人设置

（5）个人设置的对话框如图 8-87 所示，应该可以进行数据的修改，但是现在不能修改，因为前面只是处理了用户的注册功能，还没有添加用户管理的功能。

图 8-87　个人设置对话框

8.7　用户管理功能的实现

要实现用户管理功能，需要三个文件：一个是控制器文件 User.php，一个是模型文件 User.php，一个是视图文件 view/user/index.html。

8.7.1　控制器文件

先定义命名空间，再使用基础控制器导入模型文件，定义一个类文件 User：

```php
<?php
namespace app\admin\controller;
use think\Controller;
use app\admin\model\User as UserModel;
class User extends BaseController
{
    /**
     * 初始化判断是否有访问该控制器权限
     */
    public function _initialize(){
        $admin = session('admin');
        if(empty($admin)){
            $this->error('您还未登录，请登录后再来',url('login/index'),0);
        }
    }
    /**
     * 普通用户列表
     */
    public function index(){
        $bread = array(
            '0' => array(
                'name' => '用户管理',
                'url' => ''
```

```
            ),
        '1' => array(
            'name' => '普通用户列表',
            'url' => '/admin/user/index'
        )
    );
    $this->assign('breadhtml', $this->getBread($bread));
    //定义搜索条件
    $where = array();
    $username = input('get.username');
    if($username){
        $where['username'] = array('like','%'.$username.'%');
        $this->assign('username',$username);
    }
    $user = new UserModel;
    $list = $user->getList($where);
    $this->assign('list',$list);

    echo $this->fetch();
}
```

8.7.2 模型文件

先定义命名空间，再使用模型类、DB 类，然后定义一个类文件 User：

```
<?php
/**
 * table:user
 * Created by PhpStorm.
 * User: Administrator
 * Date: 2017/12/24
 * Time: 21:02
 */

namespace app\admin\model;
use think\Model;
use think\Db;
class User extends Model
{

//获取权限列表--多条
    public function getList($where=array(),$order="id desc"){
        return $this->where($where)->order($order)->select();
    }
}
```

8.7.3 用户管理模板文件

（1）定义公共文件

```html
<!-- Page-Title -->
<div id="page-title">
    {$breadhtml}
</div>
```

（2）定义用户列表上面的搜索区域

这个搜索区域有一个 FORM 表单，并设置搜索的 id 值为 id="app-search"。

```html
<!--========================================================-->
<div class="panel">
    <div class="panel-body">
        <div class="row">

            <form action="" id="app-form">
                <div class="col-sm-4">
                    <div class="dataTables_length">
                        <label for="username" style="width:90px;float:left;height:28px;line-height:30px;">用户名称</label>
                        <input type="text" name="username" class="form-control input-sm" style="width:40%;float:left;" value="{$username|default=''}">
                        <a id="app-search" class="btn btn-default waves-effect waves-light " style="margin-left:13px;" href="/admin/user/index" data-loader="true" data-title="普通用户列表">搜索 </a>
                    </div>
                </div>
            </form>
        </div>
```

（3）定义用户列表的标题

```html
        <div class="row">
    <div class="col-sm-12">
        <div class="card-box" id="userTableWrapper">

            <table id="demo-foo-filtering" data-toggle="table"
                data-page-size="10"
                data-pagination="true" class="table-bordered ">
                <thead>
//下面用代码显示标题
                <tr>
                    <th data-checkbox="true"></th>
                    <th data-switchable="false">用户名称</th>
                    <th>手机号</th>
                    <th>性别</th>
                    <th>头像</th>
                    <th>email</th>
```

```
            <th>身份证</th>
            <th>状态</th>
            <th>添加时间</th>
            <th class="text-center">操作</th>
        </tr>
    </thead>
```

(4) 定义用户的具体内容

```
//用volist循环显示用户的信息：用户账号、真实姓名、联系电话、性别、
//头像、email、身份证、状态、所属公司、所属分店、添加时间、操作等

    <tbody>
    {volist name="list" id="vo"}
        <tr>
            <td></td>
            <td>{$vo.username}</td>
            <td>{$vo.tel}</td>
            <td>
                {if condition="$vo.sex eq 1"}
                    男
                {elseif condition="$vo.sex eq 2"/}
                    女
                {/if}
            </td>
            {empty name="$vo.user_img"}
            <td><img src="" alt=""></td>
            {else/}
            <td><img src="/upload/{$vo.user_img}" alt="" style="width:50px;height:50px;"></td>
            {/empty}
            <td>{$vo.email}</td>
            <td>{$vo.card}</td>
            <td>
```

(5) 显示用户状态

```
//如果是1，则显示启用；如果是2，则显示禁用
                {if condition="$vo.status eq 1"}
                启用
                    {elseif condition="$vo.status eq 2"/}
                禁用
                {/if}
            </td>
            <td>{$vo.add_time|date='Y-m-d',###}</td>
            <td>
```

(6) 显示操作区域的按钮

```
//下面是对操作下面的功能按钮的控制：如果是管理员则显示删除、停用或启用的按钮，可以控制用户
//的状态或者删除用户；如果不是管理员登录，则不显示操作的按钮，只在前面的状态区域显示状态
                {if condition="$_SESSION['think']['admin']['type'] eq 2"}
```

```
                         <a title="删除" href="javascript:;"
onclick="user_del(this,'{$vo.id}')" class="btn btn-danger btn-xs "
style="padding-top:2px ;padding-bottom:2px ;font-size:14px;width:50px;height:2
8px; color:red"><i class="Hui-iconfont"></i>删除</a>
                         {if condition="$vo.status eq 1"}

                         <a class="btn btn-danger btn-xs "
style="padding-top:2px ;padding-bottom:2px ;font-size:14px;width:50px;height:2
8px; color:red" onClick="user_stop(this,'{$vo.id}')" href="javascript:;" title="
停用">
                         <i class="Hui-iconfont">停用</i>
                           </a>



                         {elseif condition="$vo.status eq 2"}
                         <a class="btn btn-danger btn-xs"
style="padding-top:2px ;padding-bottom:2px ;font-size:14px;width:50px;height:2
8px; color:red" onClick="user_start(this,'{$vo.id}')" href="javascript:;" title="
启用">
                         <i class="Hui-iconfont">启用</i>
                           </a>


                         {/if}
                         {/if}
                       </td>
                     </tr>
                 {/volist}
                 </tbody>
             </table>
         </div>
     </div>
 </div>
     </div>
 </div>
```

（7）静态资源文件

```
    <script type="text/javascript"
src="/static/admin/assets/lib/My97DatePicker/4.8/WdatePicker.js"></script>
    <script type="text/javascript"
src="/static/admin/assets/lib/datatables/1.10.0/jquery.dataTables.min.js"></sc
ript>
    <script type="text/javascript"
src="/static/admin/assets/lib/laypage/1.2/laypage.js"></script>
    <!--static\admin\assets\lib\layer\2.4-->
```

（8）在视图文件中对操作区域进行停用、启用控制

```
    <!--=======================================================-->
    <script >
```

```javascript
/*管理员-编辑*/
function admin_edit(title,url,id,w,h){
  layer_show(title,url,w,h);
}
</script>

<script >
/*管理员-停用*/
//注意这个函数
function user_stop(obj,id){
  layer.confirm('确认要停用吗？',function(index){
    //此处请求后台程序，下方是成功后的前台处理……
         var status = 2;
         //此处请求后台程序，下方是成功后的前台处理……
         $.post(
             //到控制器中去处理用户状态的变化。
             '{:url("admin/user/updateStatus")}',
             {id:id,status:status},
             function(data){
                 if(data.code == 1){
                     $(obj).parents("tr").find(".td-manage").prepend('<a onClick="user_start(this,'+id+')" href="javascript:;" title="启用" style="text-decoration:none"><i class="Hui-iconfont">&#xe615;</i></a>');
                     $(obj).parents("tr").find(".td-status").html('<span class="label label-default radius">已禁用</span>');
                     $(obj).remove();
                     layer.msg('已停用!',{icon: 5,time:1000});

                 }else{
                     var msg = data.msg;
                     layer.msg(msg,{icon:2,time:2000});
                 }
             });
  });
}

/*管理员-启用*/
function user_start(obj,id){
  layer.confirm('确认要启用吗？',function(index){
    //此处请求后台程序，下方是成功后的前台处理……
        var status = 1;
        //此处请求后台程序，下方是成功后的前台处理……
        $.post(
            //到控制器中去处理用户状态，即更新用户状态
            '{:url("admin/User/updateStatus")}',
            {id:id,status:status},
            function(data){
                if(data.code == 1){
                    $(obj).parents("tr").find(".td-manage").prepend('<a onClick="user_stop(this,'+id+')" href="javascript:;" title="停用"
```

```
style="text-decoration:none"><i class="Hui-iconfont">&#xe631;</i></a>');
                    $(obj).parents("tr").find(".td-status").html('<span
class="label label-success radius">已启用</span>');
                    $(obj).remove();
                    layer.msg('已启用!',{icon: 6,time:1000});
                }else{
                    var msg = data.msg;
                    layer.msg(msg,{icon:2,time:2000});
                }
            });
    });
}
</script>
```

（9）对用户进行删除控制

```
<script type="text/javascript">

function user_del(obj,id){
layer.confirm('确认要删除吗？',function(index){
$.ajax({
type:'POST',
 url:"{:url('admin/user/delete')}",//实现删除数据要到控制器的delete方法中去处理
 data:{'id':id},
dataType:'json',
success:function(data){
$(obj).parents("tr").remove();
layer.msg('已删除!',{icon:1,time:1000});
},
error:function(data) {
console.log(data.msg);
},
});
});
}

</script>
```

（10）对用户列表搜索区域的控制

```
<script>

    //搜索
    $('#app-search').click(function(){
        var form = $('#app-form').serialize();
        var href = "/admin/user/index?" + form;
        $(this).attr('href',href);
    });
```

```
</script>
```

8.7.4 控制器文件管理员登录、更新数据

（1）在控制器文件 User.php 中写代码进行用户状态的更新（管理员登录后的操作区域用户状态的更新）

```
public function updateStatus(){
    $id=input("id");
    $status=input("status");
    $user=new UserModel();
    $data=$user->update_user_status($id,$status);//到模型文件中去处理
    if ($data["code"]==1){
        $this->success($data["msg"]);
    }else{
        $this->error($data["msg"]);
    }
}
```

（2）模型文件的更新状态代码

```
/*
 * 修改会员的状态
 */
public function update_user_status($id,$status){
    $info=User::get($id);
    if(empty($info)){
        return array("code"=>0,"msg"=>"信息有误");
    }
    $result=Db::name("user")->where(array("id"=>$id))->update(array("status"=>$status));
    if($result){
        return array("code"=>1,"msg"=>"修改成功");
    }else{
        return array("code"=>0,"msg"=>"修改失败");
    }
}
```

（3）测试更新用户数据

①管理员登录后测试对普通用户进行状态更新，如图 8-88 所示。

图 8-88　禁用普通用户

②提示"确认要停用吗?",如图 8-89 所示。

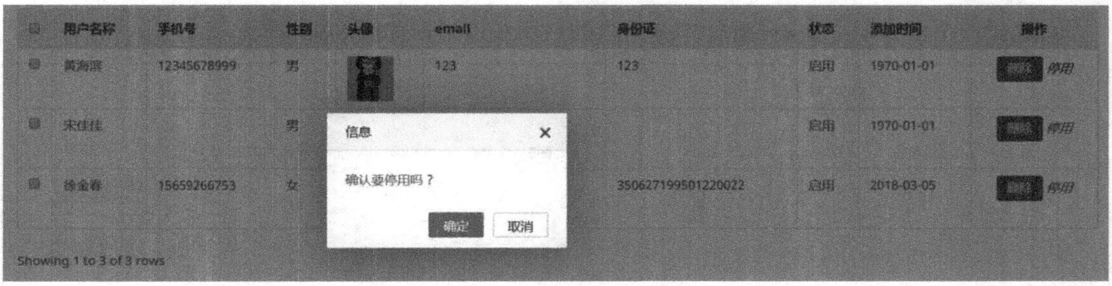

图 8-89　提示是否停用

③状态已经变为"禁用",如图 8-90 所示。

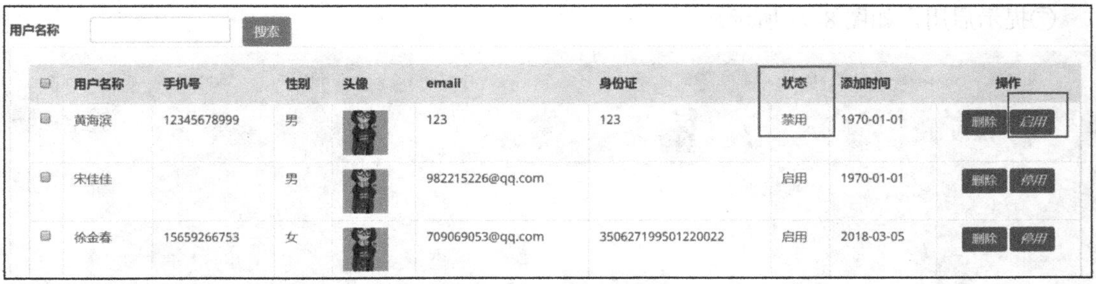

图 8-90　已经禁用

④选择一个用户 123 进行启用,如图 8-91 所示。

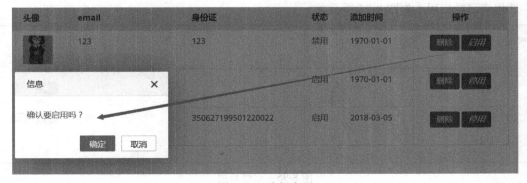

图 8-91　选择启用

⑤选择的 123 用户已经启用，如图 8-92 所示。

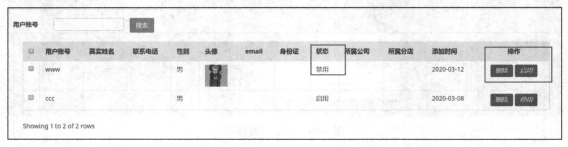

图 8-92　选择的用户启用了

⑥选择一个中介用户 www 进行中介用户的启用和停用，如图 8-93 所示。

图 8-93　选择一个中介用户启用

⑦提示启用，如图 8-94 所示。

图 8-94　提示启用

⑧用户已经启用，如图 8-95 所示。

图 8-95　已经启用

⑨再测试停用，如图 8-96、图 8-97 所示。

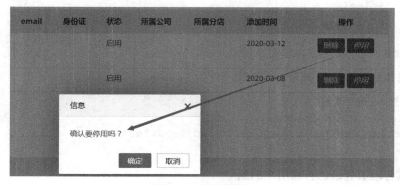

图 8-96　停用用户

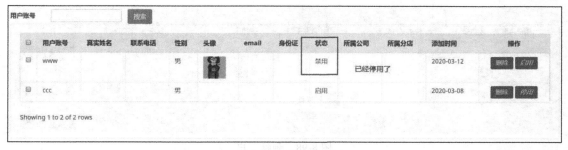

图 8-97　已经禁用

8.7.5　管理员登录后对中介或普通用户的删除处理

（1）模板文件中的删除链接

```
{if condition="$_SESSION['think']['admin']['type'] eq 2"}
                    <a title="删除" href="javascript:;"
onclick="user_del(this,'{$vo.id}')" class="btn btn-danger btn-xs "
style="padding-top:2px ;padding-bottom:2px ;font-size:14px;width:50px;height:2
8px; color:red"><i class="Hui-iconfont"></i>删除</a>
```

（2）模板文件中的删除提示

用 AJAX 提示，前面已经介绍，此处不再赘述。

（3）在控制器中执行删除

```
/**
    * 通过主键 id 删除数据
    */
    public function delete(){//接收模板文件传送的 delete
       $id = input('post.id');
       $user = new UserModel;
       $re = $user->deleteById($id);//传送到模型文件中去删除
       if($re){
           $this->success("删除成功");
```

```
            }else{
                $this->error($re);
            }
        }
```

(4) 在模型文件中处理删除

```
//通过主键 id 删除数据
    public function deleteById($id){
        return $this->where(['id'=>$id])->delete();
    }
```

(5) 测试管理员登录后普通用户的删除

①删除一个用户，如图 8-98 所示。

图 8-98　删除用户

②用户已经没有了，如图 8-99 所示。

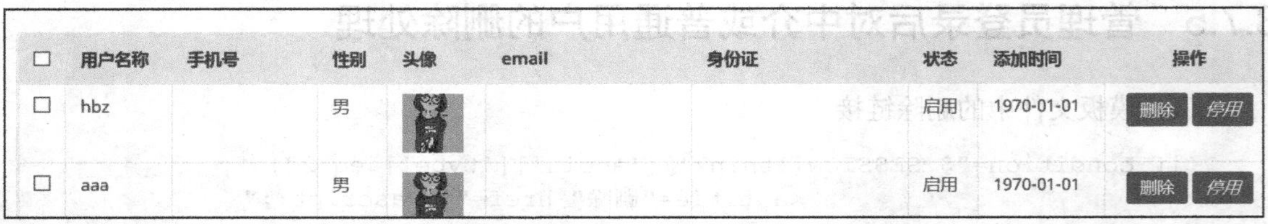

图 8-99　用户删除成功

8.8　找回密码

8.8.1　文件结构

(1) 实现找回密码，可以通过控制器页面 Forget.php 和视图文件 forget.html 实现，如图 8-100 所示。

(2) 还需要一个发送邮件的类文件，用于发邮件，如图 8-101 所示。

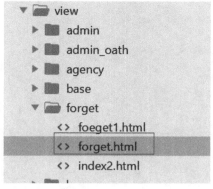

图 8-100 视图文件

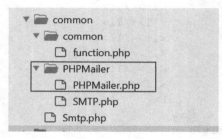

图 8-101 发邮件的文件

8.8.2 视图文件

视图文件的代码如下：

```
<!DOCTYPE html>
<html lang="en">
<head>
    <meta charset="UTF-8">
    <title>找回密码</title>
    <!--__PUBLIC__模板替换-- 注意模板文件的路径>
    <link rel="stylesheet" type="text/css" href="__ADMIN__/assets/css/styles.css">
    <link rel="stylesheet" href="__ADMIN__/assets/layui/css/layui.css">
</head>
<body>
<div class="htmleaf-container">
    <div class="wrapper">
        <div class="container">
            <h1>欢迎，找回密码</h1>

            <form class="form" action="forgetre" method="post">
                <input type="text" name="name" placeholder="请输入账号" required lay-verify="required" autocomplete="off">
                <input type="email" name="email" placeholder="请输入绑定的邮箱" required lay-verify="required" autocomplete="off">
                <input type="Submit" name="Submit" value="找回密码"/>
                <a href="{:url('admin/forget/forgetre')}"><!--去控制器执行重置密码的功能,给注册邮件发送邮件-->
                <input type="button" name="button" value="返回"/>
                </a>
            </form>
        </div>

        <ul class="bg-bubbles">
            <li></li>
```

```
                <li></li>
                <li></li>
                <li></li>
                <li></li>
                <li></li>
                <li></li>
                <li></li>
                <li></li>
            </ul>
        </div>
</div>
<script src="__ADMIN__/assets/js/jquery-2.1.1.min.js"></script>
<!-- <script>
//对按钮进行提交控制
    $('#submit').click(function (event) {
        event.preventDefault();
        $('form').fadeOut(500);
        $('.wrapper').addClass('form-success');
    });

    function Regbtn() {
        location.href = "";
    }

</script> -->
</body>
</html>
```

视图文件的测试效果如图 8-102 所示。

图 8-102　视图文件

现在还不能找回密码，只是显示了找回密码的界面，下面继续介绍。

8.8.3　控制器文件

（1）找回密码的控制器文件代码

```
<?php
```

```php
//定义命名空间
namespace app\admin\controller;
//use think\captcha\Captcha;
use think\Controller;
//use app\Common\Smtp;
//use think\request;
use think\Db;
use app\common\PHPMailer\PHPMailer;//调用发送邮件的类
class Forget extends Controller//定义一个控制器类
{


 //下面是找回密码的操作 forget()，直接输出到模板文件中
    public function forget()
    {
        return view();//输出到模板文件
    }
    //定义找回密码的一个操作 forgetRe()
    public function forgetRe()
    {
        //接收表单中的用户名和邮件
         $username = $_POST['name'];
         $email = $_POST['email'];
        //echo $username,$email;  调试输出
        //通过 DB 类的 admin 表查找用户名是否存在
        $user = Db::name('admin')->where("username='{$username}'")->find();
        // dump($user) ;
        // dump($email);
         dump($user['email']);//打印用户的邮件
        //下面对用户的用户名和邮件进行判断
         if (!$user) {
        $this->error('没有该用户', url('forget/forget'), 3);
            } elseif (!($user['email'] == $email)) {
        $this->error('邮箱不正确', Url('forget/forget'), 3);
            } else {
        //下面产生随机数，发送到用户注册的邮件中
         $newpass = mt_rand(100000,999999);
            $adminInfo = model('Admin')->where("email='{$email}'")->find();
            $adminInfo->password = md5($newpass);
            $result = $adminInfo->save();
            $content = '您好,' . $adminInfo['username'] . '！<br>' .'您的密码已重置成功。<br>' .
                    '用户名：' .$adminInfo['username'] .'<br>' .'新密码：' . $newpass;
            if ($result && email($adminInfo['email'], '密码重置成功--后台管理员', $content)) {
                $this->success('新密码已发往邮箱！', 'admin/login/index');
            }else {
                $this->error('密码重置失败！');
            }
        }
    }
```

```
        }


    }
```

（2）测试用户名和邮件检查

①输入用户名和邮件，进行测试，如图 8-103 所示。

②提示出错，如图 8-104 所示。

图 8-103　输入用户信息

图 8-104　提示没有该用户

③输入一个存在的用户，但是邮箱不正确，测试效果如图 8-105 所示。

④提示出错，如图 8-106 所示。

图 8-105　输入一个邮箱不正确的已存在用户名

图 8-106　提示邮箱错误

8.8.4　模型文件和验证文件

（1）模型文件 admin.php

```
<?php
namespace app\admin\model;//模型的真实路径

use think\Model;//使用模型类
use think\Db;//调用 DB 类

class Admin extends Model//定义 Admin 模型文件并继承 Model
```

```
    {

    }
```

（2）验证器代码

```
public function sceneForget()
    {
        return $this->only(['email'])->remove('email', 'unique');
    }
```

文件和代码的对应如图 8-107 所示。

图 8-107　验证是否填写邮件

8.8.5　公共函数文件

1. 调用找回密码发送邮件的类

由于是直接调用现成的类文件，因此不粘贴代码了，只提示一下重点。这个文件的命名空间、文件路径如图 8-108 所示。

图 8-108　发邮件的类

2. 进行测试

（1）输入一个存在的用户名和密码，如图 8-109 所示。

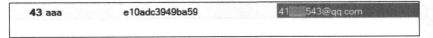

图 8-109　存在的用户名

（2）测试正确的用户名和邮箱，如图 8-110 所示。

（3）提示密码发送到邮件中了，如图 8-111 所示。

图 8-110　输入正确的用户名和邮箱

图 8-111　密码已经发送

（4）到邮箱中查看，如图 8-112 所示。

图 8-112　已经收到邮件

网站管理功能中的密码找回已经介绍完，请读者自己多多练习。相关的源文件可以自行下载。后台管理还有很多功能，如中介用户的管理、房屋管理的各个版块，由于篇幅原因，这里没有介绍，请读者参考笔者提供的源文件自行完成。